Mario Krygier und Jens Rohark

Die Anatomie des Mayakalenders

Erkenne die göttlichen Zyklen.
Dann wird Zukunft kontrollierbar.

Es ist nicht die Profession, die uns treibt, sondern die Passion.

Mario und Jens in den Jahren der Vollendung des 13. Baktun

Inhaltsverzeichnis

Vorgespräch	....	7
1. Vorlesung:	**„Mayazahlen und die Mathematik“**	11
1. Seminar:	**„Mayazahlen und die Mathematik“**	23
2. Vorlesung:	**„Der Heilige Tzolkin“**	30
2. Seminar:	**„Der Heilige Tzolkin“**	38
3. Vorlesung:	**„Haab und Kalenderrunde“**	46
3. Seminar:	**„Haab und Kalenderrunde“**	53
4. Vorlesung:	**„Die Lange Zählung“**	62
4. Seminar:	**„Die Lange Zählung“**	73
5. Vorlesung:	**„Die Sekundärserie“**	87
5. Seminar:	**„Die Sekundärserie“**	95
6. Vorlesung:	**„Der Codex Tatsumi“**	108
6. Seminar:	**„Der Codex Tatsumi“**	125
7. Vorlesung:	**„Errare Schamanum est – Fehler in antiken Maya-Inschriften“**	132
7. Seminar:	**„Auf den Spuren der Kalenderschamanen“**	144
Korrelation Teil 1:	**„Das Geheimnis des Jaguarpropheten“**	155
Korrelation Teil 2:	**„Das Jahr des Großen Sterns“**	171
Korrelation Teil 3:	**„Im Banne des Zeptergottes“**	198
Korrelation Teil 4:	**„Im Rachen des Jaguars“**	208
Korrelation Teil 5:	**„Der Reigen der Himmelsgötter“**	227
Korrelation Teil 6:	**„Reformen, Variationen und mexikanisches Erbe“**	261
Anhang:	**„Equipment des Kalenderexperten“**	290
Quellenverzeichnis	....	316

Vorgespräch

Sag mal, Jens, hat sich für Dich etwas geändert nach unserem Besuch der spektakulären 13-Baktun-Feierlichkeiten im Dezember 2012 in Tikal?

Naja, mein Leben dreht sich nach wie vor rund um die Mayakultur. Es ist vielleicht etwas ruhiger geworden im Mayaland. Gott sei Dank ist dieser Weltuntergangsrummel vorbei. Nie wurde den Kalenderpriestern der Maya so viel Blödsinn unterstellt wie im Vorfeld des 2012-Ereignisses. Manch ein Reporter oder Journalist wäre gut beraten gewesen, wenn er vor seinen Äußerungen unser Sachbuch „Faszination 2012 – Das Buch zum Mayakalender" gelesen hätte. Schade, dass der Titel nun nicht mehr up-to-date ist.

Mir hat der Beginn der neuen Ära etwas Schwung verliehen. Lass uns das 2012-Event zum Anlass nehmen, um unser Kalenderbuch im neuen Glanze erstrahlen zu lassen. Aus „Faszination 2012 – Das Buch zum Mayakalender" wird „Die Anatomie des Mayakalenders". Unsere Arbeit sollte auf fruchtbaren Boden fallen, weil ja nun das Thema Mayakultur stärker in das Bewusstsein der Menschen auf der ganzen Welt gerückt ist.

Aber Gutes muss bleiben. Die beliebte unterhaltsame Art bleibt. Das sicherlich nicht von jedem geliebte hohe Niveau bleibt aber auch. Wir ergänzen es um einige weitere fachliche Leckerbissen und nehmen ein kleines Facelift vor.

Was heißt hier *kleines* Facelift? Sieh Dir zum Beispiel mal das Coverbild an! Das überragende Foto wurde von Anna-Maria am Morgen des 21.12.2012 in Tikal geschossen. Es zeigt, von Tempel 4 aus gesehen, den Sonnenaufgang an diesem Tag der Wintersonnenwende genau über Tempel 3.

Und dieser Effekt ist so von den antiken Baumeistern gewollt!

Früher haben die Beobachter einige Meter weiter oben gestanden und deshalb die gegenüberliegende Tempelspitze exakt auf Horizonthöhe gesehen. Möglicherweise sah man bei extrem gutem Wetter auch den Gipfel des Victoria-Peak in Belize auf derselben Sichtlinie.

Klar, Dein diesbezüglicher Artikel auf unserer Webseite stellt die Gegebenheiten überzeugend dar. Du kommst sogar völlig ohne Hieroglyphen aus. Das wollen wir hier aber nicht.

Um Gottes Willen! Neben der umfassenden Erörterung des Kalenders bleibt es selbstverständlich eines unserer Hauptziele, das erhebende Gefühl zu vermitteln, das man genießt, wenn man als Mayalandtourist kalenderrelevante Inschriften deuten kann.

Unbedingt. Bescheidene Hieroglyphenkenntnisse vertiefen den Mayaland-Urlaubsgenuss. Da kommen wir genauso wenig dran vorbei wie an den mathematisch – technischen Grundlagen des Kalendersystems. Aber auch die Astronomie, oder besser gesagt die präzise Maya-Astrologie spielt eine wesentliche Rolle. Du bist dabei immer so mathematisch exakt und Deine Erklärungen sind mir manchmal zu kompliziert. Da suche ich eher nach der Art des Denkens der Maya-Schamanen.

Moment mal, Jens, liegt nicht gerade darin unsere gemeinsame Stärke? Nachdem ich tatsächlich einige Fachausführungen gemacht habe, hauchen wir im Dialog den Fachbegriffen Leben ein. Du bist der weitergehende Fachmann für die Bedeutungen und Vertiefungen, für Sprache und Mythologie.

So setzt sich der Inhalt zusammen - aus Theorie und Maya-Praxis. Theorie quasi als Vorlesung von Dir, Maya-Praxis eher als Seminar. Fragen und Antworten. Das gefällt mir. So behandeln wir alles, was mit dem Mayakalender zu tun hat. Erst isoliert, dann auf freier Wildbahn.

Mit allem was dazugehört, insbesondere auch relevante Berechnungen.

Und dabei befähigen wir den Leser, solche Berechnungen mit oder ohne unsere Hilfsmittel auszuführen. So kann er z. B. den Kalenderrechner „Faszination2012" nutzen, um nicht schriftlich rechnen zu müssen.

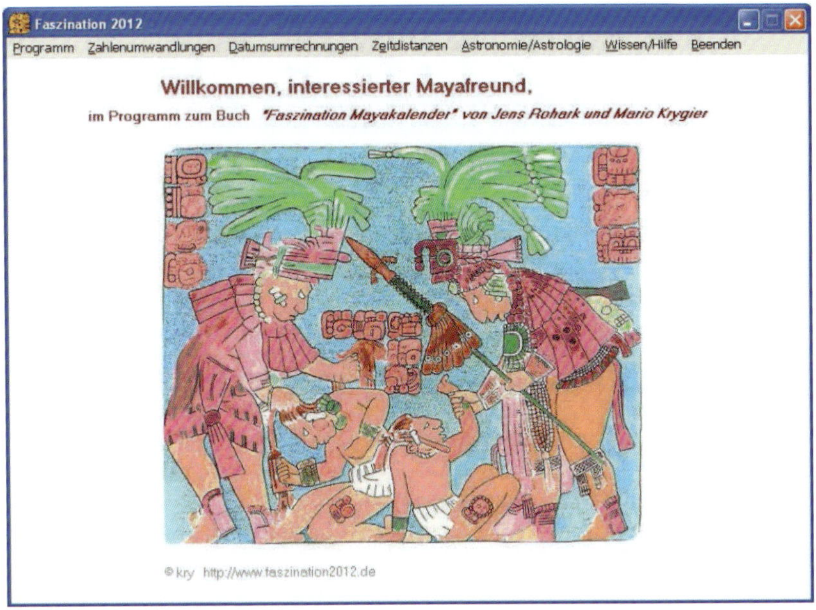

Nach Deinen Mathematik- und Kalenderinhalten halte ich auch noch Vorlesungen.

Der Kalenderaufbau und seine Funktionsweise ist doch in den ersten vierzehn Kapiteln umfassend erklärt worden. Nun geht es eindeutig über die Inhalte ähnlicher Bücher anderer Autoren hinaus. Was haben wir denn zusätzlich zu bieten?

Als Du Dein Computerprogramm noch nicht geschrieben hattest, musste ich alle Berechnungen per Hand ausführen. Als Rechenhilfe habe ich einen Codex, bestehend aus Rechentafeln, gezeichnet. Diesen stelle ich hier vor und zeige auch, wie er zu gebrauchen ist.

Wer nimmt denn so etwas im Computerzeitalter?

All jene, die genau so rechnen wollen wie die antiken Maya. Mein Codex hat keine Beschränkungen wie Dein Programm, kann also in Vergangenheit und Zukunft in die Ewigkeit vordringen. Und man kann sogar Fehler in antiken Inschriften als Ablesefehler im Rechencodex identifizieren. Außerdem gibt's im Wald keine Steckdosen für Computer.

Ich bin wirklich beeindruckt! Aber Du kannst damit keine Umrechnung in den christlichen Kalender vornehmen.

Witzbold, wozu brauchten die antiken Maya vor über 1.000 Jahren Umrechnungen in den europäischen Kalender? Außerdem ist man sich ja heute noch nicht sicher, wie die Umrechnung funktioniert. Es gibt ca. 60 Vorschläge für die Umrechnungszahl.

So wurde am 21.21.2012 kräftig gefeiert, obwohl die Epigrafiker den Sekt lieber erst am 23.12. aufgemacht hätten. Ausgehend von der Annahme, dass die Maya damals eine einheitliche Zeitzählung hatten, kann nur eine Korrelation richtig sein. Wir stellten uns das ehrgeizige Ziel, die wahrscheinlichste Korrelationszahl herausfinden!

Das bedurfte eines riesigen Aufwands. Im Buch benötigen wir dafür über 100 Seiten. Das Korrelationsproblem bildet gewissermaßen einen Rahmen für die zielgerichtete Betrachtung der wichtigsten historischen Quellen.

Besonders erfreut mich, dass wir uns in diesem Zusammenhang die Finsternis- und die Venustafeln des Dresdner Codex sowie Inschriften mit astronomischen Inhalten vorknöpfen konnten.

Aber wir nahmen auch andere Inschriften und Bücher wie etwa vom Jaguarpropheten Chilam Balam oder vom Codexverbrenner Diego de Landa unter die Lupe. Wir zerlegten die Ausführungen über das Korrelationsproblem nicht in Vorlesungen und Seminare, sondern bearbeiteten sie als gemeinsames Projekt über sechs Kapitel hinweg unter der Maßgabe, die gesuchte Zahl aus den Vorschlägen herauszufiltern und bestehende Zweifel mit allen uns zur Verfügung stehenden Fachkenntnisse auszuräumen.

Diesbezüglich musste endlich eine Entscheidung her. Die Experten streiten sich ja schon seit Jahrzehnten. Bisher hat wohl noch niemand so viele Gründe angeführt, die zur richtigen Korrelation führten. Ich bin stolz auf unser Ergebnis.

Stolz bin ich eher darauf, dass wir uns auf dem Terrain ungeklärter Details zurechtfanden.

Das war eben so etwas wie ein Orientierungslauf durch unbekanntes Gelände.

Gelände? Regenwald! Unbekannter Urwald! Da bin ich doch zu Hause!

Toll wie lebendig Du mir Theoretiker dieses Mayaland, wie auch die Kultur seiner antiken Bewohner nahegebracht hast. Dabei drangen wir in Welten vor „die noch nie ein Mensch zuvor gesehen hat". Gemeinsam konnten wir ergründen, „was die Mayakalender-Welt im Innersten zusammenhält".

1

1. Vorlesung: Mayazahlen und die Mathematik

Imix

Bevor wir uns auf den Kalender stürzen, müssen wir erst mal ein paar Worte zu den Mayazahlen und zur Mathematik verlieren. Man könnte diese Kapitel auch überschreiben mit: „Pünktchen, Pünktchen, Muschel und Strich – mehr braucht der Maya zum Rechnen nicht". Damit ist die gesamte Symbolik der Mayazahlen schon umrissen. Daraus basteln wir jetzt ein Zahlensystem:

Die Punkte, Striche und die Muschel sind die Bausteine der 20 Mayaziffern, die unseren dezimalen Zahlen 0 bis 19 entsprechen.

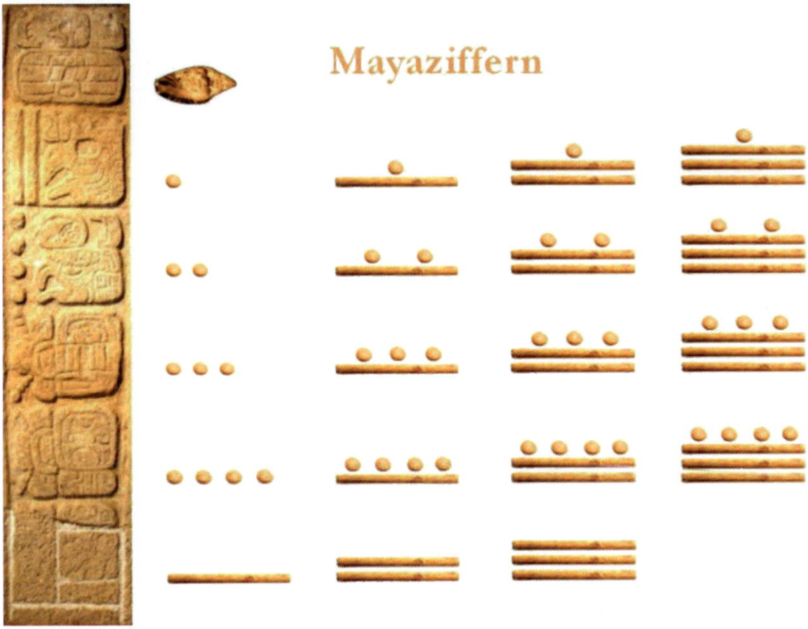

0 bis 5: 6 bis **10:** **11** bis **15** **16** bis **19**

Übrigens sieht man oben gut, wie die Maya die Zahlen dargestellt haben, wenn sie diese nicht gezeichnet haben.

Wie denn?

Na, mit Steinchen für die Punkte, und Holzstückchen für die Striche, sowie Muscheln für die Null. Das geht wunderbar. Denn Papier war ja kostbar damals.

Ich weiß sogar, wie sie die Ziffern ausgesprochen haben.

Das verblüfft mich jetzt.

Schau her, was ich in Playa del Carmen während unserer Expedition 2012 fotografiert habe. Es müsste die yukatekische Mayasprache sein, die jener unserer Lacandonen-Freunde sehr ähnlich ist.

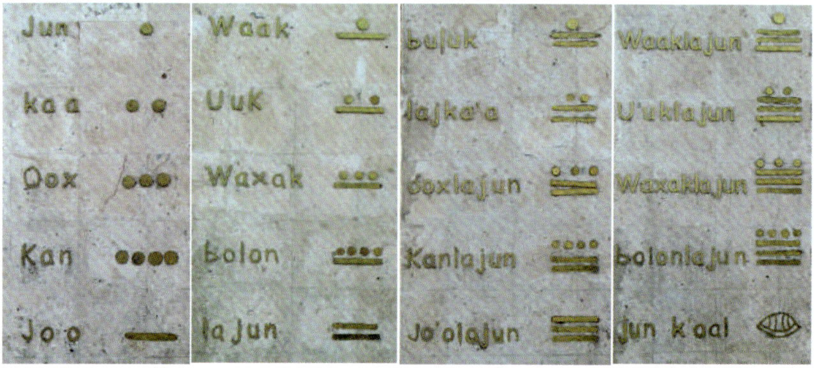

Hoffentlich vergeben uns die Leser deine schlechte Fotoqualität. Das müssen wir mit besonderer inhaltlicher Qualität wettmachen. Nun aber zurück zu den Zahlen.

Bisher hatten wir nur die Ziffern. In unserem Zahlensystem sind das die einstelligen Zahlen von 0 bis 9, die wir zu größeren Zahlen zusammensetzen können. Übrigens waren ja schon die Römer nicht dumm. Sie kamen mit einer überschaubaren Anzahl von Zeichen für die Zahlen aus, die aus den Zeichen zusammengesetzt wurden. Allerdings bedeuten bei ihnen drei Einsen hintereinander, also III, nur drei. Bei uns ist 111 die Einhundertelf.

Bei den Maya ist doch • • • auch nur drei.

Innerhalb der Ziffer stimmt das. Hier funktioniert das wie bei den Römern. Der Aufbau mehrstelliger Zahlen wird aber bei den Maya nach ähnlichen Regeln wie bei uns mit speziellen Bedeutungen der Ziffernpositionen vollzogen. Auf diese Weise konnten die Maya schließlich beliebig große Zahlen mit den drei Zeichen, Punkt, Strich und Muschel, erstellen.

Genial! Besser als wir heute! Schon vor der Römerzeit! Wir brauchen zehn Zeichen. Und die Römer können richtig große Zahlen nur mit zusätzlichen Zeichen und Regeln darstellen. Ziemlich umständlich.

Bei mehrstelligen Zahlen stehen die Mayaziffern üblicherweise übereinander, quasi in „Etagen“, man spricht auch hier von Positionen. Um den Wert der Zahl zu ermitteln, muss man die Wertigkeiten der Positionen bzw. die Stellenwerte kennen. Das sind im 20er-Zahlensystem, wegen der 20 Ziffern, Potenzen der Zahl 20:

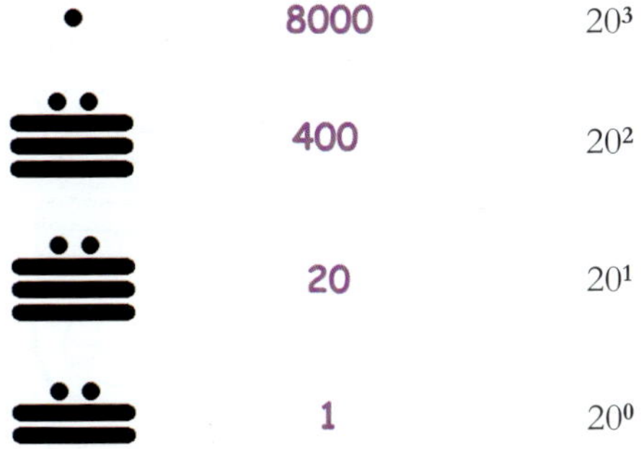

Der Zahlenwert in unserem Dezimalsystem ergibt sich dann wie folgt:

Ziffer 1 × Stellenwert 1 + Ziffer 2 × Stellenwert 2 + ...

In unserem Beispiel also

1 × 8000 + **17** × 400 + **17** × 20 + **7** × 1 = <u>15147</u>

Übrigens taucht in der Mayazahl die Ziffer 17 (siehe rechts) zweimal auf, liefert aber durch die unterschiedlichen Positionen unterschiedliche Beiträge zum Wert der Zahl.

Wir brauchen diese Umrechnungen der Mayazahlen in unser System, wenn wir z. B. eine Steleninschrift in unser Datum umrechnen wollen. Bei der Verwendung der Zahlen sind folgende Besonderheiten zu beachten:

1. Die Ziffern sind anders angeordnet.
2. **In der Position 2 von unten geht die Zählung nur bis zur Ziffer 17**

3. Dadurch ändern sich alle Stellenwerte der weiter oben liegenden Ziffern. **Die 3. Position von unten hat dann den Stellenwert 360 statt 400.** Weiter geht's mit 7200, 144000, 2880000 usw.

Nachfolgend ist eine derartige Inschrift aus Oxkintok zu sehen:

Ein scharfer Blick genügt, um die Ziffern 9, 2, 11, 16 und 17 zu erkennen. Tatsächlich ist hier das Datum 9.2.11.16.17 abgebildet. Darin verbirgt sich die Anzahl der Tage seit Erschaffung der Welt, die wir wie folgt ermitteln können:

9 × 144000 + **2** × 7200 + **11** × 360 + **16** × 20 + **17** × 1 = ?

Ohne Rechner kaum zu bewältigen, oder? In dieser Form stellen sich für uns die Aufgaben, wenn wir Datumsinschriften übersetzen wollen. Darauf gehen wir später noch genauer ein.

Wir wissen nun, wie Mayazahlen aufgebaut sind und wie wir solche Zahlen in unser Dezimalsystem umrechnen können, aber wie funktioniert das umgekehrt? Ein Beispiel: Wie sieht die Maya-27 aus? Im Dezimalsystem haben wir 7 Einer und 2 Zehner. Zehner kennen die Maya nicht, Einer kennen sie. Die Frage muss also lauten: Wie viel Einer und wie viele Zwanziger sind das (weil Mayasystem = Zwanzigersystem)?

Klar, die Antwort ist simpel: 1 Zwanziger und 7 Einer, ergo ein Punkt in oberer Position und ein Strich mit zwei Punkten darunter. War doch einfach. Die 20 ist also wichtig bzw. welche Zwanzigerpotenz steckt wie oft drin ... Zugegeben, da muss man sich schon ein bisschen strecken. Oder man arbeitet, wie im folgenden Beispiel gezeigt, Schritt für Schritt den Algorithmus ab: Umzurechnen ist die Zahl 1314697.

1314697	÷	20	=	65734	Rest	**17**
65734	÷	20	=	3286	Rest	**14**
3286	÷	20	=	164	Rest	**6**
164	÷	20	=	8	Rest	**4**
8	÷	20	=	0	Rest	**8**

Der Algorithmus bricht ab, wenn der Quotient Null geworden ist. Als Umrechnungsergebnis interessieren uns die Reste in umgekehrter Reihenfolge, also **8.4.6.14.17**.

Besonders einfach geht die Umrechnung natürlich mit dem Computer. Dazu habe ich ein Teilprogramm dem Kalenderrechner „Faszination2012“ beigefügt. Ebenso gibt’s dort ein Teilprogramm für die umgekehrte Umrechnung.

Diese fällt uns aber auch so nicht schwer, weil wir ja wissen, dass wir die Mayaziffern nur mit ihrem Stellenwert multiplizieren müssen, um letztlich die Summe aus all diesen Produkten zu bilden. Ich beginne mal von unten:

$\mathbf{17} \times 20^0 + \mathbf{14} \times 20^1 + \mathbf{6} \times 20^2 + \mathbf{4} \times 20^3 + \mathbf{8} \times 20^4$
$= \underline{1314697}$

Das stimmt! (siehe oben)

So wäre das schön einfach, aber wir wissen ja, in der echten Mayamathematik gibt’s doch diese Ausnahme: Die Ziffer der **zweiten Position** ist höchstens 17 (**achtzehnte Ziffer**), nicht wie üblich 19 (zwanzigste Ziffer). **Wir rechnen also mit 18**, nicht wie üblich mit 20. Für unser Beispiel bedeutet das:

1314697	÷	20	=	65734	Rest	**17**
65734	÷	**18**	=	3651	Rest	**16**
3651	÷	20	=	182	Rest	**11**
182	÷	20	=	9	Rest	**2**
9	÷	20	=	0	Rest	**9**

Damit ergibt sich das Datum der Langen Zählung: **9.2.11.16.17.** Kommt uns das nicht irgendwie bekannt vor? Richtig. Das ist das Inschriftendatum der vorhergehenden Seiten.

Zu den Grundrechenarten +, –, × und ÷ mit Mayazahlen sei folgendes gesagt: Für die Arbeit mit Datumsangaben auf Codices oder Inschriften ist es oft hilfreich, die Addition und die Subtraktion von Mayazahlen möglichst ohne den Umweg über das Dezimalsystem zu beherrschen.

Beginnen wir mit der Addition im Bereich der Ziffern, also bis 19 und ohne Übertrag in die höhere Position:

Ist doch klar, aus fünf Punkten muss ein Strich werden.

Mit Übertrag in eine höhere

Position sieht das so aus:

Da wieder fünf Punkte zu einem weiteren Strich werden, hätten wir vier Striche. Eine solche Ziffer gibt es nicht. Wir haben also die erste zweistellige Mayazahl. Ein Punkt für einen Übertrag erscheint in der höheren Position, während in der unteren Position in diesem Fall eine Null, also eine Muschel zu schreiben ist.

Bei mehrstelligen Zahlen müssen wir wieder unterscheiden, ob wir uns im reinen Zwanzigersystem oder in der tatsächlichen Mayamathematik befinden.

Basis 20:

Wir addieren erst die Einer (unten). Ein Übertrag entsteht im Zwanzigersystem immer dann, wenn wir vier Striche „hochreichen“ können, woraus in der darüberliegenden Position ein zusätzlicher Punkt wird.

Nun die für uns relevante **Mayamathematik**:

Basis 20:

Wir addieren die Einer. Vier Striche werden in der Ziffer darüber zu einem Punkt. Dadurch entsteht aber die Ziffer 18.

Diese kommt aber im Kalender an der zweiten Position von unten nicht vor!

An dieser Position darf höchstens eine 17 stehen.

Was nun? Ja, jetzt wird der Übertrag noch eine Position nach oben geschoben. An dieser zweiten Position muss man in der Kalendermathematik sehr aufpassen.

Zusammengefasst:

Schritt 1: Vier Striche werden zu einem Übertrag nach oben, es bleibt ein Strich mit zwei Punkten in der ersten Position.

Schritt 2: Position 2 ist nun derart aufgefüllt, dass daraus ein Übertrag für Position 3 wird. In Position 2 verbleibt die Muschel.

Das prinzipielle Vorgehen beim Addieren von Mayazahlen dürfte damit klar sein. Nun ist die Subtraktion auch kein Problem mehr. Nehmen wir gleich die bekannten Beispiele. Das erleichtert das Verständnis für den Einsteiger, aber auch das Aufschreiben für mich.

Wir wissen bereits:

Das gilt aber nur für das reine **Zwanzigersystem**!

Links sind weniger Einer als rechts, wir müssen also von der darüber liegenden Position einen Punkt wegnehmen, der unten vier Striche hinzufügt. Die nunmehr fünf vorhandenen Striche und zwei Punkte minus zwei Striche und zwei Punkte lassen drei Striche übrig.

Nehmen wir mal noch die folgende Aufgabe und sehen uns den Unterschied zwischen Zwanzigersystem und Mayamathematik anhand von Zeichnungen der gedachten Zwischenschritte an

Linke Einer minus rechte Einer geht nicht. Wir nehmen darüber, also in der zweiten Position, einen Punkt weg, der uns unten vier weitere Striche bringt. Geht ja auch nicht. Nehmen wir also den Punkt aus der dritten Etage ... Hier die gedachten Zwischenschritte zur Umgestaltung des Minuenden:

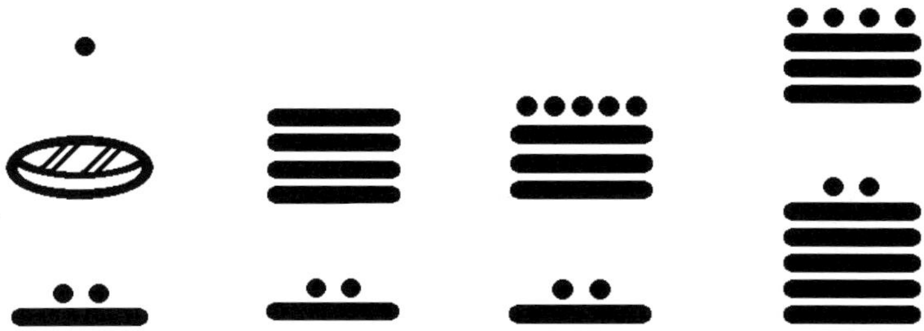

So reicht man in Gedanken Werte von oberen an weiter unten liegende Positionen durch. Die so aufgeschriebenen Zahlen gibt es ja nicht wirklich. Dann funktioniert die Aufgabe so:

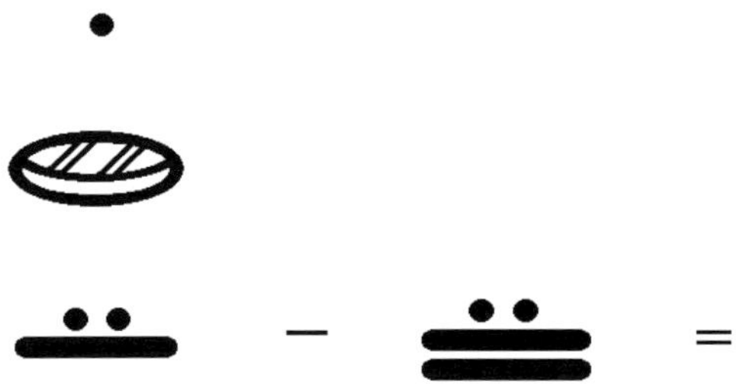

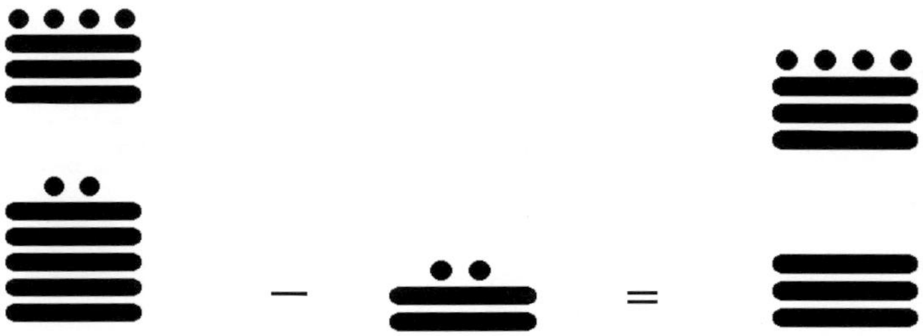

Okay, soweit zur Basis 20. Nun wieder zur Kalendermathematik.

Hier sieht die Reihe der gedachten Umformungen anders aus:

Dabei entspricht der Punkt der dritten Position nicht der Maya-20, sondern der Maya-18 in der zweiten Position. Zur Erinnerung: Die höchstmögliche Zahl in der zweiten Position ist in der Kalendermathematik die Maya-17. Dann folgt:

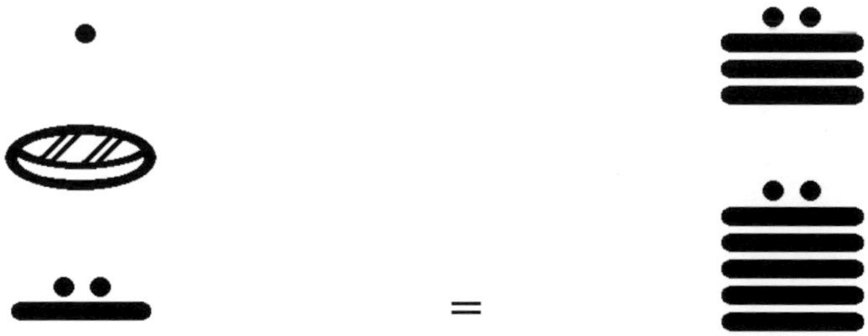

Für das praktische Rechnen werden wir dann allerdings auf entsprechende Teilprogramme von „Faszination 2012" zurückgreifen.

Diese Methoden sollten ausreichen, um wesentliche Berechnungen ausführen zu können. Man kann auch den Kalenderrechner nutzen. Regeln zur Multiplikation und Division werden wir nicht brauchen.

Apropos brauchen, das ist ja doch ziemlich trockener Stoff hier. Braucht man das?

Als ich mit diesem Buch begann und dieses Kapitel schrieb, quälte mich ein bisschen der Gedanke, dass ich mit solcherart Theorie potenzielle Mayainteressenten eher abschrecke als anlocke. Das mag für den oberflächlich interessierten „Ich-will-von-allem-ein-bisschen-wissen,-um-überall-mitreden-zu-können-Leser“ sogar zutreffen. Wenn ich mich aber auch frage, für wen wir dieses Buch denn tatsächlich schreiben, habe ich das beste Gefühl bei der Vorstellung, hiermit den von jeglicher Leistung dieser einzigartigen Hochkultur faszinierten und innerlich bewegten Typen zu erwischen, dem es Freude bereitet, sich ganz in diese Mayawelt hineinzuversetzen. Jenem wollen wir die uns bekannten Puzzleteile liefern, um das ganze Bild erkennen zu können.

Für das praktische Rechnen werden wir dann allerdings auf entsprechende Teilprogramme von „Faszination 2012“ zurückgreifen.

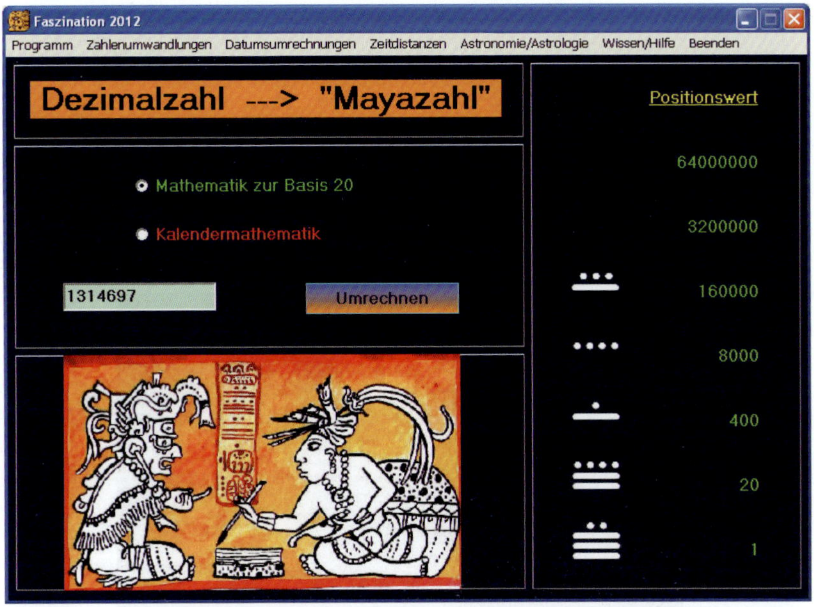

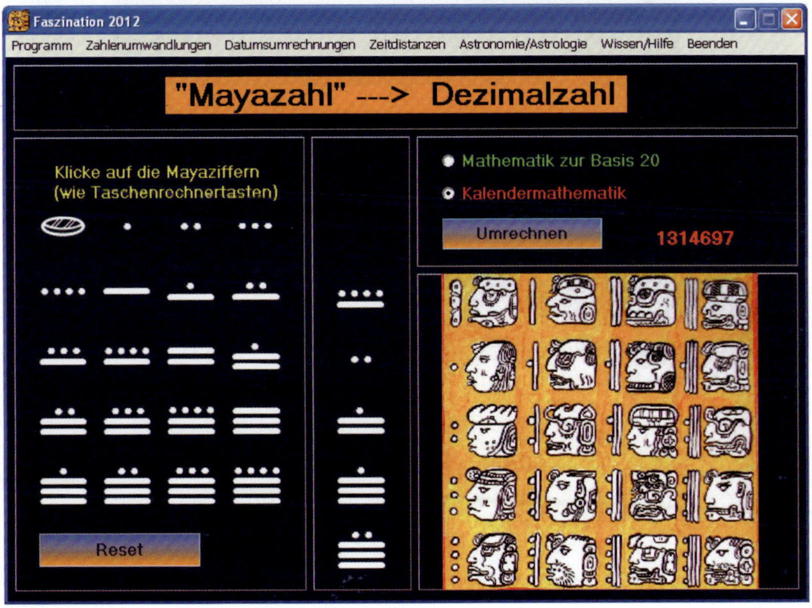

Neben diesen Zahlenumrechnern habe ich auch Teilprogramme zum Addieren bzw. Subtrahieren usw. eingebaut.

Bei Verwendung dieser Zahlenumrechner ist unbedingt zu beachten, dass die Voreinstellung „Mathematik zur Basis 20" zwar wunderbar das Zwanziger-Positionssystem demonstriert, aber nicht der üblichen kalendergebundenen Mayamathematik entspricht. Dazu muss man die Option „Kalendermathematik" wählen.

Genau, Jens. Übrigens, wenn es etwas Wichtiges zu bemerken gibt, wie in diesem Fall, soll es sofort geschehen, auch wenn wir uns gerade in der „Vorlesung" befinden.

Wichtig ist unter anderem die Unterbringung des Maya-Forschenden im Mayaland:

Dient das jetzt dem betrachteten Sachverhalt?

Was soll diese Frage? Es dient dem Überleben des Maya-Forschenden.

Imix ist der esoterische Name der Ceiba, des Heiligen Baumes der Maya, welcher die Dualität Himmel – Erde symbolisiert, also den Ursprung des Lebens. Die direkte Bedeutung ist Krokodil, Symbol der Erde, der Fruchtbarkeit und des Überflusses. Die unter diesem Zeichen geborene Person liebt Kinder und achtet die Familie. Manchmal sucht sie Konflikte und ist unentschlossen.

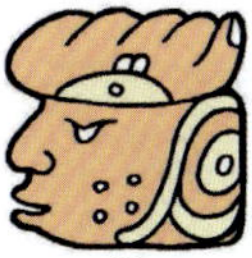
2

1. Seminar: Mayazahlen und die Mathematik

Ik´

So, Mario, nun hast Du ja das Zahlensystem der Maya schon ganz gut erklärt. Kompliziert ist es ja letztlich nicht, höchstens etwas ungewohnt. Und wenn das die Maya schon vor 2000 Jahren beherrscht haben, dann werden wir das heute wohl auch noch auf die Reihe kriegen!

Das meine ich auch. Und ich bin überzeugt, dass unsere Leser den Aufbau der Ziffern, aber auch den Aufbau der mehrstelligen Zahlen, verstanden haben. Um auf Nummer Sicher zu gehen, werden wir hier noch ein paar Übungen einfügen. Dazu sollen ja die Seminare dienen, wo wir im lockeren Gespräch den Praxisbezug herstellen und die passenden Beispiele anführen. Außerdem kannst Du, Jens, meinen grauen theoretischen Ausführungen noch etwas Leben einhauchen und interessante Details ergänzen.

Da fällt mir an dieser Stelle gleich noch etwas Wichtiges zu den Zahlen ein.

Also, was hast Du zu ergänzen?

Nicht selten gebrauchten die Maya Zahlengötter statt der Punkte und Striche. Denn wenn wir mal vor einer solcherart beschrifteten Stele stehen, wollen wir diese ja auch lesen können, zumindest das Datum.

Gut, dann zeig mal her, Deine Zahlengötter! Und wenn's geht, gleich noch ein Beispiel dazu, wo wir sie mal identifizieren müssen.

Das passende Beispiel finden wir in der Lacambalamstele, oder in den Inschriften von Palenque, Copán oder Quiriguá. Hier sind erstmal die Hieroglyphen. Man muss schon genau hinschauen, um diese Figuren unterscheiden zu können. Hier kann ich noch den Tipp geben, dass die wichtigen Merkmale vor allem die Augen und die Mundpartie sind.

Euch werde ich kennenlernen! Da könnt ihr euch noch so ähnlich sein! Am besten, ich packe euch gleich mit in die Kapitelüberschriften. Da passt es auch ganz gut, dass wir gerade 20 Kapitel haben. Oh, Jens, muss ich die „Zwanzig" aus zwei Köpfen basteln mit der „Null" oder geht das auch anders?

Tja, die folgende Tabelle zeigt ja tatsächlich 20 Köpfe einschließlich „Null". Was wir mit dem letzten Kapitel machen, bleibt vorerst eine Überraschung. Aber nicht nachsehen, sondern bis dorthin lesen!

Die ersten 13 Götter haben auch noch einen Namen:

1 Mondgöttin
2 Opfergott
3 Windgott
4 Sonnengott
5 Alter Erdgott
6 Sturmgott
7 Jaguargott der Unterwelt
8 Maisgott
9 Jaguargott
10 Todesgott
11 Junger Erdgott
12 Venusgott
13 Wasserlilienmonster

Wer mal eine Inschrift mit Götterzahlen findet, wird anfangs etwas länger brauchen, um die Zahlen zu identifizieren, aber mit der Zeit geht es immer schneller. Man sieht, dass die erste Spalte die Zahlen enthält. Die Hieroglyphen der zweiten Spalte stellen Zeitperioden dar, die wir später genau betrachten werden.

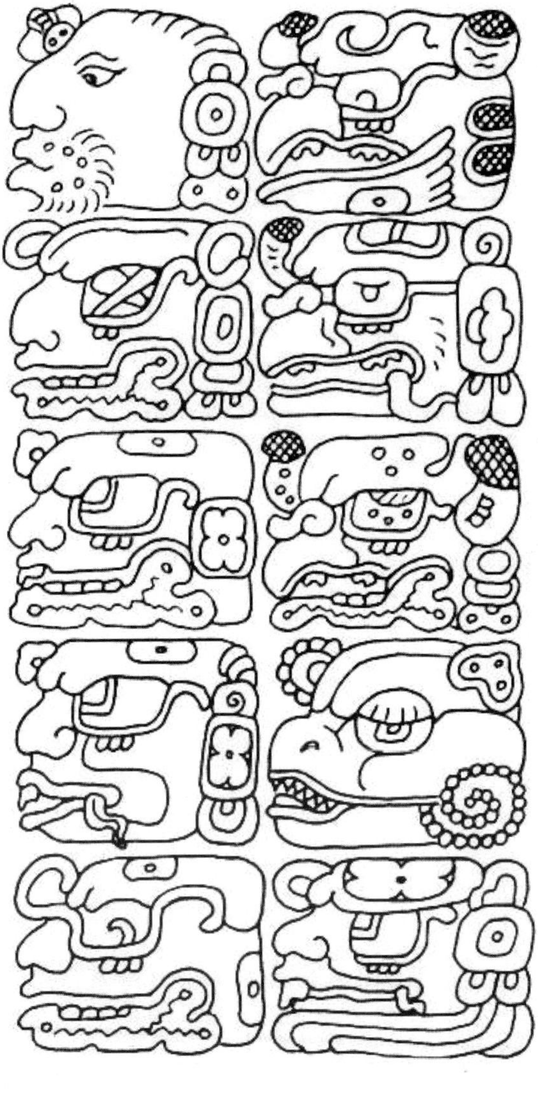

Damit wäre dieses Versäumnis zu Zahlenschreibweisen nachgeholt. Kommen wir mal zu einer praxisrelevanten Übung mit Finsterniszahlen des Dresdner Codex, über den wir später auch noch sprechen müssen.

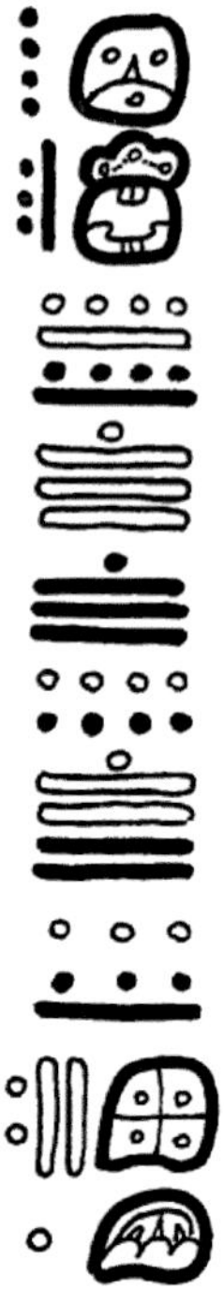

Beantworte folgende Fragen.

1. *Welche senkrecht geschriebenen Ziffern sind hier verbastelt?*
2. *Im mittleren Teil sind eine schwarze mehrstellige Zahl und eine weiße mehrstellige Zahl aufgeführt. Schreibe diese separat auf.*
3. *Rechne die beiden Zahlen in Dezimalzahlen um, welche die Anzahl von Tagen seit Erschaffung der Welt wiedergeben.*
4. *Gegeben ist außerdem eine zweistellige Zahl (siehe rechts). Addiere diese Zahl zu den links gegebenen mehrstelligen Zahlen.*

Das müsste machbar sein. War alles in der Vorlesung dran.

Na, einmal kannst Du die Addition zur Kontrolle nochmal durchführen. Vielleicht fallen uns dabei noch Stellen mit zusätzlichem Erklärungsbedarf auf.

Na los. Die schwarze Mayazahl habe ich auch noch einmal rechts abgebildet. Sie stellt ein Datum dar. Dann ist die andere zu addierende Zahl sowas wie eine Dauer oder besser Distanzzahl.

Die Summe der Einer wäre vier Striche und fünf Punkte. Da fünf Punkte selbst zu einem Strich werden, hat die Summe in der ersten Position fünf Striche. Das ist aber keine zulässige Ziffer. Deshalb reichen wir vier Striche als Übertrag weiter, die in der zweiten Position einen Punkt dazubringen. Alle anderen Positionen bleiben erhalten. Das Ergebnis kann der Leser selbst aufmalen.

Wir haben Glück, dass keine größere Zahl zu addieren war.

Sonst wäre mehr zu rechnen gewesen, oder.

Das auch, aber vor allem hätten wir eventuell das Problem gehabt, dass die zweite Position voll geworden wäre.

Klar Du meinst, wir hätten beachten müssen, dass in der zweiten Position höchstens eine Maya-17 stehen darf, während sonst immer die Maya-19 die größte Ziffer darstellt.

Ja, das darf man nicht vergessen.

Jens, warum ist das eigentlich so?

Das hat was mit der Bedeutung der dritten Position in der Datumsangabe zu tun. Rechne mal dazu die zugehörige Zahl in eine Dezimalzahl um.

Wir betreiben Kalendermathematik. D.h. die erste Position sind die Einer, hat hier also den Wert $0 \times \mathbf{20^0} = 0 \times 1$. Die zweite Position hat den Wert $0 \times \mathbf{20^1} = 0 \times 20$. Gut, das war klar. Jedoch in der dritten Position haben wir in der Kalendermathematik nicht den Stellenwert $\mathbf{20^2}$, sondern statt $\mathbf{20^1} \times \mathbf{20}$ gilt dort $\mathbf{20^1} \times \mathbf{18}$, weil ja in der zweiten Position nach Maya-17 bereits der Übertrag erfolgt. Die abgebildete Zahl ist 360.

Du Mathematiker siehst wieder nur die Zahlen. Diese 360 Tage werden ein Tun genannt. Ein Tun entspricht dem Sonnenjahr viel besser als die Zahl 400.

Auf den Kalender gehen wir doch noch ausführlich ein.

Es schadet doch aber nicht, jetzt schon ein paar Begriffe mit einzubasteln, insbesondere, wenn sie der Begründung von Ausnahmen dienlich sind. Übrigens würde ich den Lesern das Leben mit einer einfacheren Schreibweise erleichtern.

Ich ahne, dass Du die Daten generell mit unseren Zahlen schreiben willst.

Selbstverständlich. Die Kodexzahl der vorigen Seite lautet 9.16.4.10.8. Waagerecht aufgeschrieben, wie wir es gewohnt sind, die Positionen durch Punkte getrennt, wobei die ehemals untere erste Position jetzt hinten steht, ergibt sich eine für uns viel besser handhabbare Zahlenschreibweise.

Wir dürfen dabei aber nicht vergessen, dass die Zahlen zwischen den Punkten eigentlich Mayaziffern sind und dass die Positionen eben jene Stellenwertigkeiten haben wie wir es bei den Mayazahlen erarbeitet haben.

Damit sehen Umrechnungen, Additionen usw. auch einfacher aus:

$$\begin{aligned}\mathbf{9.16.4.10.8} &= \mathbf{8} + \mathbf{10} \times 20 + \mathbf{4} \times 20 \times 18 + \mathbf{16} \times 20 \times 18 \times 20 \\ &+ \mathbf{9} \times 20 \times 18 \times 20 \times 20 \\ &= \mathbf{8} + \mathbf{10} \times 20 + \mathbf{4} \times 360 + \mathbf{16} \times 7200 + \mathbf{9} \times 144000 \\ &= 980848\end{aligned}$$

Und 9.16.4.10.8 + 8.17 = 9.16.4.18.25, stimmt's, Jens?

Wenn Du die Leser unbedingt verwirren willst.

Will ich nicht. Das ist ein aufgeschriebener, sonst nur gedachter Zwischenschritt. Die Leser wissen doch, wie groß die Zahlen, hinter denen sich die Mayaziffern verbergen, an den einzelnen Positionen werden dürfen.

Warum bist Du da so sicher?

Nehmen wir die erste Position von hinten. Es gibt keine Mayaziffer mit Wert 25, die größte ist die 19. Also gibt's einen Übertrag. Dieser beträgt 20, weil damit quasi ein neuer Punkt in der Position zwei erzeugt werden kann. Also: 25 wird zu 5 und damit wird die 18 zur 19.

Tolle Lösung.

Ich bin ja noch nicht fertig. Die 19 ist an dieser Stelle auch nicht zulässig. Hier dürfte höchstens eine 17 stehen. Wir haben wieder einen Übertag, jetzt aber 18. Also: 19 wird zu 1 und damit wird die 4 in der dritten Position zur 5.

Jetzt stimmt die Lösung: 9.16.5.1.5. Wer das nicht glaubt, kann ja mittels Kalenderprogramm nachrechnen.

Oder wir machen noch eine letzte Übung draus. Subtrahiere von der Zahl 9.16.5.1.5 die Zahl, die wir vorher addiert hatten, nämlich 8.17.

Ich fürchte, dass viele Leser hier in Versuchung geraten, einfach den Rechner zu nehmen, um schnell nachzurechnen. Aber ich muss sagen, dass ich diese Operationen immer per Hand rechne und danach mit dem Rechner kontrolliere. Das würde ich so auch empfehlen.

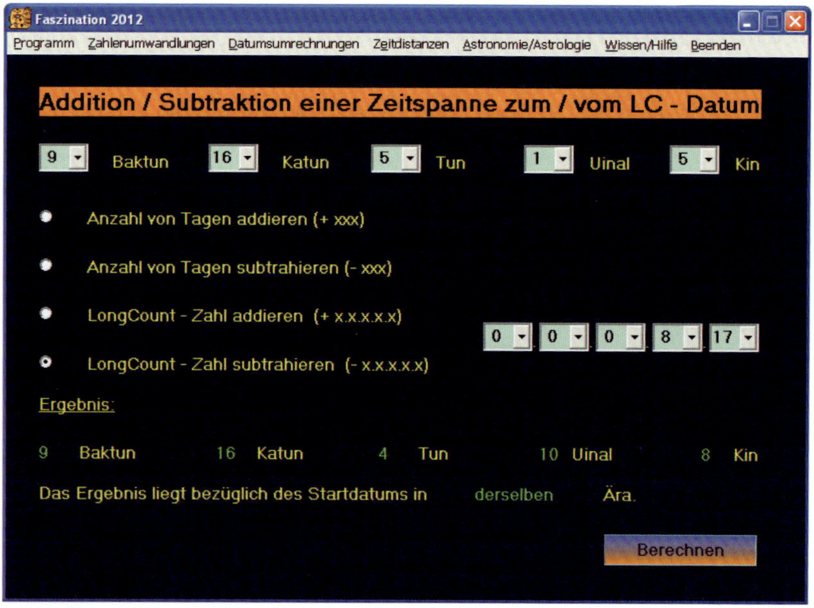

Sehr gut. Also hier noch einmal die entsprechende Rechenoperation:

9.16.5.1.5 – 8.17	= 9.16.5.0.25	–	8.17
	= 9.16.5.0.8	–	8.0
	= 9.16.4.18.8	–	8.0
= **<u>9.16.4.10.8</u>**			

Die eingerückten Zeilen sind gedachte Zeilen, weil es ja diese Schreibweise eigentlich nicht gibt. Folgendes geschah:

1. Falls letzte Minuendzahl ≥ letzte Subtrahendzahl, bilde Differenz. Sonst „hole einen Übertrag zurück“ und bilde dann die Differenz.
2. Falls vorletzte Minuendzahl ≥ vorletzte Subtrahendzahl, bilde Differenz. Sonst „hole einen Übertrag zurück“ und bilde dann die Differenz usw.

Ich denke, dass die mathematische Vorbildung jetzt ausreicht, um den Aufbau der Kalenderbestandteile anzugehen und später einige spannende Berechnungen durchzuführen. Ich finde es auch gut, dass Du die Mayaziffernsymbolik anfangs konsequent verwendet hast, um Auge und Gehirn daran zu gewöhnen.

Auch, wenn ab jetzt eher das Rechnerprogramm verwendet wird, ist doch ein Verständnis dafür da, was dort automatisch im Verborgenen abläuft. Wer sich bis hierher durchgearbeitet hat, ohne zu verzweifeln und ohne den Faden zu verlieren, hat schon mal ein Lob verdient.

Dafür gibt’s das Jaguardiplom.

Der Tag Ik’ bedeutet Wind, Bewegung, Kreativität und Harmonie. Aber auch Instabilität. Die unter diesem Zeichen geborene Person hat viel Energie und Kreativität, aber sie kann unehrlich und dem Partner untreu sein. Sie muss versuchen, ihre Energien zu kontrollieren.

3

2. Vorlesung: Der Heilige Tzolkin

Ak´bal

Die Bestandteile des Tzolkin sind ein Zyklus mit 13 durchnummerierten Tagen von Maya-1 bis Maya-13 und ein zweiter Zyklus mit 20 Tagen, von denen jeder seinen Namen hat. Ein Tzolkin-Datum ist einfach die Kombination aus einer solchen Mayaziffer und einem der 20 heiligen Tage. Dadurch, dass 13 und 20 teilerfremde Zahlen sind, d.h. keinen gemeinsamen Teiler größer als 1 haben, sind alle Kombinationen möglich, also insgesamt 13 × 20 = 260 Tage. Auf 1 Imix folgen 2 Ik und 3 Akbal usw. Nach 13 Ben geht es mit 1 Ix und 2 Men weiter. Das kann man sich mit dem Teilprogramm „bewegter Tzolkin" gut veranschaulichen.

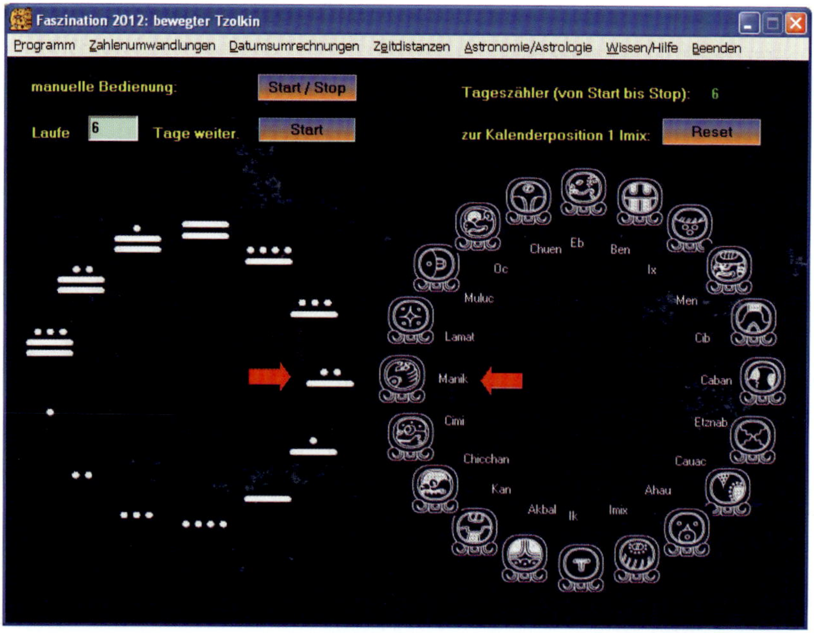

Es empfiehlt sich, die Tagesnamen zu lernen oder zumindest griffbereit zu halten. Dadurch können wir später zwischen Tzolkin- und Haab-Datum unterscheiden, denn letzteres besteht auch aus einer Maya-Ziffer und einem Namen, dem Haab-Monatsnamen. Deshalb habe ich hier noch mal eine Übersicht der Tzolkin-Tagesnamen und ihrer zugehörigen Hieroglyphen:

Zu beachten ist hier die moderne Orthographie. In den meisten Büchern sowie in meinem Computerprogramm wurde die traditionelle Schreibweise verwendet. Es ist vorteilhaft, beide Schreibweisen zu kennen bzw. zu erkennen, dass es sich um diese Tzolkin-Tage handelt. Für die folgenden Übungen brauchen wir das Programm oder diese Tabelle:

1. 1 Imix	53. 1 Been	105. 1 Chikchan	157. 1 Kaban	209. 1 Muluk
2. 2 Ik´	54. 2 Hiix	106. 2 Kimi	158. 2 Ets´nab	210. 2 Ok
3. 3 Ak´bal	55. 3 Men	107. 3 Manik´	159. 3 Kawak	211. 3 Chuwen
4. 4 K´an	56. 4 Kib	108. 4 Lamat	160. 4 Ajaw	212. 4 Eb
5. 5 Chikchan	57. 5 Kaban	109. 5 Muluk	161. 5 Imix	213. 5 Been
6. 6 Kimi	58. 6 Ets´nab	110. 6 Ok	162. 6 Ik´	214. 6 Hiix
7. 7 Manik´	59. 7 Kawak	111. 7 Chuwen	163. 7 Ak´bal	215. 7 Men
8. 8 Lamat	60. 8 Ajaw	112. 8 Eb	164. 8 K´an	216. 8 Kib
9. 9 Muluk	61. 9 Imix	113. 9 Been	165. 9 Chikchan	217. 9 Kaban
10. 10 Ok	62. 10 Ik´	114. 10 Hiix	166. 10 Kimi	218. 10 Ets´nab
11. 11 Chuwen	63. 11 Ak´bal	115. 11 Men	167. 11 Manik´	219. 11 Kawak
12. 12 Eb	64. 12 K´an	116. 12 Kib	168. 12 Lamat	220. 12 Ajaw
13. 13 Been	65. 13 Chikchan	117. 13 Kaban	169. 13 Muluk	221. 13 Imix
14. 1 Hiix	66. 1 Kimi	118. 1 Ets´nab	170. 1 Ok	222. 1 Ik´
15. 2 Men	67. 2 Manik	119. 2 Kawak	171. 2 Chuwen	223. 2 Ak´bal
16. 3 Kib	68. 3 Lamat	120. 3 Ajaw	172. 3 Eb	224. 3 K´an
17. 4 Kaban	69. 4 Muluk	121. 4 Imix	173. 4 Been	225. 4 Chikchan
18. 5 Ets´nab	70. 5 Ok	122. 5 Ik´	174. 5 Hiix	226. 5 Kimi
19. 6 Kawak	71. 6 Chuwen	123. 6 Ak´bal	175. 6 Men	227. 6 Manik´
20. 7 Ajaw	72. 7 Eb	124. 7 K´an	176. 7 Kib	228. 7 Lamat
21. 8 Imix	73. 8 Been	125. 8 Chikchan	177. 8 Kaban	229. 8 Muluk
22. 9 Ik´	74. 9 Hiix	126. 9 Kimi	178. 9 Ets´nab	230. 9 Ok
23. 10 Ak´bal	75. 10 Men	127. 10 Manik´	179. 10 Kawak	231. 10 Chuwen
24. 11 K´an	76. 11 Kib	128. 11 Lamat	180. 11 Ajaw	232. 11 Eb
25. 12 Chikchan	77. 12 Kaban	129. 12 Muluk	181. 12 Imix	233. 12 Been
26. 13 Kimi	78. 13 Ets´nab	130. 13 Ok	182. 13 Ik´	234. 13 Hiix
27. 1 Manik´	79. 1 Kawak	131. 1 Chuwen	183. 1 Ak´bal	235. 1 Men
28. 2 Lamat	80. 2 Ajaw	132. 2 Eb	184. 2 K´an	236. 2 Kib
29. 3 Muluk	81. 3 Imix	133. 3 Been	185. 3 Chikchan	237. 3 Kaban
30. 4 Ok	82. 4 Ik´	134. 4 Hiix	186. 4 Kimi	238. 4 Ets´nab
31. 5 Chuwen	83. 5 Ak´bal	135. 5 Men	187. 5 Manik´	239. 5 Kawak
32. 6 Eb	84. 6 K´an	136. 6 Kib	188. 6 Lamat	240. 6 Ajaw
33. 7 Been	85. 7 Chikchan	137. 7 Kaban	189. 7 Muluk	241. 7 Imix
34. 8 Hiix	86. 8 Kimi	138. 8 Ets´nab	190. 8 Ok	242. 8 Ik´
35. 9 Men	87. 9 Manik	139. 9 Kawak	191. 9 Chuwen	243. 9 Ak´bal
36. 10 Kib	88. 10 Lamat	140. 10 Ajaw	192. 10 Eb	244. 10 K´an
37. 11 Kaban	89. 11 Muluk	141. 11 Imix	193. 11 Been	245. 11 Chikchan
38. 12 Ets´nab	90. 12 Ok	142. 12 Ik´	194. 12 Hiix	246. 12 Kimi
39. 13 Kawak	91. 13 Chuwen	143. 13 Ak´bal	195. 13 Men	247. 13 Manik´
40. 1 Ajaw	92. 1 Eb	144. 1 K´an	196. 1 Kib	248. 1 Lamat
41. 2 Imix	93. 2 Been	145. 2 Chikchan	197. 2 Kaban	249. 2 Muluk
42. 3 Ik´	94. 3 Hiix	146. 3 Kimi	198. 3 Ets´nab	250. 3 Ok
43. 4 Ak´bal	95. 4 Men	147. 4 Manik	199. 4 Kawak	251. 4 Chuwen
44. 5 K´an	96. 5 Kib	148. 5 Lamat	200. 5 Ajaw	252. 5 Eb
45. 6 Chikchan	97. 6 Kaban	149. 6 Muluk	201. 6 Imix	253. 6 Been
46. 7 Kimi	98. 7 Ets´nab	150. 7 Ok	202. 7 Ik´	254. 7 Hiix
47. 8 Manik´	99. 8 Kawak	151. 8 Chuwen	203. 8 Ak´bal	255. 8 Men
48. 9 Lamat	100. 9 Ajaw	152. 9 Eb	204. 9 K´an	256. 9 Kib
49. 10 Muluk	101. 10 Imix	153. 10 Been	205. 10 Chikchan	257. 10 Kaban
50. 11 Ok	102. 11 Ik´	154. 11 Hiix	206. 11 Kimi	258. 11 Ets´nab
51. 12 Chuwen	103. 12 Ak´bal	155. 12 Men	207. 12 Manik´	259. 12 Kawak
52. 13 Eb	104. 13 K´an	156. 13 Kib	208. 13 Lamat	260. 13 Ajaw

Mithilfe der Tabelle können wir nun „Abstände“ zwischen Datumsangaben ermitteln oder nachsehen, was nach x Tagen für ein Tzolkin-Datum ist. Das

wollen wir gleich mal ausprobieren: Wir haben heute den 14. Mai 2007 mit Tzolkin-Tag 8 Oc.

Welchen Tzolkin-Tag haben wir 20 Tage später und wie viele Tage ist der Tzolkin-Tag 4 Ahau entfernt?

Zunächst einmal stehen wir vor dem Problem der unterschiedlichen Schreibweisen. Aber das ist nur ein kleines Problem. Oc entspricht Ok und Ahau entspricht Ajaw. Der Tag 8 Ok steht in der Tabelle an Position Nummer 190. 20 Tage später, also an Position 210, haben wir 2 Ok. Nanu, ist das ein Zufall - schon wieder Ok? Keineswegs. Schließlich hat sich das Tagesnamenrad genau einmal gedreht, es besteht ja aus 20 Tagen. Ebenso hätten wir nach 13 Tagen genau eine Umdrehung des Ziffernrades gehabt und hätten 8 Ak´bal erhalten, also wieder die 8.

Wo liegt nun 4 Ajaw? Auf Position 160. Das war in der Vergangenheit vor 30 Tagen und wird in der Zukunft erst nach 260 – 30 Tagen sein, also in 230 Tagen.

Solcherart Aufgäbchen und natürlich das Erkennen von Tzolkin-Daten in Inschriften sollte der Kalenderkenner beherrschen. Für uns sind die Hilfsmittel Hieroglyphenübersicht(en), Tzolkin-Tabelle bzw. die entsprechende Software der Buch-CD: „bewegter Tzolkin“, auch mit der auf der nächsten Seite abgebildeten Webseite zu den Tzolkin-Berechnungen sowie „Kalenderrunde1 →Kalenderrunde2“ bedeutsam. Dass das Tzolkin-Datum Bestandteil des Kalenderrunden-Datums ist, werden wir später erörtern.

Die Erkennung der Tzolkin-Hieroglyphe wird dadurch begünstigt, dass sie innerhalb einer Datumsinschrift einen festen Platz hat, man weiß also genau, welche Hieroglyphe man scharf anschauen muss, bis man in ihr einen Tzolkin-Tag erkennt. Gelingt die Erkennung nicht, muss man gegebenenfalls eine andere Hieroglyphentabelle benutzen, denn in Steleninschriften und Codices tauchen unterschiedliche Schreibweisen auf. Gelingt die Identifizierung damit auch nicht, kann man den Tag aus den anderen Angaben errechnen. Dazu später.

Mach das mal einem Anfänger klar, unterschiedliche Schreibweisen im doppelten Sinne:

1. unterschiedliche Orthographien der geschriebenen Tzolkin-Tagesnamen und

2. unterschiedliche Schreibweisen in der Hieroglyphenschrift!

Ja, letzteres stellen wir fest, wenn wir Steleninschriften mit Codices vergleichen. Die Varianten der Codices sind im Kapitel 11, wo es um den Codex „Tatsumi“ geht, abgebildet und jene Variante, die zwei Seiten vorher zu sehen war, begegnet uns auch an jedem Kapitelanfang.

20 Tzolkin-Tage und 20 Kapitel. Das passt doch bestens!

Genau, ein Mayakalenderkurs für 20 Tage!

Zunächst folgt erstmal die Abbildung unserer Webseite mit der Distanzberechnung für die Daten 8 Oc und 4 Ahau.

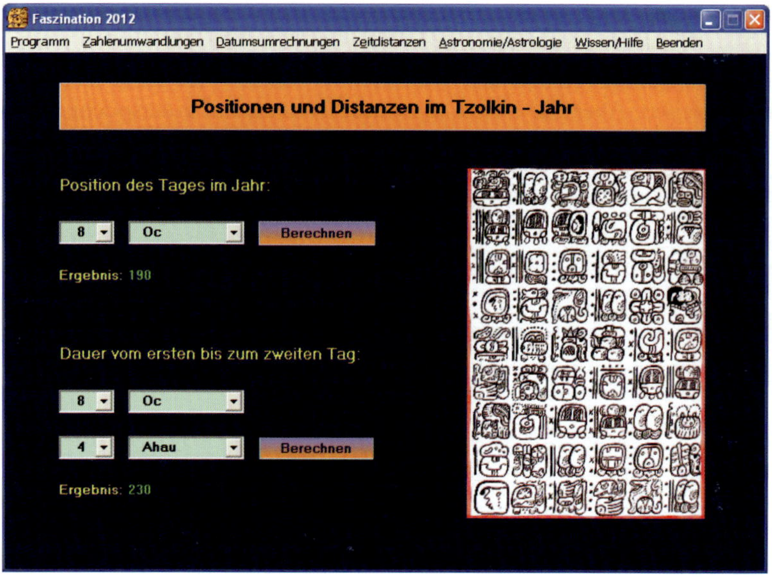

Stimmt mit unserer Handrechnung überein. Aber woher hast Du denn auf einmal dieses Teilprogramm?

Warum fragst Du mich sowas? Traust Du mir die Programmierung dieser Angelegenheit nicht zu?

Doch schon, aber bisher hattest Du doch dafür nur eine „rechnende Webseite". Warum eigentlich?

Oh, das hat mehrere Gründe:

1. Ich wurde gefragt, ob ich ein solches Programm auf unserer Webpräsenz darstellen kann und ob ich den Quellcode freigebe.
2. Die per Rechnung generierte Tabelle passt nicht mit auf ein so kleines Programmfenster.
3. Ich nahm mir die Zeit, dieses Prográmmchen zu basteln als ich im Zug von Basel nach Genf zu meinem CERN-Aufenthalt unterwegs war. Da waren meine Mittel zum Programmieren auch beschränkt, weshalb ich mit einem gewöhnlichen Editor ein JavaScript-Programm schrieb.

Du scheinst mir in jeder Lebenslage am Computer zu kleben, statt Dich an der schönen Welt, in diesem Falle an der schönen Landschaft, zu erfreuen.

Da hast Du wohl im Moment sogar recht. Hier siehst Du diese Webseite:

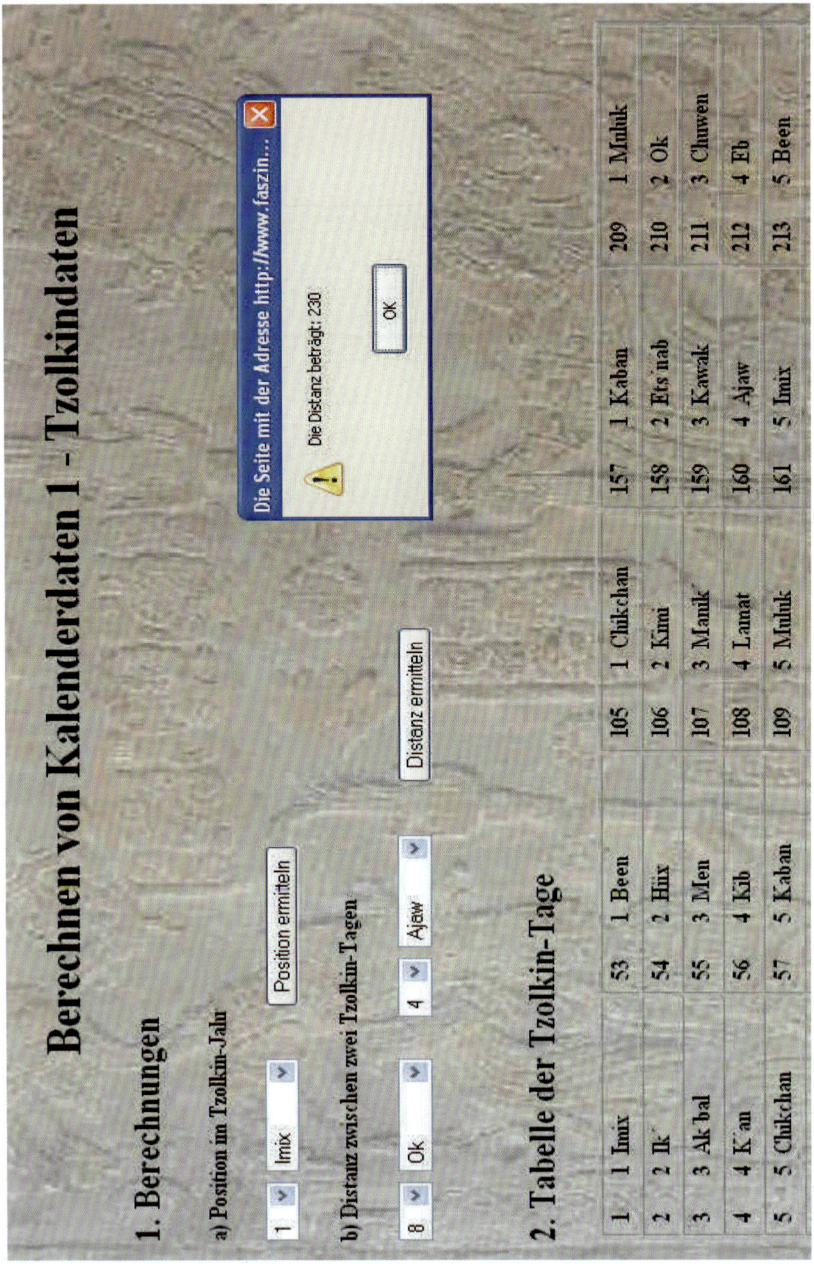

Gut, dieses Ergebnis hatten wir schon. Das hättest Du nicht nochmal zeigen müssen.

Stimmt. Ich möchte aber an dieser Stelle deutlich darauf hinweisen, dass sich ein Webseitenbesuch lohnt. Ich werde auch in Zukunft immer wieder neues Material zur Verfügung stellen.

Nun wende Deinen Blick mal vom Monitor weg auf das folgende praktische Beispiel für unser Thema. Im Dresdener Codex haben wir ja viele Abschnitte, wo nur die Tzolkin-Daten auftauchen.

Dann leg mal los mit der Erklärung dieses Ausschnittes.

Hier sehen wir vier Mayagötter die gerade beim Feuerbohren sind. Die erste Hieroglyphe wird ho-ch´o *gelesen. Nur die erste Hieroglyphe über dem letzten Gott wird* ho-ch´a *gelesen. Mit beiden Varianten kann man das Wort* hoch´ *schreiben, was „er bohrt" bedeutet. Nun schauen wir uns mal die Tageszeichen und die Zahlen an. In den Codices gibt es rote und schwarze Zahlen.*

Das ist doch ein Schwarz-Weiß-Bild.

Deshalb sind hier die roten Zahlen durch eine Umrisslinie gezeichnet. Die roten Zahlen sind die Koeffizienten der Tage. Die schwarzen Zahlen dagegen sind Distanzzahlen. In der Zeichnung haben wir den Tag 1 Manik´. Dann müssen wir 16 Tage weiterzählen, denn da steht die schwarze 16. Wir kommen zum Tag 4 Ak´bal. Aber das Zeichen Ak´bal steht dort nicht. Wir sehen nur die rote 4.

Hat der Schreiber das Zeichen vergessen?

Er hat es weggelassen, schließlich geht ja dabei keine Information verloren. Nun zählen wir 9 Tage weiter. Vom Tag 4 Ak´bal aus 9 Tage weitergezählt kommen wir zum Tag 13 Eb. Da ist der Koeffizient 13, das Tageszeichen hat man wieder weggelassen. Dann geht es

25 Tage weiter. 13 Eb plus 25 Tage ergibt 12 Kaban. Wir sehen den Koeffizienten 12. Das Zeichen für Kaban hat man wieder weggelassen. Dann geht es noch 2 Tage weiter.

Gut, gestartet bei 12 Kaban landen wir bei 1 Kawak. Und diesmal sehen wir das Zeichen für Kawak als zweites Zeichen in der Spalte.

Richtig. Danach geht es weiter wie gehabt. Wir summieren wieder alle Tage, und wenn wir zum letzten Tag die letzte Distanzzahl addieren, muss sich wieder der erste Heilige Tag in der Spalte ergeben.

Zusammengefasst erhalten wir also:

1 Manik´	**+ 16 ⇒**	**4 Ak´bal**	**+ 9 ⇒**	**13 Eb**	**+ 25 ⇒**	**12 Kaban**	**+ 2 ⇒**
1 Kawak	**+ 16 ⇒**	**4 Men**	**+ 9 ⇒**	**13 K´an**	**+ 25 ⇒**	**12 Muluk**	**+ 2 ⇒**
1 Chuwen	**+ 16 ⇒**	**4 Manik´**	**+ 9 ⇒**	**13 Kib**	**+ 25 ⇒**	**12 Imix**	**+ 2 ⇒**
1 Ak´bal	**+ 16 ⇒**	**4 Kawak**	**+ 9 ⇒**	**13 Lamat**	**+ 25 ⇒**	**12 Been**	**+ 2 ⇒**
1 Men	**+ 16 ⇒**	**4 Chuwen**	**+ 9 ⇒**	**13 Ajaw**	**+ 25 ⇒**	**12 Chikchan**	**+ 2 ⇒ ...**

Zugegeben, die letzten Ausführungen fordern dem „Mayakalender-Einsteiger" viel Konzentration ab. Am besten wäre wohl hier, dass man auf einem Blatt Papier diese Gedanken einmal „nachzeichnet".

Also, schwierig finde ich das nicht. Das ist auf jeden Fall eine gute Übung. Vor allem macht es auch Spaß, wenn man dann im Codex schon einige Zahlen, die verblichen sind, rekonstruieren kann.

Jens, der Codex- und Inschriften-Heiler! Darauf werden wir noch zurückkommen.

Der Tag **Ak'bal** bedeutet Nacht, Dunkelheit des Hauses, Sicherheit und Vergessen. Die unter diesem Zeichen geborene Person schätzt die Sicherheit, sie möchte keine Risiken eingehen. Sie kann sehr glücklich sein, da sie von Freunden sehr geachtet wird. Sie kann reich sein, da sie nicht viel ausgibt. Aber wer zu inaktiv ist, wird in Vergessenheit und in Armut leben.

4

2. Seminar: Der Heilige Tzolkin

K´an

Bisher haben wir ja nur die nackten Tatsachen angeführt. Das hat der heilige Tzolkin nicht verdient, so auf bedeutungslose Begriffe und Mathematik reduziert zu werden.

Dazu bist Du ja da, Jens. Blicken wir mal hinter diese Begriffe und Zusammenhänge. Wie kommen denn die Maya auf ein für uns recht seltsam anmutendes Jahr von 260 Tagen?

Anfangs zählte man nur die Tage der heiligen Pflanze. 260 Tage ist die Länge der Agrarperiode der Maispflanze.

Beginnt denn eine solche Periode nicht immer zur selben Jahreszeit?

Selbstverständlich. Die klassischen Maya begannen immer am 6. Februar mit ihren Ritualen zur Eröffnung des Maiszyklus. Früher entsprach dieser Tag immer dem Tzolkin-Tag 1 Imix. An diesem Tag wurde auch die Welt erschaffen, wie es im Poopol Wuuj beschrieben steht:

„Großartig fürwahr war die Beschreibung, die Kunde,
wie alle Seiten erschaffen wurden, im ganzen Himmel
und auf der ganzen Erde,
die vier Seiten, die vier Ecken,
gemessen, und viermal abgesteckt.
Halbiert wurde die Schnur, gestreckt wurde die Schnur,
im Himmel, und auf Erden.
Vier Seiten und vier Ecken wurden vermessen,
so heißt es,
durch die Schöpferin und den Former,
Mutter und Vater des Lebens und der Menschenschöpfung,
durch den Schöpfer der Seele und der Vernunft,
welche den im Licht Geborenen und im Licht Gezeugten,
die Existenz schenken und sie zur Erleuchtung führen,
durch den Weisen,
durch den, dem alles offenbart ist was existiert,
im Himmel und auf Erden,
in den Seen und in den Meeren.“

Es ist immer wieder interessant, diese poetischen und bildlich-anschaulichen Passagen aus dem Poopol Wuuj, der Schöpfungsgeschichte zu lesen. Deine Übersetzung dieses „Heiligen Buches des Rates der K´ichee´-Maya von Guatemala“ kann man jedem Mayafreund nur wärmstens empfehlen.

Wer die Maya kennenlernen will, kommt tatsächlich am Poopol Wuuj nicht vorbei. Das könnte ich jetzt lang und breit begründen, aber wir wollen ja nicht vom Thema abkommen.

Genau. Nun, es ist schwer vorstellbar, dass die Maismänner nur diese 260 Tage zählten, dann waren sie doch, warte mal, am 23. Oktober fertig.

Der Rest des Jahres war jedenfalls nicht so wichtig, dass dafür heilige Tage bereitgestellt wurden.

Wie alt ist der Tzolkin?

Genau weiß man das nicht. Es gibt einen Vorschlag von Professor Malström, der den Beginn des Tzolkin auf das Jahr 1359 vor Christus legt, genau auf den 13. August. Das schreibt er im Buch „Cycles of the Sun, Mysteries of the Moon“ im Kapitel 4. (Malström, Vincent H.: Cycles of the Sun, Mysteries of the Moon - The Calendar in Mesoamerican Civilization, Austin, Texas, University of Texas Press, 1997). Aber im Artikel „Where time began“ schreibt er, es wäre 1358 vor Christus.

Konnte er sich nicht entscheiden?

Ich habe es mal nachgerechnet. Der Tag 1 Imix fällt 1359 vor Christus auf den 14. August, nicht den 13. Aber das kann man noch gelten lassen. Der 13. August 1358 fällt auf den Tag 1 Chicchan. Wenn, dann wäre also das Jahr 1359 vor Christus gemeint.

Vielleicht hat sein Computerprogramm „minus 1358“ ergeben, was ja 1359 vor Christus ergibt. Das ist ja ein häufiger Fehler.

Allerdings weiß ich, dass es hier nicht der Fall ist. Vielmehr ist der Grund hier einfach, dass Professor Malström sehr schlampig mit Zahlen umgeht. Im gleichen Buch schreibt er, dass die Erfindung des Solarjahres mit einem Tag 22. Juni beginnt, der auf 0 Pop fällt. Als Ergebnis gibt er an, dass sich dieses Ergebnis von 1324 vor Christus bis 1321 vor Christus ergibt, was den Jahren „minus 1323“ bis „minus 1320“ entspricht, wie er selbst schreibt. Im Artikel „Where time began“ widerspricht er sich aber wieder, denn hier schreibt er, das Ergebnis wäre 1323 vor Christus bis 1320 vor Christus.

Also wieder eine Differenz von einem Jahr!

Aber der Clou ist, dass beide Ergebnisse falsch sind, denn tatsächlich fällt der Tag 0 Pop auf den 22. Juni in den Jahren 1325 bis 1322 vor Christus! Den gleichen Fehler macht er, wenn er sagt, der Katun 7.6.0.0.0. fällt in das Jahr 235 vor Christus, 235 BC, wie er schreibt, was ja „Before Christ“, also „vor Christus“ bedeutet. Tatsächlich fällt der Katun 7.6.0.0.0. in das Jahr 236 vor Christus. Dieses Datum sieht er als Beginn der Langen Zählung an. Er macht auch keine Unterscheidung zwischen gregorianisch und julianisch. Im gleichen Buch beschreibt er die Tatsache, dass das mesoamerikanische Zeitalter genau am 13. August 1521 mit dem Fall der Azteken-Hauptstadt zu Ende geht, als ironischen Zufall der Geschichte und meint, nun schließt sich der Kreis wieder. Allerdings bedenkt er nicht, dass der 13. August 3114 v.Chr. gregorianisch ist, während der 13. August 1521 dem julianischen Kalender entspricht, was ja der 23. August im gregorianischen Kalender wäre.

Also hältst Du nicht viel von diesem Professor?

Ganz im Gegenteil. Er ist zwar schlampig in seinen Niederschriften, aber er ist ein genialer Geograph, der uns den Schlüssel zum Verständnis des Ursprungs des mesoamerikanischen Kalenders liefert, und außerdem einen überzeugenden Beweis für unsere Korrelation gibt!

Darauf werden wir ja im letzten Kapitel noch zurückkommen. Nun weiß ich, dass es innerhalb der 260 Tage noch mal eine Strukturierung in bestimmte Abschnitte gab, oder?

Stimmt. Durch den großen Schweizer Ethnologen Rafael Girard, der viele Jahre die Rituale der Chorti-Maya studierte, wissen wir, dass das heilige Jahr aus 4 + 40 + 40 + 52 + 52 + 73 Tagen bestand.

Moment mal, sind das nicht insgesamt 261 Tage?

Eigentlich schon. Das Jahr begann mit dem Tag 1 Imix und die Maya beendeten es nach Durchlauf aller 260 Kombinationen mit dem dann wieder folgenden Tag 1 Imix.

Und welche Bedeutung hat diese Zerlegung?

Die ersten 4 Tage stehen symbolisch für die Erschaffung der Welt. Es sind 4 Seiten, 4 Ecken, und 4 Schöpfungen. Du kennst das Poopol Wuuj, erinnerst Du Dich an die 4 Schöpfungen?

Zuerst wurden die Tiere erschaffen. Aber sie verehrten die Götter nicht. Dann wurden die Lehmmenschen erschaffen, aber sie lösten sich im Wasser auf. Dann wurden die Holzmenschen erschaffen, aber sie bewegten sich nicht gut, und verehrten auch nicht die Götter, darum wurden sie zerstört, und einige verwandelten sich in die Affen, die ersten Künstler. Die vierte Schöpfung war dann der Maismensch.

Die dafür gebrauchten 4 Tage sind der 6. Februar bis einschließlich dem 9. Februar.

40 Tage später wäre dann der 21. März, das ist doch genau der Frühlingsanfang.

Richtig, ab diesem Zeitpunkt erfolgt das Abbrennen des zukünftigen Maisfeldes. Nach weiteren 40 Tagen haben wir den 30. April.

Was ist an diesem Tag besonderes los?

Da befindet sich der Sonnengott genau über den Köpfen, die Sonne steht im Zenit. Hier wird die Maisaussaat vorgenommen. Du siehst, nichts erfolgt willkürlich, sondern nach Vorgaben, die im Kalender fixiert sind.

52 Tage nach Aussaat ist der 21. Juni. Klar, da ist ja der Sommeranfang. Wieder ein astronomisches Ereignis.

An diesem Tag wird das Maisfeld für die zweite Aussaat vorbereitet. Danach haben wir nochmal einen Zeitraum von 52 Tagen bis die Sonne zum zweiten mal den Zenit passiert. In der Nacht vom 12. zum 13. August wird ein Ritual vom Priester gefeiert anlässlich der Passage der Sonne durch den tiefsten Punkt. Die Sonne ist also in der Unterwelt.

Wir kommen da zwar erst später drauf, aber hat dieser 13. August etwas mit dem Nulldatum der Langen Zählung zu tun?

Verblüffend, nicht war? Der noch umstrittene 13. August 3114 v.Chr., der Tag der Schöpfung, passt genau hier dazu. Meiner Meinung nach ist das kein Zufall, was ich später noch zeigen werde.

Hat dieser 13. August auch eine Bedeutung für das Maisjahr?

Es wurde die zweite Aussaat durchgeführt. Von der ersten Milpa wurden die Maiskolben geknickt, aber noch nicht geerntet. Sie mussten erst trocknen.

In den nun noch verbleibenden 73 Tagen konnte der Mais wachsen, bis am 23. Oktober die Maisernte erfolgt. Stimmt das?

Ja. Dann war das heilige Jahr vorüber. Übrigens fielen die genannten Daten immer auf die gleichen Tzolkin-Tagesnamen.

Muss ja so sein, wenn es am 6. Februar immer mit 1 Imix losging.

Welchen Tagesnamen haben wir am 4. Tag der Schöpfung?

Lass mich in die Tabelle sehen. Drei Tage nach 1 Imix haben wir 4 K´an.

Und wann war Brandrodung?

40 Tage später haben wir 5 K´an. Prima.

Und die erste Aussaat?

Na wieder 40 Tage später. Wahnsinn! 6 K´an! Okay. Alle Vielfachen von 20 Tagen später fallen auf den Tzolkin-Namen K´an.

Und K´an bedeutet „Mais“.

Dann befinden wir uns gerade im „Kapitel des Mais“.

Gewissermaßen tatsächlich. Dass die Mayakultur, aber insbesondere ihr Tzolkin untrennbar mit dem Mais verbunden ist, erörtern wir ja gerade hier. Allerdings meintest Du wohl eher unsere Kapitelzählung, welche in diesem Fall hervorragend passt. Überhaupt finde ich, dass der Leser gerade mit den Tzolkin-Tagen und ihrer Bedeutung vertraut sein soll.

Willst Du uns jetzt wieder Deine Astrologie schmackhaft machen?

Selbstverständlich. Ich habe oft beobachtet, dass man den Mayakalender nicht wirklich verstehen kann, wenn man ihn rein mathematisch-logisch betrachtet. Die Maya haben das ja auch nicht getan. Auf jeden Fall kann es nicht schaden, die astrologischen Hintergründe zu verstehen. Wichtig ist zu wissen, dass das Schicksal der Maya vom Tag, nicht vom Monat abhängt. Außerdem kann man sich die Tzolkin-Tage viel besser merken, wenn man ihre Bedeutung kennt.

Okay, um jetzt nicht alle Tage hier nacheinander zu beschreiben, haben wir diese Ausführungen an die Kapitelenden platziert. Ist ja wirklich was Besonderes.

Das passt dann auch zu den Tagesglyphen vom Kapitelanfang.

Und man hat jedesmal das Gefühl am Kapitelende nochmal ein Bonbon vorzufinden. Wie bei einem Weihnachtskalender.

Jetzt bleiben wir mal bei unserem Mayakalender, okay? Weil man sich die Bedeutungen der Tzolkintage sicher nicht in aller Ausführlichkeit merken kann, habe ich hier die Kurzform:

Imix:	*Krokodil*
Ik´:	*Wind*
Ak´bal:	*Nacht*
K´an:	*Mais*
Chicchan:	*Schlange*
Kimi:	*Tod*
Manik´:	*Hirsch*
Lamat:	*Kaninchen*
Muluk:	*Wasser*
Ok:	*Hund*
Chuwen:	*Affe*
Eb:	*Treppe*
Been:	*Schilfrohr*
Hiix:	*Jaguar*
Men:	*Adler*
Kib:	*Kerze*
Kaban:	*Erde*
Ets´nab:	*Feuerstein*
Kawak:	*Gewitter*
Ajaw:	*Adliger*

Damit kann ich schon eher leben.

Abschließend habe ich zur Wiederholung und Festigung noch zwei schöne Aufgaben.

Genau, lass den Leser noch was rechnen. Das kann man nicht genug üben.

Das könnte Dir so passen, dass hier nur gerechnet wird. Nein, hier wird auch gezeichnet. Das ist die Hausaufgabe: Zeichne die Tzolkin-Tageshieroglyphen.

1. Imix

6. Kimi

11. Chuwen

16. Kib

2. Ik´

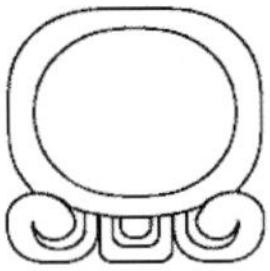

7. Manik´

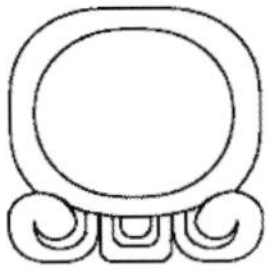

12. Eb

17. Kaban

3. Ak´bal

8. Lamat

13. Been

18. Ets´nab

4. K´an

9. Muluk

14. Hiix

19. Kawak

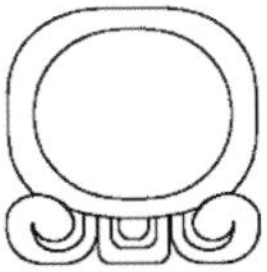

5. Chikchan

10. Ok

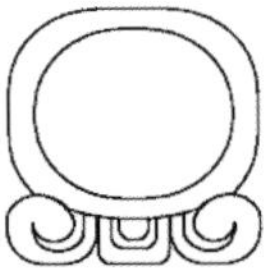

15. Men

20. Ajaw

Dazu habe ich mir auch noch nie die Zeit genommen. Vielleicht ist das gar nicht mal so schlecht. Damit bekundet man wahre Verbundenheit zu diesem Kulturgut.

Nein, der Trick ist einfach, wenn man es selber zeichnet, bekommt man einen ganz anderen Blick dafür. Man prägt es sich viel besser ein!

Da hast Du wohl recht. Stelle Dir mal vor, wie gut man sich die Tage einprägt, wenn man folgende Grafik in allen 260 möglichen Tzolkin-Daten anfertigt!

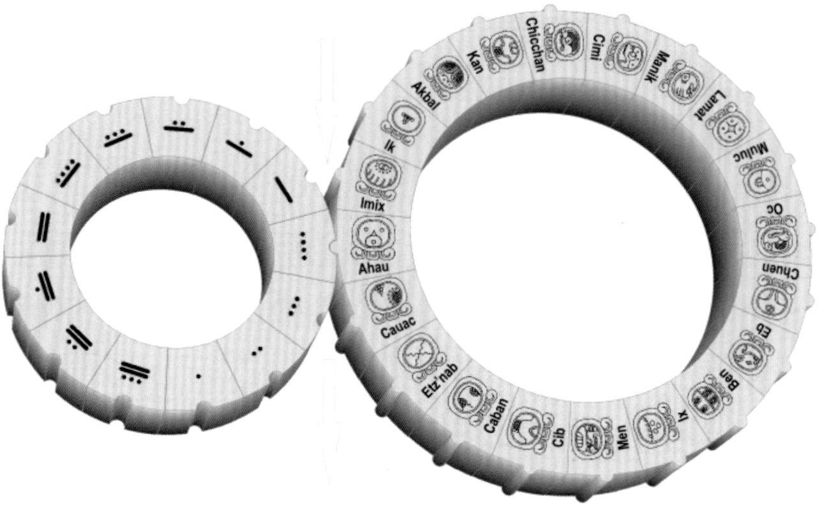

Du bist mal wieder recht witzig.

Der Leser sollte sich den hier eingestellten Tag 4 Ahau schon einmal merken, weil diesem im Zusammenhang mit dem später zu erklärenden LongCount-Kalender eine besondere Rolle zukommt.

Das ist richtig, aber an dieser Stelle bleiben wir erstmal beim Tzolkin. Als Abschlussübung können die Spalten 1 und 3 der folgenden Tabelle ausgefüllt werden.

Genau, dabei überblickt man noch mal die wichtigen Tage des Heiligen Jahres. Ein wahrhaft krönender Abschluss des Tzolkin-Themas.

Und eine Gelegenheit, sich noch einmal der Hilfsmittel bewusst zu werden, die wir für kleine Kalenderaufgäbchen heranziehen können, in diesem Falle die Tabelle aller Tzolkin-Tage oder Dein Kalenderprogramm.

Später werden wir zu komplizierteren Berechnungen übergehen, die ohne Hilfsmittel kaum auszuführen sind.

Tag	gregorian. Tag	Heiliger Tag	Ereignis
Tag 1	6. Februar	1 Imix	erster Tag der Schöpfung
+ 1 ⇒ Tag 2	7. Februar		zweiter Tag der Schöpfung
+ 1 ⇒	8. Februar		dritter Tag der Schöpfung
+ 1 ⇒	9. Februar		vierter Tag der Schöpfung
+ 40 ⇒	21. März		Brandrodung der Milpa
+ 40 ⇒	30. April		erste Passage der Sonne durch den Zenit, erste Aussaat
+ 52 ⇒	21. Juni		Vorbereitung für die zweite Aussaat
+ 52 ⇒	12. August		zweite Passage der Sonne durch den Zenit, Knicken der Maiskolben der ersten Milpa
+ 73 ⇒	23. Oktober		Maisernte, Ende des Maisjahres

Der Tag **K'an** bedeutet die Heilige Maispflanze und Reichtum. Die Echse ist sein Symbol. Sie symbolisiert die Schöpfung und Fruchtbarkeit. Die unter diesem Zeichen geborene Person lebt im Überfluss, ist geschickt, intelligent und ein Meister aller Künste.

5

3. Vorlesung: Haab und Kalenderrunde

Chikchan

Natürlich kommen die Maya nicht um das normale Sonnenjahr herum. Es wird Haab genannt und hat 365 Tage. Dass eigentlich noch Nachkommastellen folgen, hat für die Maya keine Bedeutung. Sie kannten keine Dezimalzahlen und verwendeten auch keine Schalttage, wodurch der Neujahrstag „wanderte". Das Haab-Jahr besteht aus 18 Monaten zu je 20 Tagen. Beim Auffüllen des Jahres mit den noch fehlenden fünf Tagen hatten die Maya wohl kein gutes Gefühl, sodass sie diese als Unglückstage betrachteten, welche einen Kurzmonat bilden.

Wahrscheinlich ist die Monatslänge der Tatsache geschuldet, dass ihr Zahlensystem die Basis 20 hat, wodurch auch klar wird, dass die Zählung der Tage innerhalb der Monate traditionell von 0 bis 19 erfolgt, also den Ziffern der Maya entspricht. Ein Datum setzt sich also aus einer Tagesziffer, die nichts mit der Tzolkin-Tagesziffer zu tun hat, und dem Monatsnamen zusammen, wobei das Fortschreiten des Datums wie in unserem Kalender erfolgt, indem alle Ziffern des Monats durchlaufen werden, bis dies im nächsten Monat wieder geschieht:

0 Poop,	1 Poop,	...	19 Poop,
0 Wo,	1 Wo,	...	19 Wo,
...	...	...	...
0 Kumk´u	1 Kumk´u	...	19 Kumk´u
0 Wayeb,	1 Wayeb,	...	**4** Wayeb.

Dadurch ist es nicht möglich, den Haab-Kalender als „Mechanik zweier aneinanderlaufender Räder" darzustellen wie den Tzolkin. Der Haab-Kalender ist vermutlich ca. 1000 Jahre jünger als der Tzolkin und aufgrund seiner Übereinstimmung mit dem jährlichen Sonnenlauf für praktische Belange günstiger.

Dennoch wurde der Tzolkin nicht einfach ersetzt, sondern mit dem Haab kombiniert, so dass sich ein Tagesdatum aus Tzolkinzahl, Tzolkin-Tagesname, Haabzahl und Haab-Monatsname zusammensetzt. Dazu ließ man dann das Heilige Jahr „rotieren", d. h. man setzte nach Ablauf des 260-tägigen Tzolkin-Jahres gleich das nächste Tzolkin-Jahr wieder dran. Man opferte gewissermaßen die Landwirtschaftsrelevanz des Tzolkin zugunsten eines Superkalenders mit weiter bestehender Tzolkinbeteiligung.

Hier nun erstmal die Haab-Monatsnamen und die zugehörigen Hieroglyphen:

Es wurde wieder die moderne Schreibweise verwendet, welche von jener im Kalenderprogramm bzw. diverser Literatur abweichen kann. Die Rechtschreibung der Mayasprache ist eine Wissenschaft für sich. Nikolai Grube wird uns da mit seinem aktuellen Bonner Großprojekt in den nächsten Jahren spannende Erkenntnisse liefern.

Zurück zur Kombination von Tzolkin und Haab:

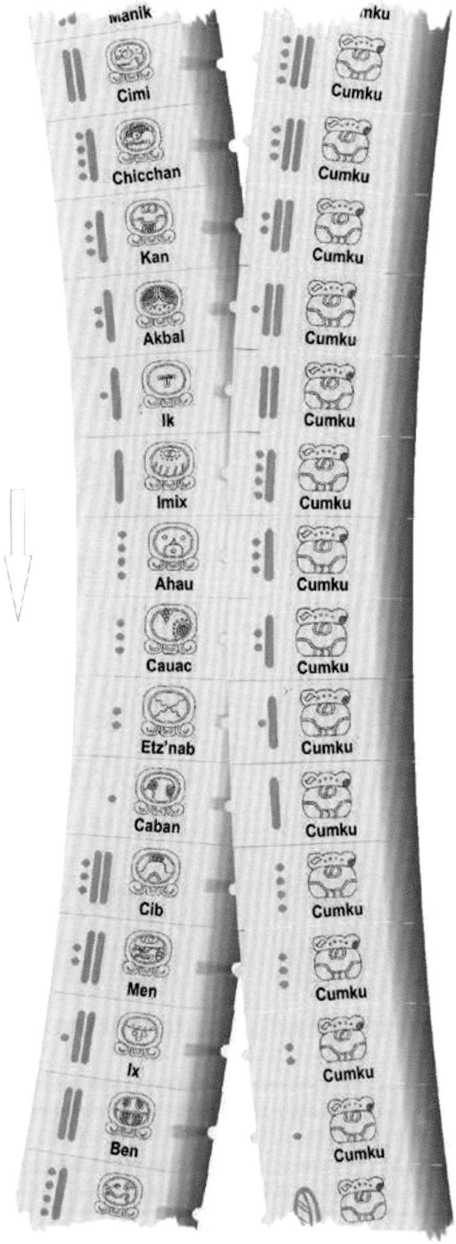
Manik
Cimi
Chicchan
Kan
Akbal
Ik
Imix
Ahau
Cauac
Etz'nab
Caban
Cib
Men
Ix
Ben
Cumku
Cumku
Cumku
Cumku
Cumku
Cumku
Cumku
Cumku
Cumku
Cumku
Cumku
Cumku
Cumku
Cumku
Cumku

Da der größte gemeinsame Teiler der beiden Jahreslängen 5 ist, kann z.B. auf den Tag 1 Poop nur jeder fünfte Tzolkin-Tag treffen, nämlich Ak´bal, Lamat, Been und Ets´nab. Unter Berücksichtigung der Jahreslängen von 365 bzw. 260 Tagen und dem oben genannten Sachverhalt ergibt sich ein Zyklus von $365 \times 260 \div 5 = 18980$ Tagen. Nach 18980 Tagen treffen sich beide großen Räder an derselben Position, z.B. 4 Ajaw 8 Kumk´u, wieder. Man rechnet schnell aus, dass in dieser Zeit 73 Tzolkin-Jahre oder 52 Haab-Jahre vergangen sind. Hier tauchen auch die Zahlen 73 und 52 wieder auf, die wir schon in der Zerlegung der Tagesanzahl des Tzolkin hatten. Verblüffend, nicht wahr?

Die Kombination aus Tzolkin- und Haab-Datum heißt Kalenderrundendatum oder kurz Kalenderrunde. Dieses Datum nutzten nicht nur die Maya, sondern auch andere mesoamerikanische Völker.

Auch bezüglich unseres Kalenders kommt dasselbe Kalenderrundendatum aller 52 Jahre vor. D. h. meine Geburtstagskalenderrunde wird sich in drei Jahren wiederholen – ein Grund besonders zu feiern. Allerdings fällt dieses Ereignis aufgrund fehlender Schalttage im Mayakalender nicht mit meinem gregorianischen Geburtstag zusammen.

Wir sollten ohne Tabelle aller 365 durchnummerierten Haab-Tage in der Lage sein, die Distanz zwischen zwei Haab-Daten zu ermitteln. Das gelingt uns ganz einfach, indem wir:

1. die Nummer des ersten Datums im Haab-Kalender bestimmen
2. die Nummer des zweiten Datums im Haab-Kalender bestimmen
3. die Differenz zwischen den Positionen des zweiten und des ersten Haab-Datums bilden
4. und gegebenenfalls, bei negativer Differenz, die Zahl 365 addieren

Beispiel: Wie viele Tage nach 8 Kumk´u gibt es den Tag 11 K´ank´in?

Zu 1. Position von 8 Kumk´u: Bis 0 Kumk´u sind 17 volle Monate mit je 20 Tagen vergangen und 8 weitere Tage bis 8 Kumk´u
$17 \times 20 + 8 = 348$

Zu 2. Position von 11 K´ank´in: $13 \times 20 + 11 = 271$

Zu 3. $271 - 348 = -77$

Zu 4. $-77 + 365 = 288$

Es vergehen 288 Tage von 8 Kumk´u bis 11 K´ank´in.

Als etwas kniffliger erweist sich das Problem, die Anzahl der Tage zwischen zwei verschiedenen Kalenderrundendaten zu ermitteln. Betrachten wir dazu folgendes Beispiel:

Wir berechnen, wie viele Tage nach dem Nulldatum 4 Ajaw 8 Kumk´u der Tag 6 Lamat 11 K´ank´in eintrat.

Von 8 Kumk´u bis 11 K´ank´in dauert es 288 Tage (siehe Beispiel darüber). Welches Tzolkin-Datum lag 288 Tage vor 6 Lamat? (–288 = –260 – 28) 6 Lamat hat in der Tzolkin-Tabelle Position 188, also sehen wir bei 188 – 28 = 160 nach: 4 Ajaw! Zufall? Nein, von mir so konstruiert. Das bedeutet nämlich, dass wir bei diesem besonders einfachen Beispiel fertig sind: Von 4 Ajaw 8 Kumk´u bis 6 Lamat 11 K´ank´in dauert es 288 Tage, weil sowohl zwischen den Haab-Daten als auch zwischen den Tzolkin-Daten dieselben 288 Tage liegen.

Erheblich komplizierter wird die Rechnung, wenn zwischen den Kalenderrundendaten einige Jahre liegen. Aber auch das ist berechenbar.

Wie viele Tage nach dem Nulldatum 4 Ajaw 8 Kumk´u kommt der Tag 6 Been 11 K´ank´in?

Von 8 Kumk´u bis 11 K´ank´in dauert es 288 Tage (siehe Beispiel darüber). Welches Tzolkin-Datum lag 288 Tage vor 6 Been? (–288 = –260 –28) 6 Been hat in der Tzolkin-Tabelle Position 253, also sehen wir bei 253 – 28 = 225 nach: 4 Chikchan. Damit haben wir den Jahresträger 288 Tage vor 6 Been 11 K´ank´in. Jahresträger liegen 365 Tage auseinander, d.h. im Tzolkin 365 – 260 = 105 Tage. Wir brauchen die Anzahl der Jahresträger bis wir bei 4 Chikchan ankommen, also die Anzahl an Summanden 105, um von Position **160** (4 Ajaw) zu Position **225** (4 Chikchan) zu gelangen, wobei wir immer dann 260 subtrahieren, sobald wir 260 überschreiten:

160 + 105	=	265	265 – 260 = 5
5 + 105	=	110	
110 + 105	=	215	
215 + 105	=	320	320 – 260 = 60
60 + 105	=	165	
165 + 105	=	270	270 – 260 = 10
10 + 105	=	115	
115 + 105	=	220	
220 + 105	=	325	325 – 260 = 65
65 + 105	=	170	
170 + 105	=	275	275 – 260 = 15
15 + 105	=	120	
120 + 105	=	**<u>225</u>**	

Damit haben wir die Anzahl der Haab-Jahre, nämlich 13 (es wurden 13 mal 105 addiert). Die gesamte Zeitdistanz beträgt also $13 \times 365 + 288 =$ **<u>5033</u>** Tage.

Das können ja auch ganz schön viele Rechenschritte werden. Jedoch lässt sich der Rechenaufwand minimieren, wenn man das Rechnen mit Restklassen beherrscht. Ich möchte das auch mal vorführen, die mathematisch nicht so versierten Leser dürfen dies, ohne ein schlechtes Gewissen zu bekommen, überspringen. Unser Rechenproblem lässt sich auch so formulieren:

$$160 + x \times 105 - y \times 260 = 225$$
$$x \times 105 - y \times 260 = 65$$
$$x \times 105 = 65 + y \times 260$$

Das ist identisch mit: $x \times 105$ lässt bei Teilung durch 260 den Rest 65. Die übliche Schreibweise dafür ist:

$x \times 105$	$\equiv$	65	modulo 260	$\mid \div 5$
$x \times 21$	$\equiv$	13	modulo 52	
$x \times 21$	$\equiv$	$(13 + 2 \times 52)$	modulo 52	
$x \times 21$	$\equiv$	117	modulo 52	$\mid \div 3$
$x \times 7$	$\equiv$	39	modulo 52	
$x \times 7$	$\equiv$	$(39 + 52)$	modulo 52	
$x \times 7$	$\equiv$	91	modulo 52	$\mid \div 7$
x	$\equiv$	**<u>13</u>**	modulo 52	

Wir erkennen unser altes Ergebnis 13 wieder. Man kann umso mehr Rechenarbeit sparen, je größer das Ergebnis x wird. Um sowas zu umgehen, kann man natürlich auch das entsprechende Teilprogramm des Kalenderrechners nutzen:

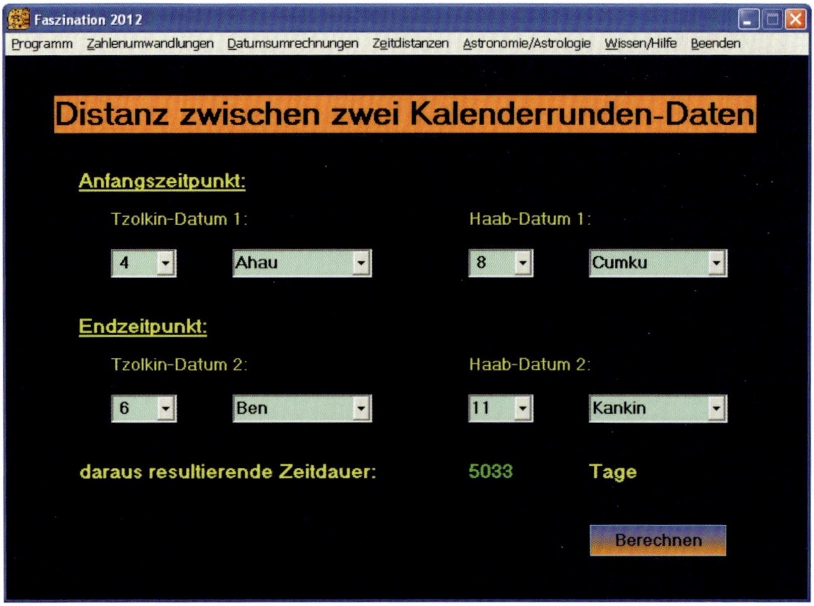

Ja, das ist mir zu kompliziert, ganz ehrlich. Aber Gott sei Dank hast Du dieses Kalenderprogramm geschrieben!

Zugegeben, es geht auch ohne Restklassenmathematik. Aber diese ist prädestiniert für solche Aufgaben.

Ich kann Dir dann ja mal verraten, wie ich das früher gerechnet habe, als ich Dein Kalenderprogramm noch nicht hatte. Das mache ich nämlich alles mit meinem „antiken" Mayacodex!

Später gern. Erkennst Du dieses ganz berühmte Kalenderrundendatum?

Ja klar, hab ich doch gezeichnet. Und Du hast es mit drei Farben ausgemalt. Wozu eigentlich?

Der Tag **Chikchan** bedeutet Schlange. Sie symbolisiert Energie, Fruchtbarkeit und die Weisheit der Natur. Die unter diesem Zeichen geborene Person ist weise und voller Energie. Manchmal sogar zerstörerisch. Diese Person muss versuchen, ihre Energien zu kontrollieren, damit sie nicht destruktiv werden.

6

3. Seminar: Haab und Kalenderrunde

Kimi

Ich ahne schon, dass Du erstmal diesen Haab-Monatsnamen deutsche Begriffe zuordnest.

Natürlich, Mario. So kann man sich später gewisse Daten viel besser merken. Hier sind die Zuordnungen:

Poop	*Thronmatte*	*Sak*	*Weisser Monat*
Wo	*Dämmerung*	*Keej*	*Hirsch*
Sip	*Sonnenaufgang*	*Mak*	*Ernte*
Sotz´	*Fledermaus*	*K´ank´in*	*Gelbe Sonne*
Seek	*Steinhügel*	*Muwan*	*Eule*
Xul	*Pflanzstock*	*Pa´x*	*Trommel*
Yaxk´in	*Neue Sonne*	*K´ayab*	*Gesang*
Mol	*Brennholz*	*Kumk´u*	*Brennofen*
Ch´een	*Sommerpause*	*Wayeb*	*Ruhezeit (5 Unglückstage)*
Ya´ax	*Grüner Monat*		

Betonen möchte ich an dieser Stelle, dass der Monat Ch´een nicht Ch´e´en geschrieben werden darf. Das würde „Brunnen“ bedeuten, was aber nicht die Bedeutung dieses Monats ist.

Weißt Du, dass mich Poop eher an das **Poop**ol Wuuj erinnert.

Gut beobachtet: die „Matte, geflochten aus Palmenblättern” legte man auf den Thron der Könige oder auf die Sitzbank der Adligen und man benutzte sie auch im „Haus des Rates“. Darum übersetzen wir ja auch „Poopol Wuuj” als „Buch des Rates”.

Nun glaube ich nicht, dass es unbedingt erforderlich ist, den Folgetag von Haab-Daten ermitteln zu lassen.

Das ist ja eigentlich simpel, da ändert sich ja nur die Haab-Tageszahl, außer, man ist gerade am Monatsende. Dann geht's eben im nächsten Monat von vorn los. Wie in unserem Kalender. Wobei, man sollte vielleicht doch hervorheben, dass es prinzipiell zwei Möglichkeiten gibt. Man kann den Koeffizienten von 0 bis 19 zählen, oder von 1 bis 20. Letzteres ist allerdings sehr selten. Das heißt, nach dem Tag 19 Poop könnte man sowohl 20 Poop als auch 0 Wo schreiben.

Ganz anders sieht es mit Zeitdistanzen zwischen Kalenderrundendaten aus. Das sollten wir an einem weiteren Beispiel nochmals durchspielen. Da denke ich mir doch gleich was Besonderes aus, damit noch eine weitere Erkenntnis mit herausspringt.

Na, da bin ich gespannt, womit Du uns da wieder quälst.

Prüfen wir mal, wie viele Jahre es dauert, bis der Tag 1 Imix wieder auf 4 Poop fällt, d.h. wir bestimmen die Zeitspanne von 1 Imix 4 Poop bis 1 Imix 4 Poop.

Spaßvogel! Willst Du gleich die Antwort wissen?

Nein, wir rechnen das mal durch.

Da hast Du Dir ja was vorgenommen, die Rechnung ist nicht ganz trivial.

Von 4 Poop bis zum nächsten 4 Poop vergeht natürlich ein Haab-Jahr, also 365 Tage. Welches Tzolkin-Datum lag 365 Tage vor 1 Imix?

1 Imix liegt in der Tzolkin-Tabelle auf Platz 1. Und 365 Tage zurück heißt eine ganze Tzolkin-Runde von 260 Tagen zurück, wobei wir bei 1 Imix bleiben und noch 105 Tage zurück. Das wäre 1 – 105 = – 104. Negative Positionen gibt es nicht, also wieder 260 dazu: Wir erhalten die Position 156 und damit das Tzolkin-Datum 13 Kib.

Gut gemacht. Damit haben wir den Jahresträger 365 Tage vor 1 Imix 4 Poop. Jahresträger liegen 365 Tage auseinander, d. h. im Tzolkin 365 – 260 = 105 Tage. Wir brauchen die Anzahl der Jahresträger bis wir bei 13 Kib ankommen, also die Anzahl an Summanden 105, um von Position **1** (1 Imix) zu Position **156** (13 Kib) zu gelangen, wobei wir immer dann 260 subtrahieren, sobald wir 260 überschreiten:

$$\begin{array}{ll}
\mathbf{1} + 105 = 106 & \\
106 + 105 = 211 & \\
211 + 105 = 316 & 316 - 260 = 46 \\
46 + 105 = 151 & \\
151 + 105 = 256 & \\
256 + 105 = 361 & 361 - 260 = 101 \\
101 + 105 = 206 & \\
\ldots &
\end{array}$$

Wir sind ja erst fertig, wenn 156 rauskommt. Ich weiß ja schon, dass es noch sehr lange so weiter geht. Kürze das mal etwas ab.

Gut, weil es sich hier richtig lohnt:

$$\begin{array}{ll}
1 + x \times 105 - y \times 260 & = 156 \\
x \times 105 - y \times 260 & = 155 \\
x \times 105 & = 155 + y \times 260
\end{array}$$

Das ist identisch mit: x × 105 lässt bei Teilung durch 260 den Rest 155 oder

$x \times 105$	$\equiv 155$	modulo 260	$\mid \div 5$
$x \times 21$	$\equiv 31$	modulo 52	
$x \times 21$	$\equiv (31 + 2 \times 52)$	modulo 52	
$x \times 21$	$\equiv 135$	modulo 52	$\mid \div 3$
$x \times 7$	$\equiv 45$	modulo 52	
$x \times 7$	$\equiv (45 + 6 \times 52)$	modulo 52	
$x \times 7$	$\equiv 357$	modulo 52	$\mid \div 7$
x	$\equiv$ **51**	modulo 52	

Wir hätten jetzt 51 Rechenzeilen gebraucht?

Deuten wir mal das Ergebnis.

Soll 51 ist die Zahl der Haab-Jahre sein?

So ungefähr. Tatsächlich sind 51 Haab-Jahre zu 365 zu addieren, also haben wir insgesamt die weiter vorn bereits erwähnten 52 Haab-Jahre. Die gesuchte Zeitdistanz beträgt ja 51 × 365 + 365 = 52 × 365 = **18980** Tage.

Genau das muss herauskommen. Schließlich haben wir die Dauer einer vollen Runde ausgerechnet von einem Kalenderrundendatum bis zu seiner Wiederkehr. Das dauert nun mal 52 Haab-Jahre oder 18980 ÷ 260 = 73 Tzolkin-Jahre. War tatsächlich eine schöne Aufgabe.

Hier ist noch eine Aufgabe zum Üben: Nehmen wir an, heute wäre der Tag 7 Manik´ 10 K´ank´in. Zeige, dass in 100 Tagen das Kalenderrunden-Datum 5 Manik´ 5 Poop heißen wird.

100 Tage weiterzuzählen ist weder im Tzolkin noch im Haab ein Problem.

Doch, im Haab kann es eins werden, wenn Du vergisst, dass der Monat Wayeb nur 5 Tage hat.

Da muss man eben aufpassen.

Ein kleines bisschen schwieriger wird's, wenn wir nun noch 12345 Tage weiterzählen sollen.

Da brauchen wir doch bloß 125 Tzolkin-Tage weitergehen und 300 Haab-Tage. Denn da brauchen wir nur die Vielfachen von 260 bzw. 365 zu subtrahieren, und den Rest zählen wir weiter.

Landen wir am Ende bei *13 Eb 5 Pa´x*?

Jawohl. Vorausgesetzt, dass Deine Programmierkünste nicht versagt haben, sollten wir das Ergebnis vom Kalenderprogramm bestätigt bekommen.

Pass mal auf, von wegen „versagende Programmierkünste", ich vollziehe an Dir gleich ein Opferritual!

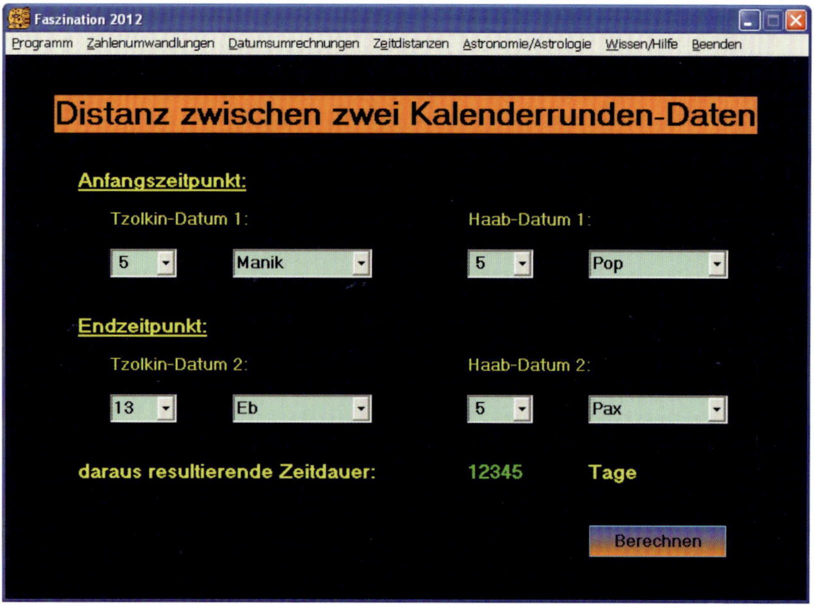

Lass mal das Ritual und lass jetzt auch Deine Rechnerei. Hier kommt noch eine angenehme Aufgabe zum Lernen und Meditieren.

Hieroglyphen zeichnen?

Ja, die Monatshieroglyphen des Haab-Kalenders.

Wir sollten an dieser Stelle noch erwähnen, dass es keine Schalttage im Mayakalender gibt.

Deswegen ist es etwas unsinnig, wenn die Touristen Anhänger mit „ihrer" Monatsglyphe kaufen, denn die Tabelle, wo sie nachschauen, welchem Mayamonat ihr Geburtstag entspricht, ändert sich ja alle vier Jahre um einen Tag, alle 80 Jahre um einen kompletten Mayamonat. Vor allem war ja der Monat auch kein Horoskopzeichen, sondern der Tzolkin-Tag.

Hauptsache das Geschäft stimmt!

Aber es gibt noch Schlimmeres. In Chicken Pizza, pardon, Chichén Itzá, verkaufen sie Dir Deinen Namen auf einem Anhänger mit Mayahieroglyphen geschrieben. Vergoldet! Stell Dir vor, einer heißt Gottfried. Im Yukatekischen Maya gibt es keinen Laut g, f, r oder d. Das ist unwahrscheinlich, wie die Leute veralbert werden!

Die Touristen, die unser Buch gelesen haben, sind nun auch in dieser Hinsicht vorbereitet. Übrigens wurde mir vor kurzem ein Hochzeitstags-Horoskop gezeigt. Nun, da hätte der Mann lieber eine Flasche Wein für seine Frau kaufen sollen. An einem romantischen Plätzchen hätten sie dann selbst

Hieroglyphen zeichnen können, und hätten damit am Ende mehr Spaß gehabt.

Genau. Hier sind nun die Vorlagen zum Zeichnen der Haab-Monatshieroglyphen.

Moment, Jens, eine Frage habe ich noch: Gibt es für die Monatshieroglyphen vielleicht auch einen Unterschied in der Schreibweise auf Stelen und in Codices?

Ja, sicher. Die meisten Unterschiede sind stilistischer Art. Vergleiche die Glyphen für Sots´ *oder* Mol *oder* Pax. *Da wirst Du sehen, dass die Codex-Variante etwas einfacher ist, also schneller geschrieben werden kann. Das ist so ähnlich wie der Unterschied zwischen unserer Druck- und Schreibschrift. Zum Teil gibt es größere, aber typische Unterschiede. Schau Dir die Varianten für den Monat* Yaxk´in *an:*

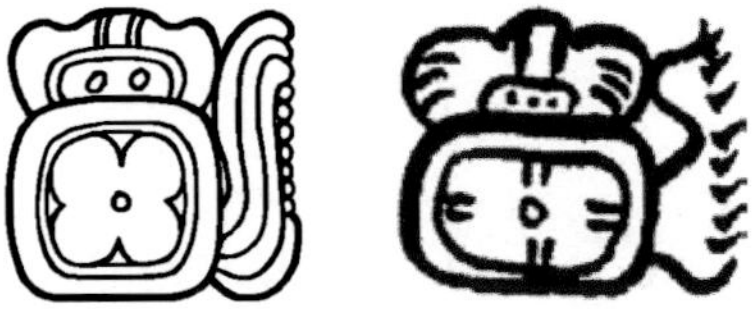

Es besteht aus den Zeichen für ya´ax, k´in *und der Silbe* ni. *Alle drei Zeichen sehen ziemlich anders aus, werden aber immer so verwendet. Das Zeichen für* ya´ax *wird in der Codex-Variante mit Strichen an den Seiten dargestellt, aber nie bei der Stelenvariante. Das Zeichen* k´in *wird in den Steleninschriften als vierblättrige Blüte dargestellt, aber in den Codexinschriften wird das gleiche Zeichen mit vier Doppelstrichen gezeichnet. Das Zeichen* ni *wird in der Codex-Schreibweise immer vereinfacht gezeichnet.*

Auch das Zeichen für wa *sieht in den Codextexten und Stelentexten ziemlich anders aus. Dieses Zeichen taucht im Monat* Poop *und im Monat* K´ank´in *auf.*

Aber wo taucht denn die Silbe *wa* im Wort *k´ank´in* auf?

Gute Frage. Diese beiden Monate wurden ursprünglich anders ausgesprochen. Statt k´ank´in *sprach man* onew. *Und* onew *schrieb man als* onewa. *Daher taucht die Silbe* wa *auf. Die Schrift ist bekanntlich oft sehr konservativ. Als man nach vielen Jahrhunderten die Monate längst anders aussprach, wurde die archaische Schreibweise aber immer weiter geführt.*

Alle Monatsglyphen sind also archaische Varianten?

Mit einer Ausnahme: der fünfte Monat Sek *sieht deutlich anders aus in der Stelen- und Codexvariante. Ursprünglich wurde er* kasew *gesprochen. In der Stelenvariante finden wir die alte Schreibweise mit den Silben* ka, se, wa. *In der Codexvariante aber taucht die neue Aussprache* sek *auf, geschrieben mit den Silben* se *und* ka.

Gut, für uns ist das hier weniger wichtig. Hauptsache man kann die Monatszeichen alle erkennen und unterscheiden.

Sicher. Die genaueren Untersuchungen der Evolution der Monatszeichen können wir getrost den Epigraphikern überlassen. Nicht ganz unnütz ist dagegen die folgende Monatshieroglyphen-Zeichen-Übung:

Bloß gut, dass Du schon einiges vorgibst. Wer trotzdem immer wieder nachsehen muss, befindet sich in guter Gesellschaft. Irgendwann hat sich mein Kopf des bildhaften Gedächtnisses entledigt. Entweder, weil er mehr Platz für Formeln brauchte oder weil einfach der gute Tequila gerade die dafür relevanten Synapsen aufgeweicht hat.

Ich habe da eher ein bildhaftes Gedächtnis. Manchmal sehe ich eine Keramikvase, wo ich mir sage: Genau diesen Stil habe ich schon einmal gesehen. Dann schaue ich unter mehreren tausend Fotos von antiken Vasen nach, und finde eine weitere Vase, die genau derselbe Schreiber angefertigt haben muss, weil der Stil haargenau gleich ist. Aber allgemein gilt ganz einfach: je mehr desto besser. Denn je länger man diese Hieroglyphen und Figuren beobachtet, umso schneller erkennt man sie in neuen Inschriften.

Du meinst: Übung macht den Meister bzw. hier den Maya.

Diesen Erkennungsprozess kann man noch beschleunigen, indem man diese Figuren selbst nachzeichnet. Nach einer Weile entwickelt man fast einen sechsten Sinn für die Figur auf einer verwitterten Maya-Stele. Das macht schon Spaß.

Das Nachzeichnen von ganzen Stelen, selbst wenn Passagen schlecht erkennbar sind oder gar fehlen, gehört doch zu Deinen Spezialitäten.

Erst ist es spannend, so viel wie möglich zusammenzusuchen. Dann muss ich mich zu den vorhandenen Übersetzungen positionieren. Doch der größte Genuss ist es für mich, wenn ich in die Rolle des Schreibers schlüpfe und die Inschrift auf dem Papier neu entstehen lasse.

Auf diese Weise hast Du auch die aus meiner Sicht wahnsinnig aufwendige Inschrift des Monuments Nr. 6 aus Tortuguero rekonstruiert.

Oh ja, aufwendig in mehrfacher Hinsicht. Es gibt verschiedene Fragmente an verschiedenen Orten. Einige Teile sind gänzlich verschollen. Aber nun verrate mal, was Du mit dieser höchst komplexen Inschrift in diesem Seminar zum Kalenderrundendatum anfangen willst.

Ich möchte natürlich eines der spektakulärsten Kalenderrundendaten im Kontext des Inschrifteninhaltes vorstellen. Es handelt sich um die zwei Glyphen vom Ende des letzten Kapitels. Sie markieren zusammen mit weiteren Aussagen den Ablauf der vorigen Kalenderära im Dezember 2012.

Man kann kurz resümieren, dass dieses Datum nicht mit einem Weltuntergang, sondern mit dem Erscheinen des „Gottes der neun Schritte" verknüpft ist. Und es entsteht gewissermaßen als Zahlenpuzzle aus bedeutenden Lebensdaten des Königs von Tortuguero Balam-Ajaw, des Jaguarkönigs.

Letzterer wurde an einem Tag 12 **Ajaw** 8 **K´ank´in** (3. Dezember 612) geboren. An einem Tag 1 Ok **3** Kumk´u (9. Februar 644) fand seine Krönung statt. Am 28. Juli 667 wurde eine große Feier anberaumt. Diese fiel auf das Kalenderrundendatum **4 Ajaw** 13 Mol. Mit dem letzten Datum ist unser Puzzle komplett: Tageskoeffizient 4, Tzolkintag Ajaw, Monatskoeffizient 3 und schließlich der Monatsname K´ank´in. So legitimiert Balam-Ajaw seinen

Anspruch auf Vergötterung. Seine Lebensdaten repräsentieren die Wiederkehr des Schöpfungstages 13.0.0.0.0. Diese Zahl erörtern wir im nächsten Kapitel zur Langen Zählung.

Geburt, Krönung und die letzte 5-Jahresfeier ...

... 4 Ajaw 3 K´ank´in

oder 4 Ajaw 3 K´ank´in

Am liebsten würde ich hier die ganze Geschichte des Jaguar-Königs erzählen. Aber da muss ich wohl den Leser auf unser Buch „2012 – Prophezeien die Maya den Weltuntergang?" verweisen.

Auch zur Einstimmung auf das nächste Kapitel zeigen wir hier wenigstens jene Passage, wo von der Vollendung des 13. Baktun die Rede ist.

2 Tage, 9 Monate, 3 Jahre,

8 Katun und 3 Baktun später

wird sich der **13. Baktun** vollenden,

am **Tag** 4 Ajaw 3 K´umku
(= 23. Dezember 2012).

Es wird zur Schau gestellt werden

der Schmuck des Bolon Yokte' [K'uh]
während seiner großen Prozession.

Fall geklärt. Na dann auf zum nächsten Kapitel!

Moment, ich habe da noch etwas aus den Lebensdaten des Königs gebastelt.

Da bin ich aber gespannt.

Was kann man aus 12 **Ajaw 8** K´ank´in**,** 1 Ok 3 **Kumk´u** und **4 Ajaw** 13 Mol zusammensetzen?

*Tatsächlich steckt da auch der Beginn der Ära drin! 4 Ajaw 8 Kumk´u! Übrigens ist der Anfang im Gegensatz zum Enddatum auf verschiedenen Stelen verzeichnet. Hier folgt ein Beispiel aus Quirigua, wo das komplette Schöpfungsdatum 13.0.0.0.0 4 Ajaw 8 Kumk´u zu lesen ist. In Quirigua wurde ja auch der berühmte König 18 Kaninchen aus Copán an einem Tag **6 Kimi** 4 Sek geopfert. Mit diesem tragischen Ende endet Kapitel **6 „Kimi"**.*

Der Tag **Kimi** bedeutet wörtlich Tod, also den Kontrapunkt der Bewegung. Als Horoskopzeichen bedeutet er Ruhe und Erholung. Auch Erneuerung und Wachstum. Die unter diesem Zeichen geborene Person liebt es, alles gut zu planen und sorgfältig zu überlegen, aber auch, neue Dinge in Angriff zu nehmen. Sie kann melancholisch und ruhig sein. Manchmal versteckt sie ihre Gedanken. Diese Person muss versuchen, in die Zukunft zu schauen, nicht in die Vergangenheit.

7

4. Vorlesung: Die Lange Zählung

Manik′

Heute ist 2 Kaban 5 Sip. Dann mag das wohl ein eindeutiges Datum sein innerhalb eines damals bei den Maya üblichen Menschenlebens, aber für ein Geschichtsbuch wäre das wohl eher ungeeignet. Da sich ein Kalenderrunden-Datum alle 52 Jahre wiederholt, könnten die Historiker die Ereignisse nicht in die betreffenden Jahrhunderte einordnen.

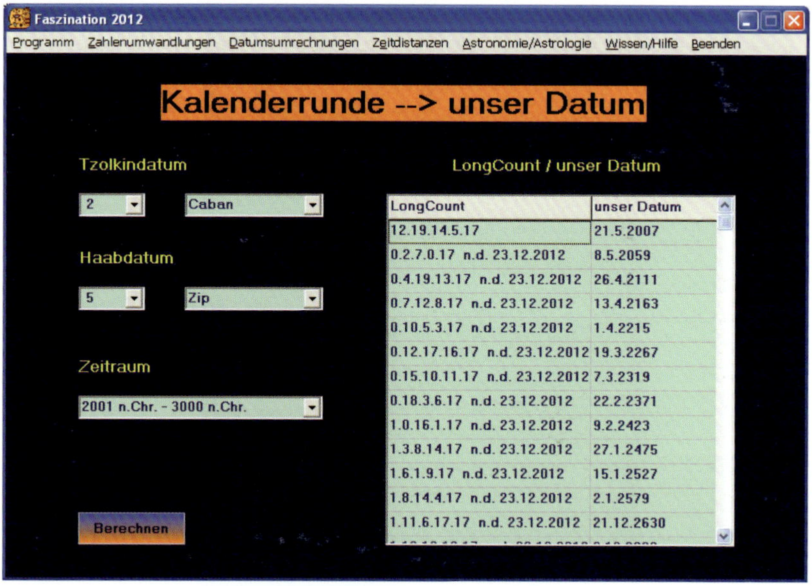

Ein Volk, das Geschichte und Zukunft unterbringen will, das astronomische Zyklen über sehr große Zeiträume erfasst und sogar diesbezügliche Prognosen erstellt, wie uns die Finsternisreihen im Dresdener Codex zeigen, muss ganz einfach eine Kalenderzählung verwenden, die etwas weiter reicht. Schreibe ich nun, heute haben wir das Datum 12.19.14.5.17, legen wir uns da entschieden langfristiger, nämlich innerhalb einer Ära von über 5000 Jahren fest. Zunächst einmal deuten wir gemäß Kalendermathematik, dass dieses Datum mit seinen Stellenwerten zu folgender Zahl führt: 1869957. Das ist die Anzahl von Tagen, die seit Beginn dieser so genannten Langen Zählung, englisch LongCount, vergangen sind. Den Positionen dieses Datums werden Namen zugeordnet:

12	Baktun	=	12 × 144000	Tage
19	K´atun	=	19 × 7200	Tage
14	Tun	=	14 × 360	Tage
5	Winal	=	5 × 20	Tage
17	K´in	=	17 × 1	Tage
			1869957 Tage	

Dabei ist es durchaus sinnvoll, sich zu merken, dass ein Baktun etwa 400 Jahre sind, ein K´atun etwa 20 Jahre, ein Tun ungefähr ein Jahr und ein Winal könnte als so etwas wie ein Monat gedeutet werden, darf aber nicht mit einem Haab-Monat verwechselt werden. Nun könnte man durchaus die Baktun-Zahl bis 19 laufen lassen, um zur nächstgrößeren Position überzugehen, wofür es auch Namen gibt:

1 Piktun	=	20 Baktun	(2880000 Tage)
1 Kalabtun	=	20 Piktun	(57600000 Tage)
1 K´inchiltun	=	20 Kalabtun	(1152000000 Tage)
1 Alautun	=	20 K´inchiltun	(23040000000 Tage)

und theoretisch so weiter.

An dieser Stelle gibt es bei manchen Leuten ein paar Zweifel. Einige behaupten, die Baktun würden nur bis 13 gezählt. Es ist ganz einfach so, dass es beide Möglichkeiten gibt: bis 13 und bis 19 zu zählen. Die Maya sind da auch ganz pragmatisch gewesen: Sie haben die Kalenderzyklen so verwendet, wie es ihnen von Fall zu Fall nützlich schien. Meistens rechneten sie aber doch mit 13 Baktun, denn das bietet ihnen einen großen Vorteil. Dieser besteht darin, dass sich mit 13 Baktun ein für die „Maya-Philosophie der Wiederkehr“ passender Zyklus ergibt, nämlich die Wiederholung des aus den vorigen Kapiteln bekannten Schöpfungstages **4 Ajaw** an einem **runden LongCount-Datum**. Das passt perfekt zum mythologischen Gesamtbild.

0.0.0.0.0.	**4 Ajaw**	8 Kumk´u
1.0.0.0.0.	3 Ajaw	13 Ch´een
2.0.0.0.0.	2 Ajaw	3 Wayeb
3.0.0.0.0.	1 Ajaw	8 Ya´ax
4.0.0.0.0.	13 Ajaw	13 Poop
5.0.0.0.0.	12 Ajaw	3 Sak
6.0.0.0.0.	11 Ajaw	8 Wo
7.0.0.0.0.	10 Ajaw	18 Sak
8.0.0.0.0.	9 Ajaw	3 Sip
9.0.0.0.0.	8 Ajaw	13 Keej
10.0.0.0.0.	7 Ajaw	18 Sip
11.0.0.0.0.	6 Ajaw	8 Mak
12.0.0.0.0.	5 Ajaw	13 Sots´
13.0.0.0.0.	**4 Ajaw**	3 K´ank´in

4 Ajaw könnte man mit 4 Könige oder 4 Herren übersetzen. Die ersten vier „Herren“ oder besser Geschöpfe werden im Poopol Wuuj benannt mit Waldjaguar, Nachtjaguar, der Zauderhafte Jaguar und Mondjaguar.

Mit dem 13-Baktun-Zyklus haben wir wieder eine Legitimation, das Fortschreiten der Zeit als Weiterdrehen eines großen Rades aufzufassen. Da das berühmte Datum 13.0.0.0.0. 4 Ajaw 3 K´ank´in (23. 12. 2012) also nur aus rein mathematischen Gründen resultiert, gab es gar keinen Grund, hier irgend etwas Mystisches hineinzudeuten.

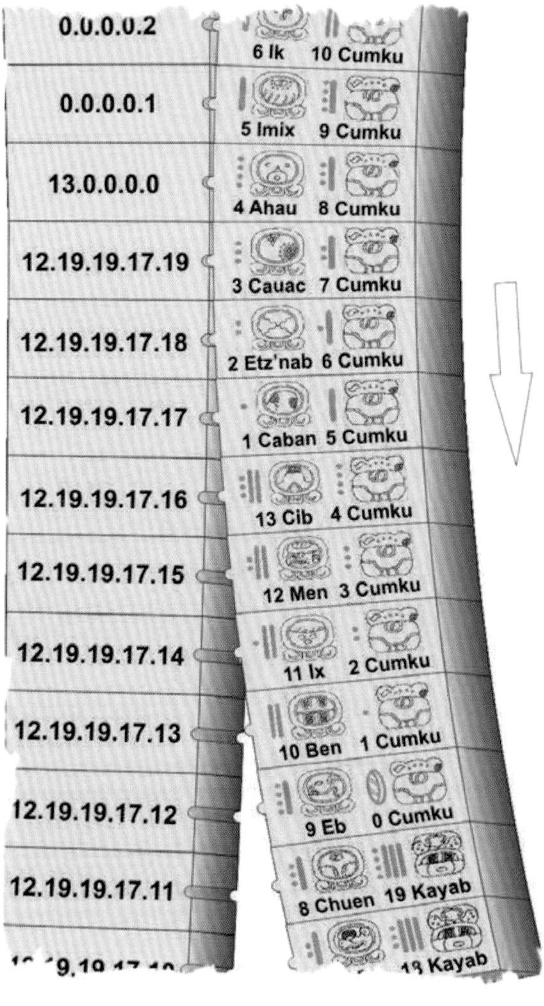

Bleibt nur noch zu vereinbaren, mit welchem LongCount-Datum ein Zyklus endet und der neue beginnt. Ausgehend von der Tatsache, dass der erste Tag einer neuen Ära der Tag 4 Ajaw ist, müsste man diesem Tag das LongCount-Datum 0.0.0.0.0 zuordnen. Der davorliegende letzte Tag der vergangenen Ära wäre dann 12.19.19.17.19. Es erweist sich aber durchaus auch als üblich, den Zyklusbeginn auf 13.0.0.0.0 zu datieren, um den folgenden Tag mit 0.0.0.0.1 zu beschreiben (siehe vorherige Abbildung).

Das hat die Konsequenz, dass man sagen kann: Ausgehend vom Nulldatum 0.0.0.0.0. am 13. August 3114 v. Chr. hatten wir den Tag 12.19.19.17.19. am 22.12.2012 und den Tag 13.0.0.0.0 am 23.12.2012. Man hat auch schnell nachgerechnet, dass eine 13-Baktun-Ära 13 × 144000 = 1872000 Tage, also 5200 Jahre zu je 360 Tagen (oder 5125 gregorianische Jahre) beträgt.

Jedem LongCount-Datum wird also auch das entsprechende Kalenderrunden-Datum zugeordnet, wodurch sich solch ein komplettes Datum ergibt, wie wir es üblicherweise auf Stelen vorfinden. Es ist aus insgesamt 8 Haupt-Informationen zusammensetzt sowie aus zusätzlichen Informationen, die wir erst später betrachten werden:

1. Einführungsglyphe
2. **Baktun-Angabe** (hier 9 Baktun)
3. **K´atun-Angabe** (hier 15 Katun)
4. **Tun-Angabe** (hier 0 Tun)
5. **Winal-Angabe** (hier 0 Winal)
6. **K´in-Angabe** (hier 0 K´in)
7. Tzolkin-Datum (hier 4 Ajaw)
8. Haab-Datum (hier 13 Ya´ax)

Nun kann man sich überlegen, wann das gleiche komplette Datum wieder zustande kommt? Jede Ära von 13 Baktun beginnt mit dem Tag 4 Ajaw. Aber die Monatsposition ist verschieden. Davon gibt es 73 verschiedene Möglichkeiten. Das bedeutet also, dass sich ein Datum wie 9.15.0.0.0. 4 Ajaw 13 Ya´ax erst nach 73 mal 5200 Tun-Jahren, also 379600 Jahren a 360 Tage oder nach 374400 Jahren a 365 Tage oder nach 374151 Jahren zu 365,2425 Tage wiederholen würde. Das ist also ein Zeitraum der groß genug ist, um alle Ereignisse der Mayageschichte zu beschreiben.

Okay, Mario, jetzt hast Du eigentlich alles Notwendige schon gut erklärt. Aber hier kann ich noch etwas Interessantes ergänzen, was manchmal sehr nützlich sein kann - nämlich die Monatspatrone und die Hieroglyphen der Zeitperioden. Es ist nützlich zu wissen, dass die Einführungsglyphe nicht immer gleich ist, sondern ein Zeichen enthält, das vom jeweiligen Monat abhängig ist. Dieses Zeichen nennt man den Monatspatron. Hier ist die Übersicht:

1 Poop

2 Wo

3 Sip

4 Sots´

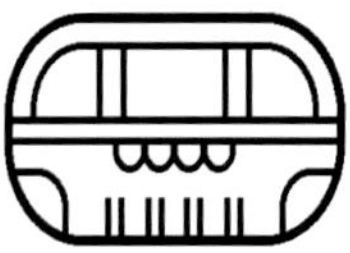

5 Sek

6 Xul

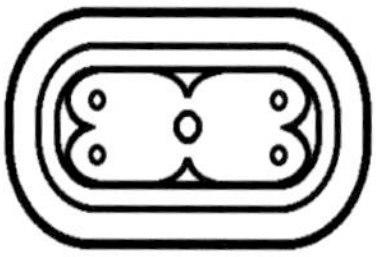

7 Yaxk´in

8 Mol

9 Ch´een

10 Ya´ax

11 Sak

12 Kej

13 Mak

14 K´ank´in

15 Muwan

16 Pax

17 K´ayab

18 Kumk´u

In der Inschrift von Copán, die oben gezeigt wurde, ist noch eine andere seltene Variante für den Monatspatron sichtbar, eine Art Krokodil. Das für den Monat Ya´ax übliche Venuszeichen kann auch im Auge des Krokodils auftreten. Außerdem ist es auch sehr nützlich, die Hieroglyphen der Zeitperioden zu kennen, denn in den Texten gibt es dann so genannte Distanzzahlen, die zwei LongCount-Daten miteinander verbinden. Für jede Zeitperiode gebe ich hier zwei Varianten an. Gelegentlich verwenden wir Farben für Hervorhebungen auf Inschriften. Wenn es um die LongCount-Zyklen geht, werden wir die Farben so wie hier verwenden.

Baktun (oder Pih)

K'atun

Tun

Winal

K'in

Die Zuordnung des gregorianischen Datums zum Nulldatum des LongCount-Kalenders ist umstritten und hängt von der gewählten Korrelationszahl ab. Die Unsicherheiten sind unter anderem der Tatsache geschuldet, dass zum Beispiel die im LongCount-Kalender erfassten Ereignisse, z. B. die Finsternisdaten des Dresdener Codex, eine um 2 Tage verschiedene Korrelation liefern als die Tzolk´in-Daten der heutigen Maya-Schamanen in Guatemala. Darauf gehen wir später näher ein.

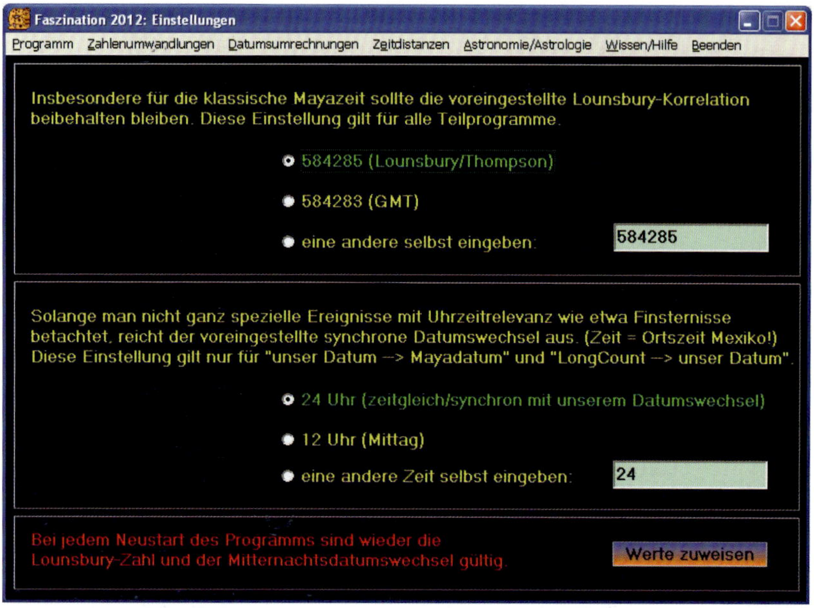

Ebenfalls später werden wir das Faktum erörtern, dass der Datumswechsel bei den Maya mit ziemlicher Sicherheit zur Mittagszeit erfolgte. Das spielt normalerweise keine Rolle. Nur für einige in Inschriften fixierte Ereignisse müssen wir den Mittags-Datumswechsel berücksichtigen, um das betreffende Datum richtig in das gregorianische Datum umzurechnen. Dann wählen wir in den Einstellungen „12 Uhr“ aus und bekommen z. B. im Programm „LongCount → unser Datum“ die Option „vor 12 Uhr“ angezeigt. Wenn nicht anders vereinbart, rechnen wir die Daten mit den voreingestellten Parametern für die Korrelationszahl und die Datumswechselzeit um.

Die folgenden Abbildungen zeigen entsprechende Umrechnungen. Das ausgewählte Datum wird sich dabei als sehr spannend erweisen. Nicht, weil an diesem Tag etwas Besonderes geschehen ist, sondern weil wir den Maya damit besondere Rechenkünste nachweisen können.

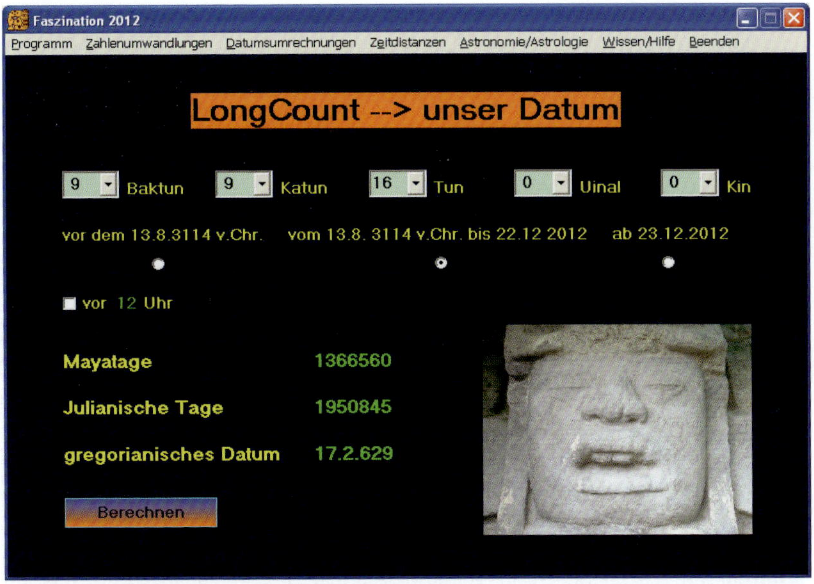

Gleiches gilt dann auch für die Umrechnung „unser Datum → Mayadatum".

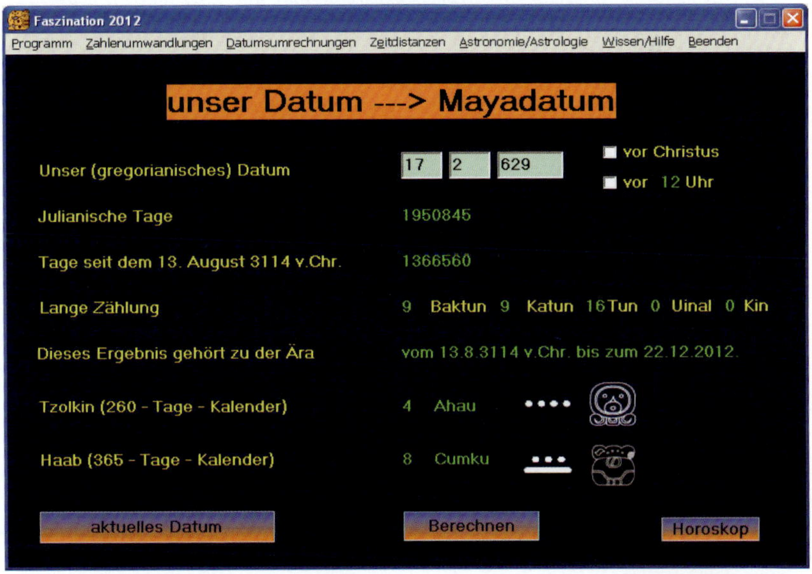

Wer im Mayaland unterwegs ist und keinen Kalenderrechner mitführt, dem reicht eine Korrelationstabelle. Damit kann man Datumsumrechnungen recht genau bewerkstelligen. Ich habe mal einen Auszug für 9 Baktun angefertigt, dort liegt gerade das kalendermathematisch sehr bedeutsame Datum 9.9.16.0.0 mittendrin. Vorsicht: "unser Datum" ist gregorianisch, nicht julianisch!

9.0.0.0.0.	11. 12. 435	9.10.0.0.0.	27. 1. 633
9.1.0.0.0.	28. 8. 455	9.11.0.0.0.	14. 10. 652
9.2.0.0.0.	15. 5. 475	9.12.0.0.0.	1. 7. 672
9.3.0.0.0.	30. 1. 495	9.13.0.0.0.	18. 3. 692
9.4.0.0.0.	18. 10. 514	9.14.0.0.0.	5. 12. 711
9.5.0.0.0.	5. 7. 534	9.15.0.0.0.	22. 8. 731
9.6.0.0.0.	22. 3. 554	9.16.0.0.0.	9. 5. 751
9.7.0.0.0.	7. 12. 573	9.17.0.0.0.	24. 1. 771
9.8.0.0.0.	24. 8. 593	9.18.0.0.0.	11. 10. 790
9.9.0.0.0.	12. 5. 613	9.19.0.0.0.	28. 6. 810

9.9.0.0.0 entspricht dem 12.5.613, hinzu kommen 16 Tun, also 16 × 360 Tage = 5760 Tage, also 15 Jahre und 285 Tage. Der 12.5. ist schon der 132. Tag des Jahres, d. h. 132 + 285 = 1 Jahr und 52 Tage. Damit landen wir, ohne Schalttage berücksichtigt zu haben, bei dem gregorianischen Datum 21.2.629. Wir müssen wegen der rund 16 Jahre noch 4 Schalttage abziehen, um auf dasselbe Ergebnis wie das Computerprogramm zu kommen.

Du machst es wieder so genau. Ich rechne einfach das Jahr aus: 613 plus 16 ergibt 629. Das reicht ja in der Regel. Wenn ich im Dschungel eine Stele entdecke, reicht mir das Jahr. Was steckt nun in dieser angeblichen Superzahl 9.9.16.0.0 drin?

Die Antwort auf diese Frage präsentierte ich im Vortrag so:

Dass die synodischen Umlaufzeiten von Venus, Mars und eigentlich auch von Merkur neben den anderen genannten Zyklen Teiler dieser Zahl sind, muss auf den mathematisch geschulten Leser beinahe gruselig wirken. Die damalige Aufgabenstellung hieß wohl: „Gesucht sind die Zahlen, die alle oben aufgeführten Zyklen als Teiler enthalten und als Mayazahl ein Datum innerhalb der klassischen Mayazeit ergeben." Zur Beantwortung suchen wir mathematisch gebildete Menschen des 21. Jahrhunderts mit dem Taschenrechner oder Computer das kleinste gemeinsame Vielfache (kgV) der Zahlen, die als Teiler enthalten sein sollen. Das gesuchte kgV lautet in unserem Zahlensystem 341.640. Das ist im Mayasystem 2.7.9.0.0, dummerweise ein Datum im Jahre 2179 v. Chr. Das Doppelte des kgV, 4.14.18.0.0 fällt in das Jahr 1243 v. Chr. Das Dreifache, also 7.2.7.0.0 entspricht dem gregorianischen Datum 1.10.308 v. Chr. Das Fünffache, 1708200, der Tag 11.17.5.0.0, ist bereits der 5.7.1564. Es gibt also **nur diese eine Zahl 9.9.16.0.0**, die als Vierfaches des kgV unsere Aufgabe erfüllt, weil sie in das Jahr 629 fällt. Und diese Zahl wurde von den Maya gefunden und im Dresdner Codex erwähnt.

Bisher haben wir immer einen Weg gefunden, um nachzuvollziehen, wie die Maya ihre Berechnungen ausgeführt haben. Es müssen auch hier Tabellen mit Vielfachen sein.

Das denke ich auch. Sie bildeten die Vielfachen der Planetenumlaufzeiten sowie der anderen Zyklen. So fanden sie die Zahl 2.7.9.0.0. Diese wurde weiter vervielfacht usw.

Schade, dass wir das nicht beweisen können.

Warum nicht? Sieh Dir zum Beispiel die Marstafeln im Dresdner Codex an. Da haben wir schon mal einige Vielfache der synodischen Marsumlaufzeit. Das 194-fache, das 168-fache, das 140-fache usw. In der Tabelle sind auch Fehler. Ich vermute, das sind abgeschriebene Zahlen aus anderen Tabellen.

Ja klar, aber leider ist die 2.7.9.0.0 nicht dabei.

Nicht dort, diese hat man aber im Jahr 2012 in Xultún gefunden.

Darüber ist doch noch gar nicht viel veröffentlicht worden. Ich weiß nur, dass der Schreiber, möglicherweise der Bruder des Königs der Stadt Xultún, einige für ihn wichtige Daten an der Wand seines Palastes vermerkte.

Entscheidend für unser Thema ist sicher die Tatsache, dass diese und weitere Xultún-Zahlen auch Vielfache der großen Kalenderrunde von 18980 Tagen sind und somit eine Brücke zwischen den Kalendern schlagen. Mithilfe der Zahlen aus Xultún lässt sich eindrucksvoll zeigen, dass die Lange Zählung nicht nur für Kalenderdaten, sondern generell und abstrakt verwendet wurde.

Sollten wir darauf nicht genauer eingehen?

Ja, später. Doch vorher vertiefen wir den Umgang mit Datumsinschriften.

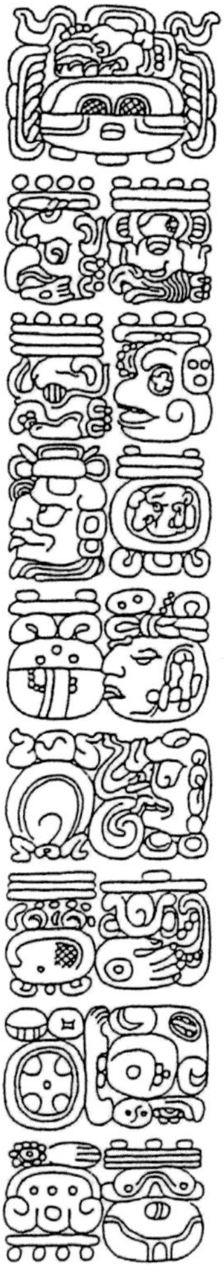

Copán, Stele A

Leidener Platte

Ixkun, Stele 2

Tulum, Stele 1

Versuche die Datumsangaben zu lesen. (Lösung im nächsten Kapitel)

Der Tag **Manik´** bedeutet Hirsch, Unruhe, Genuss, schneller Wechsel. Die unter diesem Zeichen geborene Person ist intuitiv. Sie liebt die Natur und das Leben. Ihr gefallen offene Räume. Sie ist oft auf der Flucht, aber sie kann sehr zutraulich werden und sich für Personen opfern, die sie liebt.

8

4. Seminar: Die Lange Zählung

Lamat

Jetzt hast Du noch etwas ganz Wichtiges vergessen, nämlich nachzurechnen, ob LongCount-Angabe und Kalenderrunde überhaupt zusammenpassen.

Wozu brauchen wir das? Das Datum können wir doch durch die Lange Zählung exakt bestimmen.

In der Regel ja. Aber ich empfehle immer, die dazugehörige Kalenderrunde zu berechnen, denn manchmal werden Füllzeichen mit Punkten verwechselt, oder es gibt auch Inschriften, wo die Zahlen beschädigt sind.

Da hast Du wohl recht. Also rechnen wir mal. In der Vorlesung hatten wir das Datum 9.15.0.0.0 4 Ajaw 13 Ya´ax von einer Inschrift. Das sind 9 × 144000 Tage + 15 × 7200 Tage = 1404000 Tage.

Jede Kalenderrunde hat 18980 Tage. Solche vollen Kalenderrunden ziehe ich mal alle ab von 1404000 bis es nicht mehr geht bzw. ich ermittle den Rest bei Division durch 18980:

1404000	÷	*18980*	=	*73,9726*
73,9726	–	*73*	=	*0,9726*
0,9726	×	*18980*	=	*18460*

Wir haben also die Kalenderrunden-Position 18460 ermittelt. Und welches Kalenderrundendatum ist das?

Schreibe Dir doch mal alle der Reihe nach auf!

Naja, das wäre wohl etwas viel Arbeit!

Wie wäre es denn, wenn wir einfach die relative Tzolkin- und die relative Haab-Position separat bestimmen?

Das klingt schon besser! Relativ zum Nulldatumstag 4 Ajaw 8 Kumk´u. Beginnen wir mit der Tzolkin-Position und ermitteln dazu erstmal den Rest bei Teilung durch 260. 18460 ÷ 260 = 71. Genau 71. Da bleibt gar kein Rest! Das Tzolkin-Rad hat sich genau 71 mal gedreht und bleibt daher wieder bei **4 Ajaw** *stehen. Dort, wo es anfing mit der ganzen Dreherei!*

Gut. Und die Haab-Position?

18460	÷	*365*	=	*50,5753*
50,5753	–	*50*	=	*0,5753*
0,5753	×	*365*	=	*210*

Im Haab-Kalender haben wir die Position 210 nach 8 Kumk´u.

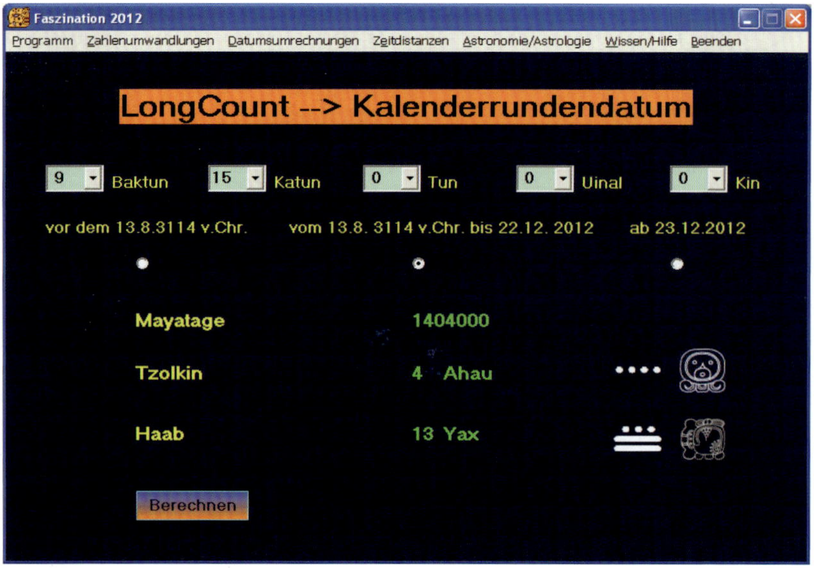

Genau. 11 Tage nach 8 Kumk´u haben wir 19 Kumk´u. Dann folgt der Kurzmonat Wayeb mit 5 Tagen. Die noch verbleibenden 194 Tage verteilen sich auf die nächsten 9 vollen Monate (9 × 20 = 180) und auf die ersten Tage des darauffolgenden 10. Monats. 10 Monate nach Wayeb sind wir bei Ya´ax. Da wir noch 194 – 180 = 14 Tage haben, kommen wir bei Null beginnend am Tag **13 Ya´ax** an.

Das Inschriftendatum ist also nicht inkonsistent. LongCount und Kalenderrunde passen zusammen.

Es ist eher unwahrscheinlich, dass der Leser Deine Rechenverfahren anwendet.

Muss er auch nicht. Er soll einfach die Mayarechenkünste bewundern oder vielleicht die Rechnung an einem anderen Beispiel nachzuvollziehen.

Die Maya rechneten doch ganz anders, wie wir noch sehen werden.

Dies zu erklären überlasse ich Dir. Ich versuche am Beispiel der am Ende des letzten Kapitels gezeigten Leidener Platte meine Art zu rechnen etwas übersichtlicher darzustellen, quasi als Schablone für solcherart Aufgaben.

Was hältst Du davon, statt der Position im Tzolkin-Kalender gleich die Positionen des Rades mit der Tzolkinzahl und die Position des Rades mit dem Tzolkinnamen auszurechnen?

Ist das einfacher?

Vielleicht. Auf jeden Fall kommt es dem Denken der Maya näher.

Okay, mache ich gern.

Gegeben sind:

8 Baktun ⇒ 8 × 144000 Tage =	1152000 Tage
14 K´atun ⇒ 14 × 7200 Tage =	100800 Tage
3 Tun ⇒ 3 × 360 Tage =	1080 Tage
1 Winal ⇒ 1 × 20 Tage =	20 Tage
12 K´in ⇒ 12 × 1 Tag =	12 Tage
	1253912 Tage
Abziehen aller möglichen Kalenderrundenvielfachen 18980, das geht höchstens 66 mal:	66 × 18980 1252680
⇒ Distanzzahl	1253912 - 1252680 **1232**
Tzolkinzahldifferenz:	1232 ÷ 13 = 94 Rest **10**
Tzolkinnamedifferenz:	1232 ÷ 20 = 61 Rest **12**
Haabtagedifferenz:	1232 ÷ 365 = 3 Rest **137**
Zerlegen in Monate zu 20 Tagen + Kurzmonat Wayeb mit 5 Tagen und restliche Tage:	137 ⇒ 6 Monate + 1 Kurzmonat + 12 Tage
„Addieren" zu Ausgangsdatum 4 Ajaw 8 Kumk´u:	
a) Tzolkinzahl (1 bis 13), d.h. ggf. 13 abziehen:	4 + 10 = 14 14 – 13 = **1**
b) Tzolkinname:	Ajaw + 12 = **Eb**
c) Haabdatum (8 Kumk´u + 137 Tage):	8 Kumk´u + Kurzmonat + 6 Monate 8 Xul + 12 Tage **0 Yaxk´in**
Ergebnis: **1 Eb** **0 Yaxk´in**	

Die Null ist hier übrigens phonetisch geschrieben als chum – *„es wird eingesetzt".*

Die zusätzliche Angabe des Kalenderrundendatums gibt uns nicht nur die Möglichkeit der Überprüfung, sondern kann uns auch bei der Umrechnung in unser Datum behilflich sein.

Sieh mal hier – ein tolles Beispiel für Dich:

Das ist doch aus meinem Codex Tatsumi!

Ja klar. Wir lesen das Datum 12.19.7.15.1. 6 Imix 4 K´ank´in.

Das Geburtsdatum meines Sohnes!

Aus einer Korrelationstabelle erfahren wir: 12.19.0.0.0. liegt im Jahr 1993 (7.4.1993). Dann gehört das LongCount-Datum 12.19.**7**.x.x. zum Jahr 2000, weil es **7 Tun**, also fast genau **7 Jahre** später ist. Aber welcher Tag muss es sein?

Der 27. Dezember.

Und wie kommen wir darauf?

Wir brauchen ein Datum, dessen Umrechnung wir genau kennen.

Und kennst Du eins?

Na klar, den 23.12.2012. Das ist doch 0.0.0.0.0 oder 13.0.0.0.0 4 Ajaw 3 K´ank´in.

Genau. Wie viele Tage vergehen denn vom Datum 12.19.7.15.1 bis 13.0.0.0.0?

19 K´in + 2 Winal + 12 Tun = 19 + 2 × 20 + 12 × 360 = 4379

Wir müssen also ausgehend vom 23.12.2012 genau 4379 Tage rückwärts gehen. Das sind 4379 ÷ 365 = 11,9973 Jahre und eventuelle Schalttage. 0,9973 Jahre sind 364 Tage. 11 Jahre und 364 Tage vor dem 23.12.2012 hatten wir den 24.12.2000, zuzüglich der Schalttage in diesem Zeitraum also aus den Jahren 2004, 2008 und 2012. Wir erhalten letztlich den **27.12.2000**. Zufrieden?

Selbstverständlich. Das passt genau.

Somit haben wir noch eine Bedeutung des 23.12.2012 gezeigt. Dieses Datum ist ein sehr gutes Referenzdatum für Umrechnungen aktueller Daten.

Schon klar, aber hattest Du nicht vor, das Kalenderrundendatum zu nutzen?

Ja, genau. Nun kann man das Gleiche auch ohne LongCount-Daten machen, also, es muss möglich sein, diese Zeitdistanz von 4379 Tagen zwischen 6 Imix 4 K´ank´in und 4 Ajaw 3 K´ank´in direkt abzuleiten.

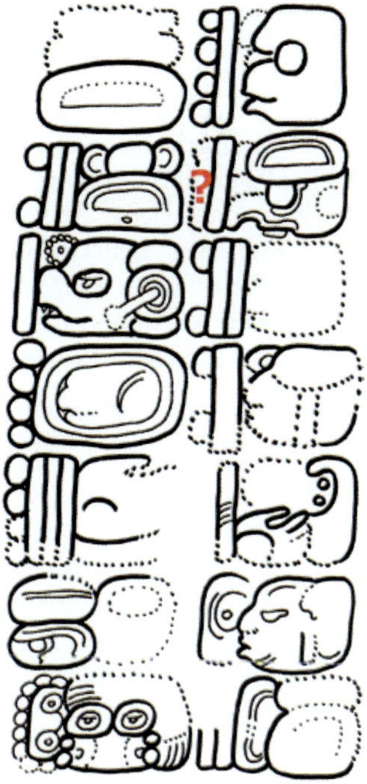

Ja, aber nur, weil hier beide Daten innerhalb eines 52-Jahre-Zyklus liegen.

Wäre es denn schlimm gewesen, wenn es mehr als 52 Jahre Distanz gewesen wären?

Das kommt darauf an. Entweder man müsste genau wissen, wie viele Kalenderrunden dazwischen liegen, oder man hat wenigstens einige Zahlen der Langen Zählung.

Da sollten wir mal ein Beispiel geben.

Hier ist der Anfang der Inschrift der Stele 29 von Naranjo. Wie Du siehst, ist die Zahl der Tun-Position beschädigt. Das könnte alles zwischen 6 und 10 sein. Das Datum ist also 9.12.?.5.12. 4 Eb ??

Ja, wenn die K´in-Position 12 ist, dann muss es der Tag Eb sein. Nun müssen wir die Kalenderrunden für 6, 7, 8, 9 und 10 Tun bestimmen.

9.12.6.5.12.	⇒	7 Eb 10 Sak
9.12.7.5.12.	⇒	3 Eb 5 Sak
9.12.8.5.12.	⇒	12 Eb 0 Sak
9.12.9.5.12.	⇒	8 Eb 15 Ya´ax
9.12.10.5.12.	⇒	4 Eb 10 Ya´ax

Das einzige Datum, das 4 Eb ergibt, ist 9.12.10.5.12. 4 Eb 10 Ya´ax. Das wäre der 30. August 682.

Sehr gut. So wird es gemacht. Die Monatsangabe 10 Ya´ax ist übrigens die letzte Hieroglyphe.

Ja, die 10 ist erkennbar: 2 Balken.

Weil es so gut ging, hier gleich noch ein Beispiel. Das ist die Stele 23 von Naranjo.

Das wäre 9.13.18.4.? 8 Ets´nab ?? Aber der Tag Ets´nab kann nur auf K´in-Position 18 fallen, also müsste das Datum 9.13.18.4.18. lauten. Schauen wir mal im Computerprogramm nach:

9.13.18.4.18. 8 Ets´nab 16 Wo.

Richtig. Das entspricht dem 23. März 710.

Was wir hier gerade praktizieren, sind übliche Betrachtungen, die von den Archäologen durchgeführt werden. Es ist immer wieder ein erhebendes Gefühl, wenn man den über 1000 Jahre alten, zum Teil beschädigten Kunstwerken diese Informationen entlocken kann.

Da stimme ich Dir zu. Sowas macht die Archäologie interessant, das Lösen von Rätseln und Kriminalfällen!

Genau, damit erinnerst Du mich an unsere spannende Holmes- und Watson-Nummer in „Don Eric und die Maya“, wo wir die Geheimnisse der Darstellung auf der Grabplatte von Palenque anhand vieler zusammengetragener Indizien lösen und weiterführende verblüffende Hypothesen formulieren. Klasse Finale! Bringt unbeschreibliche Zufriedenheit.

Weil es Dir offensichtlich Spaß bereitet, erwartet Dich hier ein weiteres Beispiel: der Ballspieldiskus von Chinkultic.

Das ist ja gemein! Da weiß man ja gar nicht, wo man anfangen soll!

Deswegen ist es immer gut, man sucht die Einführungsglyphe, und identifiziert die Glyphen der Zeitperioden und des Tzolkin-Tages. Also, wie lautet das hier dargestellte Datum?

Warte, unten sehe ich eine Tzolkin-Glyphe auf dem Kopf stehend. Es ist die Hiix-Glyphe mit einer 11 daneben. 11 Hiix, ja und wo ist das Haab-Datum?

Auf „9 Uhr“.

Ah, 7 Sots´!

Stimmt. Dieses Datum passt zum 21. Mai 591.

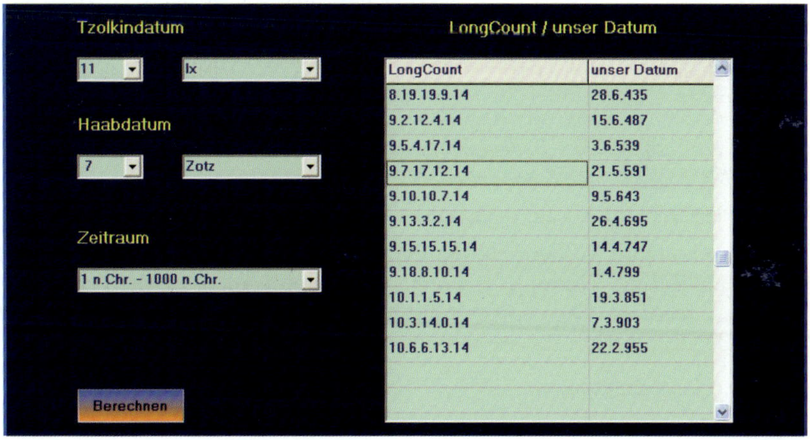

LongCount	unser Datum
8.19.19.9.14	28.6.435
9.2.12.4.14	15.6.487
9.5.4.17.14	3.6.539
9.7.17.12.14	21.5.591
9.10.10.7.14	9.5.643
9.13.3.2.14	26.4.695
9.15.15.15.14	14.4.747
9.18.8.10.14	1.4.799
10.1.1.5.14	19.3.851
10.3.14.0.14	7.3.903
10.6.6.13.14	22.2.955

So, Jens, nun kennt der Leser sich mit den Grundlagen des Mayakalendersystems aus. Hier könnten wir das Lehrbuch beenden.

Gut, das sind sicher die Grundlagen. Aber für mich geht hier das Interessante erst los!

Das dachte ich mir bald. Was hast Du also noch vor?

Viele Maya-Inschriften enthalten Angaben zum Mondkalender. Das werden wir uns anschauen. Dann sollten wir einige Rechnungen zu den Distanzzahlen durchführen, denn oft gibt es ja mehrere Daten in einem Text. Dabei wird uns die Lacambalam-Stele sehr nützlich sein. Außerdem will ich dem Leser noch verraten, wie die Maya auch ohne Computer alles berechnen konnten. Denn erst, wenn man genau so rechnet wie der Schamane vor 1000 Jahren, bekommt man das richtige Gefühl für den Mayakalender.

Schließlich müssen wir uns noch der Korrelationsfrage widmen, also der Frage der Umrechnung von Mayadaten in christliche Kalenderdaten. Da scheint es ja sehr verhärtete Fronten zwischen den Anhängern verschiedener Korrelationen zu geben. Werden wir denn die Fachleute in dieser Frage einigen können?

Da möchte ich etwas ganz Neues machen: nämlich nicht einfach unsere Vermutungen und Argumente präsentieren, sondern zum ersten Mal vollständig die Korrelationsfrage umfassend von allen Seiten her betrachten und von allen gegebenen Fakten her vollkommen neu herleiten! Ich will mich also unvoreingenommen der Korrelationsfrage nähern und richtig vom Urschleim her anfangen! Wer weiß, vielleicht erleben wir eine Überraschung. Denn die Kritiken an der gängigen Korrelation sind ja sehr zahlreich.

Da bin ich ja gespannt! An dieser Stelle fällt mir ein, dass wir den Lesern noch die Lösungen der Aufgaben des letzten Kapitels schuldig sind, d.h. die Daten der dort abgebildeten Inschriften:

Copán, Stele A:	9.14.19.8.0.	12 Ajaw 18 Kumk´u	⇒	03.02.731
Leidener Platte:	8.14.3.1.12.	1 Eb 0 Yaxk´in	⇒	17.09.320
Ixkun, Stele 2:	9.17.9.0.13.	3 Been 6 K´ayab	⇒	21.12.779
Tulum, Stele 1:	9.6.10.0.0.	8 Ajaw 13 Pax	⇒	29.01.564

Abschließend habe ich noch eine Aufgabe für Dich: Auf dem folgenden Bild findet man den Anfang der Inschrift eines Ballspielmarkiersteins aus Tikal. Wie Du auf der nächsten Seite siehst, ist die K´atun-Glyphe nicht mit Punkten und Balken geschrieben, sondern mit einem Götterkopf.

Das ist schon eine größere Hürde. Ich glaube, unten rechts 11 Eb zu sehen. Weiterhin sind die Ziffern 8, 1, 4 und 12 gut zu erkennen, welche zur Langen Zählung gehören. Die K´atun-Glyphe ist tatsächlich problematisch. Wir haben also 8.?.1.4.12.

Sehr gut, Hürde fast genommen.

Jetzt werfe ich mal andere Kenntnisse mit in die Waagschale: Tikal bietet z.B. das Datum 8.17.1.4.12., eine der frühesten Inschriften, in Verbindung mit der Eroberung durch einen Fürsten aus Teotihuacan. Das wäre am 16. Januar 378 gewesen. Aber ich muss zugeben, dass ich offenbar nicht in der Lage bin, die 17 Katun auf der Abbildung zu erkennen.

Ist nicht so schlimm, Du bist ja auch kein Profi. Genauso sollte auch der Leser nicht an schwierigen Details verzweifeln, sondern sich an Teilerfolgen erfreuen.

Mario, was hältst du davon, an dieser Stelle zu ergründen, wann die Lange Zählung initiiert wurde?

Okay, Jens, dass dies am 13. August 3114 vor Christus geschah, ist tatsächlich ziemlich unglaubwürdig. Meine bescheidenen Geschichtskenntnisse lassen mich vermuten, dass es irgendwann zur Olmekenzeit, also irgendwann vor etwa 2500 Jahren passierte. Zumindest waren sie damals die ersten, bei denen ein LongCount-Datum auftaucht.

Richtig. Sie kannten definitiv die LongCount-Mathematik.

Kannten sie denn auch den 13-Baktun-Zyklus? Dieser beruht doch auf der Wiederholung des Schöpfungstages 4 Ajaw aus dem Tzolkin-Kalender?

Davon gehe ich aus, denn der Tzolkin-Kalender war zu dieser Zeit schon in Gebrauch.

Also hatten die Olmeken nicht nur bereits den Tzolkin mit dem Tag 4 Ajaw, sondern auch die diesbezügliche mythologische Auffassung, wie sie im Poopol Wuuj niedergeschrieben steht. Erkläre das nochmal.

Am Schöpfungstage betreten 4 Herren die Bühne des Geschehens, nämlich Waldjaguar, Nachtjaguar, der Zauderhafte und Mondjagur.

Klar, die Olmeken waren ja die Jaguarmenschen! So alt sind die Inhalte des Poopol Wuuj?

Natürlich, clever kombiniert. Doch komm nun mal zur Sache zurück. Wann könnten die Kalenderschamanen die Lange Zählung ersonnen haben?

Im Jahre 551 v. Chr.

Wie kommst Du denn darauf?

Das ist die Hälfte der 13-Baktun-Ära, genau zwischen den Schöpfungstagen. Die Olmeken halbierten den zur Verfügung stehenden Zeitrahmen: Die Hälfte für die Vergangenheit und die Hälfte für die Zukunft. Sie brauchten bloß rückwärtszählen und landeten mit dem Nulldatum im Jahr 3114 v. Chr. Das ist es. Fertig.

Was heißt hier fertig? Auf welchen gregorianischen Tag fiel denn das Nulldatum?

Nimm den Taschenrechner.

Nein, Herr Supermathematiker, ich versuche wie die Schamanen zu denken. Die spannende Frage lautet aus ihrer Sicht: Was ist die Mitte von 13.0.0.0.0.?

Oh, das liegt zwischen 6.0.0.0.0. und 7.0.0.0.0, also etwa bei 6.10.0.0.0. Und das liegt im Jahr 551 v. Chr. Na also! Noch Fragen, Herr Schamane?

Dein Vorschlag befriedigt mich nicht. Er ist ungenau und berücksichtigt einige wichtige Gegebenheiten nicht.

Welche Gegebenheiten?

Na, die Kalenderrunde sollte eine Besondere sein. 1 Imix ist der Tzolkin-Neujahrstag. Ursprünglich fiel er auf den 6. Februar. Bringen wir noch den ebenfalls bekannten Sonnenkalender ins Spiel, haben wir Poop als ersten Haab-Monat. Als LongCount-Kalender-Ausdenk-Feiertag bietet sich also ein Kalenderrundentag 1 Imix x Poop, idealerweise auf den 6. Februar fallend, an. Dabei kommen für 1 Imix nur die Poop-Koeffizienten 4, 9, 14 und 19 in Frage. Kannst Du daraus etwas machen?

Oje! Das ist zu viel Input gleichzeitig. Vor allem kauft uns kein Mensch den 6. Februar ab.

Dieser ist aber wichtig als Beginn der Agrarperiode des Maises und damit des ursprünglichen Tzolkin-Jahres.

Mich stört die Angabe des gregorianischen Datums für diesen Starttag. Die Maya hatten doch keinen gregorianischen Kalender. Den hatten zu dieser Zeit nicht mal die Christen.

Die Maya hatten doch aber den Himmel, an dem sie jeden Tag ablesen konnten.

Ja klar. Zwar gibt es kein taggenaues Ereignis für diesen Tag, aber für andere Tage. Und zählen konnten die Maya schließlich sehr gut. Sie brauchten nur die erforderlichen Tage zum Beispiel ab der Wintersonnenwende zählen. Das sind 47 Tage.

Und wenn sie die Wintersonnenwende mal nicht beobachten konnten, wussten sie trotzdem, wann diese sein musste, weil sie ja die Anzahl der Tage zwischen der Sommer- und der Wintersonnenwende kannten. Und die Zenitdurchgänge gab es ja auch noch …

Sie hatten das Sonnenjahr auf diese Weise vollständig strukturiert. Der heilige Tzolkin war nur ein zusätzlicher künstlicher Zeitraum, der das Maisjahr markierte und selbst aus astronomisch relevanten Phasen bestand.

Genau wie wir es in der Tzolkin-Lektion beschrieben haben.

Da stören nicht einmal die gregorianischen Schaltjahre, wenn sie ihre Distanzzahl von einem Tzolkin zum nächsten bei Bedarf korrigieren. Solcherart Korrekturen kennen wir für den viel komplizierteren synodischen Venusumlauf aus dem Dresdner Codex.

Kannst Du nun endlich mal was mit meinen Forderungen anfangen?

Es ist zu viel Input gleichzeitig: 1 Imix und 6. Februar und 4 Poop oder 9 Poop oder 14 Poop oder 19 Poop. Zusätzlich müssen wir den Zeitraum zwischen 6.0.0.0.0 und 7.0.0.0.0 im Auge haben. So viel auf einmal schafft nur ein Computer. Ich versuche etwas. Natürlich mit meinem Kalenderprogramm.

Ich vermute, Du suchst für jeden der möglichen 4 Haab-Koeffizienten nach den LongCount-Daten, die in die Zeit zwischen 6.0.0.0.0 und 7.0.0.0.0 zum Kalenderrundendatum 1 Imix x Poop passen.

Ja, aber eigentlich nur jene davon, die auf einen gregorianischen 6. Februar fallen. Und für den Fall, dass die Maya am Tag der LongCount-Inbetriebnahme doch einen Tag danebenlagen, betrachten wir sicherheitshalber den 5. Und den 7. Februar gleich mit.

Du denkst mal wieder an alles.

Das versuche ich zumindest. Wir sind unseren Lesern lückenlose Argumentationen schuldig. Nun sieh dir den folgenden lückenlosen Output an:

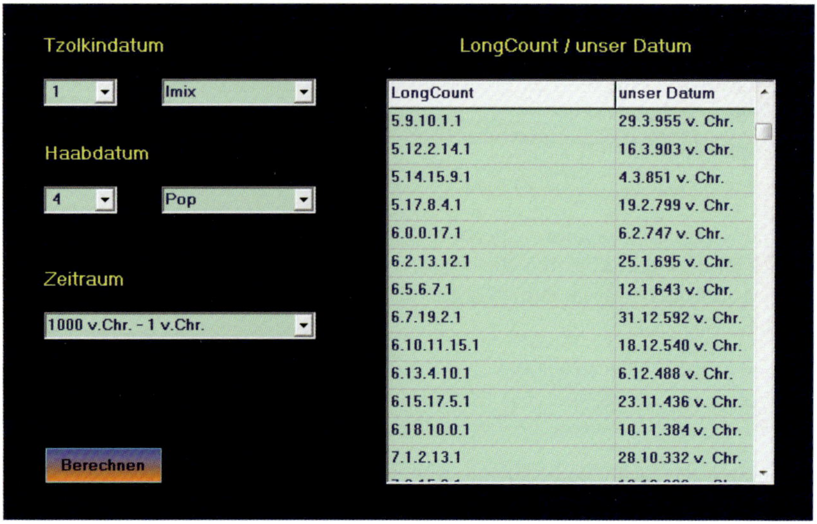

Für den Haab-Koeffizienten 4 gibt es tatsächlich einen Treffer.

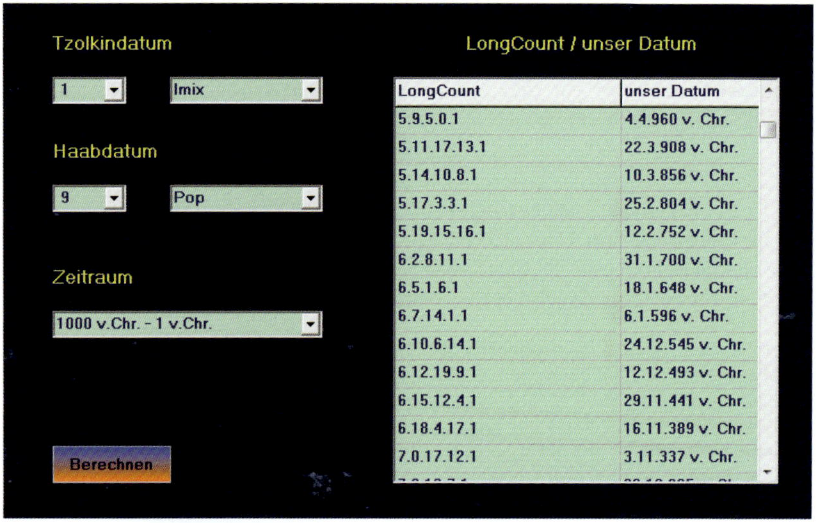

Für den Koeffizienten 9 gibt es keinen Treffer im betrachteten Zeitraum. Zwei zu 1 Imix passende Poop-Monatszahlen haben wir noch, nämlich die 14 und die 19:

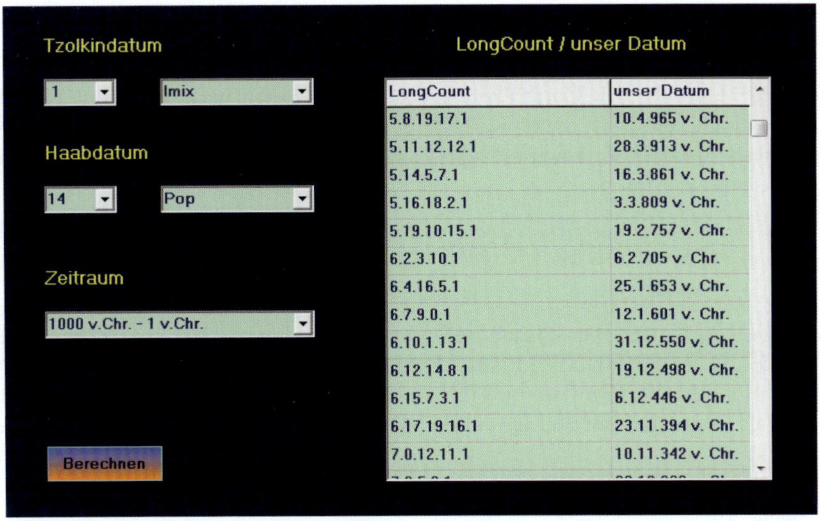

Genial, dein Programm. Wieder ein Treffer für den 6. Februar. Hätte ich versucht, das Problem mit Zettel und Stift zu lösen, wäre ich wochenlang beschäftigt gewesen.

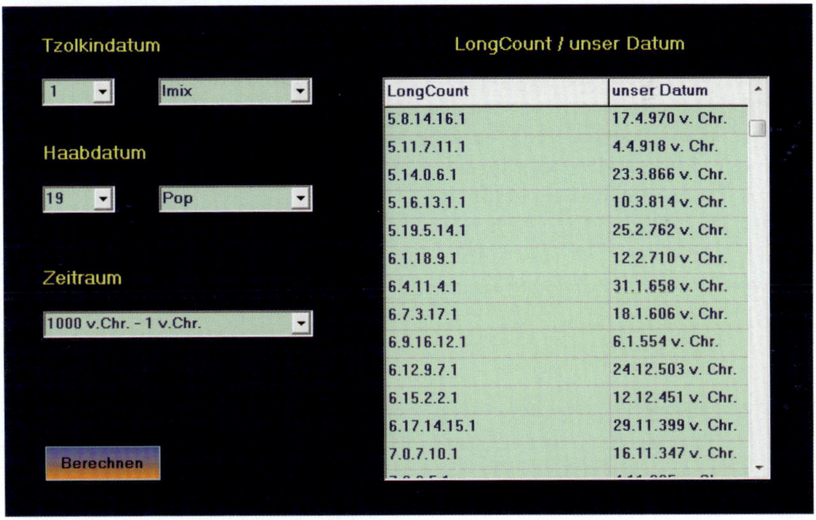

Und es ist kein 5. Und kein 7. Februar dabei. Deshalb haben wir für nur für den 6. Februar zwei Suchergebnisse:

6.0.0.17.1 1 Imix 4 Poop	**6.2.747 v. Chr.**
6.2.3.10.1 1 Imix 14 Poop	**6.2.705 v. Chr.**

Zwei Kandidaten für den Superfeiertag. Was meinst Du, Jens?

Das zweite Datum gefällt mir nicht so gut. Ein vollkommen krummes LongCount-Datum. Außerdem kann ich mit der 14 in der Kalenderrunde nichts anfangen.

Jedes Mal willst Du Entscheidungen aus dem Bauch heraus treffen. Akzeptiere doch, dass wir zwei Kandidaten für das Initiierungsfest der Langen Zählung haben. Für mich ist keins davon wahrscheinlicher. Warum gefallen dir denn die 4 Poop besser?

Weil die 4 wieder mit der Schöpfung assoziiert. Außerdem sind in 6.0.0.17.1 an der Katun- und an der Tun-Position Nullen. Das ist fast ein rundes Baktun-Datum. Gerade mal 341 Tage nach dem 6. Vierhundertjahr-Jubiläum.

Okay, das wäre bei Beachtung der Bedingungen der frühestmögliche Zeitpunkt zu Beginn des mittleren Baktuns der Ära. In der Mitte des mittleren Baktuns, also bei den von mir grob geschätzten 6.10.0.0.0, also um 551 v. Chr. gibt es keinen 6. Februar, der mit der Kalenderrunde 1 Imix x Poop korreliert.

Apropos Korrelation: Diese Ableitung funktioniert prinzipiell auch für andere als die von uns verwendete Korrelationszahl. Warum wir gerade diese verwenden, wird im zweiten Teil des Buches klar.

Wer trotz unserer bestechenden Argumentation eine andere Kalenderumrechnungszahl wählen möchte, kann diese im Kalenderprogramm einstellen und kommt folglich zu einem anderen LongCount-Inbetriebnahme-Datum. Wir liefern hier den Algorithmus und das Werkzeug. Abschließend sei noch einmal betont, dass der 6. Februar in diesem Zusammenhang sehr wichtig ist. Denn dieser ergibt sich aus kalenderunabhängigen astronomischen Gegebenheiten, auf denen die zeitliche Lage und die hinsichtlich des Sonnenlaufes bedingte Struktur des ursprünglichen, innerhalb des astronomischen Sonnenjahres stationären Tzolkin beruhen.

Wir präsentieren feierlich unser Fazit: Am 6.2.747 v. Chr. wurde die Lange Zählung installiert und mit dem laufenden Tag 6.0.0.17.1 auf dem Zeitstrahl verortet.

Der Tag **Lamat** bedeutet Kaninchen, Fruchtbarkeit, Vergnügen und Harmonie. Er ist das Zeichen des Mondes. Die Maguey-Agave und ihre Produkte sind sein Symbol. Die unter diesem Zeichen geborene Person ist auf der Suche nach Harmonie, aber sie kann ein Trinker und ein Streitsüchtiger sein. Diese Personen mögen Vollmondnächte und lieben die Kinder.

9

5. Vorlesung: Die Sekundärserie

Muluk

Schauen wir mal die Lacambalam-Stele an.

Die Fachleute werden jetzt zusammenzucken und fragen: „Wo bitteschön gibt's denn die Lacambalam-Stele?" Wir haben sie im dichten Dschungel entdeckt, unweit des Rio Usumacinta.
Links sieht man eine Seitenansicht, am Ende des Kapitels 10 ist die Stele komplett von allen Seiten abgebildet. Auf geht's, nehmen wir das Teil mal Hieroglyphe für Hieroglyphe auseinander.

Zuerst blicke ich bei allen Stelen immer auf die Tagesglyphe. Denn an der Kartusche ist sie am schnellsten zu erkennen. Außerdem schaue ich nach der Langen Zählung, wobei ich nicht nur die 5 Koeffizienten, sondern auch 5 Glyphen der Zahlenperiode identifiziere. Das dient mir zur Sicherheit. Bei dieser Stele ist die Tageshieroglyphe auf Position A8. Daneben, also auf Position B8, befindet sich eine Glyphe, die den Gott der Unterwelt repräsentiert. Das sind 9 verschiedene Glyphen, also nach 9 Tagen taucht die gleiche Glyphe wieder auf. Genauere Analysen deutscher Mayaforscher haben gezeigt, dass diese Glyphen den Wachstumsphasen der Maispflanze entspricht. Die Zahl 9 ist bereits die Zahl der Unterwelt.

Was hat aber der Maisgott mit der Unterwelt zu tun?

Das Maiskorn steckt unter der Erde, also in der Unterwelt. Ohne Unterwelt geht es nicht. Darum vernichten die Göttlichen Zwillinge die Götter der Unterwelt nicht, obwohl sie jene schon besiegt hatten, sondern sie kriegen nur eins auf den Deckel!

Wir haben also eine fortlaufende Zählung von Göttern, die sich nach 9 Tagen immer wiederholt.

Richtig. Der Gott auf B8 taucht also nach 9 Tagen wieder auf. Unser Datum hier ist 9.16.14.4.17., das heißt, die gleiche Glyphe für den Unterweltsgott kommt am Tag 9.16.14.5.6. wieder.

Jetzt brauchen wir noch eine Übersicht mit allen 9 Göttern.

Hier ist sie. Die Spezialisten haben sie durchnumeriert von G1 bis G9.

Okay. Und wie berechne ich nun die richtige G-Glyphe?

Am Nulltag muss es G9 sein. Am ersten Tag, also 0.0.0.0.1. ist es G1. Das ist also einfach. Alle Vielfachen von 9 müssen weg, der Rest ist die G-Glyphe.

Siehst Du, Jens, mein Programm ermittelt G7. Wie Du schon sagst, um die 9 Götter „rotieren" zu lassen, fallen alle Vielfachen von 9 aus dem LongCount-Datum heraus. Damit sind alle Tun-Angaben, weil 360 durch 9 teilbar ist, irrelevant. Ja, und die Katun und Baktun, welche Vielfache der Tun sind, natürlich dann auch. Bleiben nur die letzten 2 Mayaziffern des LongCount-Datums **4.17**. Somit haben wir **4** × 20 + **17** = 97 Und 97 ergibt bei Teilung durch 9 den Rest 7. Also landen wir bei G7.

Genau. Widmen wir uns nun der nächsten Glyphe auf Position A9. Die Spezialisten haben sie „Glyphe F" getauft. Wörtlich bedeutet sie „Stirnband". Das ist wie so ein Trageband zu verstehen, mit dem der Gott der Zeit die Last des Tages oder der Nacht trägt. Mathematisch hat das für uns also keine weitere Bedeutung. Man muss nur darauf achten, dass die Mayaschreiber oft die F-Glyphe und die G-Glyphe miteinander verschmelzen, besonders G8. Oft wird die F-Glyphe auch weggelassen.

Nach dem Gott der Unterwelt schreiben die Maya, nicht immer, aber häufig, die Mondserie. Diese besteht in der Regel aus 4 Angaben: dem Mondalter, dem Mondmonat, dem Monatsnamen, und der Monatslänge.

Mit „Mondalter" ist die Anzahl der Tage gemeint, die seit dem letzten Neumond vergangen sind. Hier sind einige Beispiele:

a 18 Tage — b 11 Tage — c 14 Tage — d 9 Tage — e 25 Tage — f 0 Tage — g 0 Tage

In den ersten 3 Fällen (a, b, c) wird die Hieroglyphe dahinter „huliy" gesprochen, was „angekommen" bedeutet. Gemeint ist der Mond, also wie viele Tage vergangen sind, seit er angekommen ist. Hier muss gleich gesagt werden, dass die Maya meistens ab dem Moment gezählt haben, wenn die Mondsichel wieder erschienen ist, also etwa 2 Tage nach dem exakten Neumond. Bei b bitte darauf achten, dass es 11, nicht 13 Tage sind, denn hier gibt es 2 Füllzeichen, die nicht mit Punkten verwechselt werden dürfen. Bei f und g haben wir Null Tage. Hier ist Neumond oder die neue Mondsichel gemeint. Bei g ist genauer gesagt, eine Sonnenfinsternis gemeint. Bei d und e muss man genau auf die Hieroglyphe schauen, denn d bedeutet 9 Tage, aber e bedeutet 25 Tage, nicht 5 Tage. Hier also immer genau hinschauen. Manchmal sind die Inschriften beschädigt. Wenn das Hauptzeichen also aussieht wie bei d oder e, dann muss man immer damit rechnen, dass es 20 bedeuten kann.

Das Zeichen für 20 wurde traditionell als E-Glyphe bezeichnet, die Glyphe des Mondalters ansonsten mit D-Glyphe.

Wer das Mondalter berechnen will, muss von der Anzahl der Tage, welche die LongCount-Zahl ausdrückt, Vielfache von 29,530588 subtrahieren. Zum Rest addieren wir dann 13,1 Tage, denn das ist das Mondalter am 13. August 3114 vor Christus. Gegebenenfalls muss man noch einmal 29,53 Tage abziehen. Schon haben wir das Mondalter für den entsprechenden Tag.

Hier ist die Rechnung für die Lacambalam-Stele:

9.16.14.4.17.	=	*1416337 Tage*		
1416337	÷	*29,530588*	=	*47961,693*
47961,693	–	*47961*	=	*0,693*
0,693	×	*29,530588*	=	*20,46*
20,46	+	*13,1*	=	*33,5*
33,5	–	*29,5*	=	*4*

Wenn 4 Tage seit Neumond vergangen sind, schreiben die Maya hier eher 2, da sie, wie gesagt, meistens erst ab der neuen Mondsichel zählen. Gegen Ende der Mayaklassik gibt es übrigens Bemühungen der Mayapriester, den Zeitpunkt des Neumondes genauer zu bestimmen, das heißt, sie können hier auch 3 oder 4 Tage schreiben. Nun kommen wir zum Mondmonat (MM), früher die C-Glyphe genannt. Die Maya zählen 18 Mondmonate, das sind 531,55062 Tage.

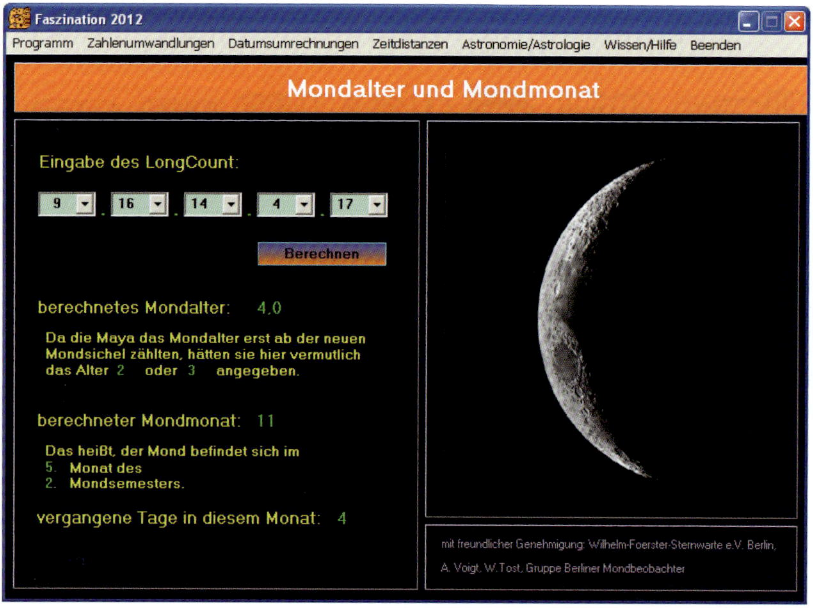

Der Nulltag fällt in den ersten Mondmonat. Hier ist ein Beispiel von einer frühen Maya-inschrift, der so genannten Hauberg-Stele.

$$8.8.0.7.0. = 1209740 \text{ Tage}$$

$$1209740 \div 531{,}55062 \text{ Tage} = 2257{,}869793$$

$$0{,}869793 \times 531{,}55062 = 462{,}339$$

$$462{,}339 + 13{,}1 = 475{,}439$$

$$475{,}439 = 16 \times 29{,}53059 + 2{,}9$$

Der Mond befindet sich also seit 3 Tagen im 17. Mondmonat. Wir sehen also, dass die Maya nicht die vergangenen Mondmonate bezeichnen, sondern den Mondmonat, in dem sich der Mond aktuell befindet. In dieser Inschrift fehlt übrigens die Hieroglyphe zum Mondalter. Nun haben die Maya diese 18 Mondmonate schon sehr früh in 3 Semester zu je 6 Mondmonaten geteilt. Sie schreiben also nicht mehr 17. Mondmonat, sondern 5. Mondmonat unter dem Zeichen der Gottheit des 3. Mondsemesters, denn 2 × 6 = 12. Und 12 + 5 = 17.

Das erste Semester wird vom Maisgott Eins-Junajpu verwaltet, das zweite von der jungen Mondgöttin Xkik', das dritte von den Göttlichen Zwillingen Junajpu und Xbalanq'e. Hier noch einige Beispiele:

2 Zwilling (14. MM)

3 Maisgott (3. MM)

2 Mondgöttin (8. MM)

3 Zwilling (15. MM)

3 Zwilling (15. MM)

Der Maisgott wird beim Mondmonat immer als Schädel dargestellt. Der Legende nach (siehe Poopol Wuuj, Kapitel 17) stirbt der Maisgott Eins-Junajpu in der Unterwelt. Er wird enthauptet, und sein Schädel wird in einen Baum gehängt. Dort spricht er zu einer Jungfrau namens Xkik'. Diese wird dann von seinem Speichel schwanger. Ihre Söhne sind die Göttlichen Zwillinge Junajpu und Xbalanq'e. Wir haben also die Abfolge Maisgott, Mondgöttin, Zwillinge. Und genau in der gleichen Reihenfolge werden die Mondsemester regiert! Die Mondgöttin ist leicht erkennbar.

Bei den Zwillingen muss man wissen, dass das Auge allein den Kopf der Zwillinge ersetzen kann, siehe letztes Beispiel. Auf der Lacambalam-Stele ist „5 Mondgöttin" der Mondmonat (Position A10). Das wäre also der 11. Mondmonat insgesamt. Nun gehört zu jedem Mondmonat auch ein eigener Name. Diese Hieroglyphe folgt gleich danach. Früher wurde sie von den Spezialisten mit X bezeichnet. Die Relation zwischen den Mondmonaten und den Mondmonatsnamen(X-Glyphe) ist in der folgenden Tabelle ersichtlich.

	Maisgott *Eins-Junajpu*	*junge Mondgöttin* *Xkik´*	*Zwillinge* *Junajpu + Xbalanq´e*
1			
2			
3			
4			
5			
6			

Nach dem Namen steht oft die folgende Hieroglyphe, die wörtlich „... ist der Name“ (f) oder „...ist der heilige Name“ (b) oder „... ist der Name des jungen Mondes“ (a, c, d, g) bedeutet. Diese Hieroglyphe wird manchmal weggelassen.

a b c d e f g

Früher wurde sie Glyphe B genannt.

Danach folgt die A-Glyphe, die die Monatslänge des aktuellen Mondmonats bezeichnet. Das ist leicht erkennbar. An dieser Stelle steht immer entweder 29 oder 30.

29 Tage

30 Tage

Meiner Beobachtung nach haben die Kalenderpriester meistens folgendes Modell für je 6 Mondmonate benutzt: 30, 29, 30, 29, 30, 29.

Ich finde es schon recht anstrengend, die Glyphen der Sekundärserie zu verstehen. Vielleicht sollte man als Laie tatsächlich erstmal nur den Anspruch erheben, erstens diese Ergänzungsserie innerhalb einer Inschrift zu orten und dann mit Vorlagen die Wiedererkennung von entsprechenden Glyphen zu versuchen. Der Fachmann muss zudem auch Sinn und Bedeutung verstehen. So wie Du, Jens, der auf dem Gebiet der „Mond-Glyphen“ Entdeckungen für sich verbuchen kann. [Roha96]

Links sieht man die dazu gehörige mysteriöse X-Glyphe. Die auf der nächsten Seite abgebildete Inschrift soll einmal mehr der Suche dienen: „Wo sind welche Hieroglyphen versteckt?“ Viel Spaß!

Alles klar? Die Lange Zählung ist ja noch problemlos zu finden. Vielleicht auch der Tzolkin-Tag 6 Men. Aber wo stecken folgende Angaben:

- das Mondalter von 10 Tagen
- der erste Mondmonat: Zwillinge
- u k´aba ... ist sein [Mondmonat] Name
- die Monatslänge von 30 Tagen
- am Haabtag 13 Wo
- er wurde geboren
- Schild-Jaguar

Der Tag **Muluk** bedeutet Wasser, Bewegung, Kraft und Beständigkeit. Der Haifisch ist sein Symbol. Die unter diesem Zeichen geborene Person kann aggressiv sein, da es ihr schwer fällt, ihre Kräfte zu kontrollieren. Wenn sie lernt, diese Energien zu kanalisieren, kann sie viele Sachen erreichen und Reichtümer anhäufen.

10

5. Seminar: Die Sekundärserie

Ok

Hier werden wir uns noch zwei schöne Inschriften aus Yaxchilán anschauen, die uns die Möglichkeit geben, auch mal über die Initialserie hinauszukommen! Die erste Inschrift besteht aus 3 Steinplatten. Das sind Türsturze, so genannte Lintel, die sich immer noch in Yaxchilán befinden.

Hier sehen wir also das Datum 9.13.17.12.10. Dann folgt die Kartusche mit der Tagesglyphe in A4, das ist 8 Ok.

Da machen wir gleich mal den Test mit meinem Kalenderprogramm.

9.13.17.12.10. ergibt 8 Ok 13 Ya´ax. Aber 13 Ya´ax sehe ich auf dem Lintel nicht!

Das kannst Du auch nicht, denn die Monatsangabe steht erst auf der nächsten Tafel, bei G1. Alles dazwischen ist die Sekundärserie.

Bei C1 und D1 sehe ich die Mondserie, also Mondalter 15 Tage. Das wäre Vollmond. Dann bei C2 ist der Mondmonat 5 Schädel. Dann bei D2 die X-Glyphe, und bei D3 die Monatslänge von 30 Tagen.

Richtig. Bei E1 und F1 haben wir eine Angabe zur 819-Tage-Rechnung. Diese Rechnung werden wir uns in Kapitel 13 noch genauer anschauen. Diese Zahl müssen wir zurückrechnen. Dann kommen wir zur Station des Zeptergottes K´awiil, dessen Name bei E5 auftaucht.

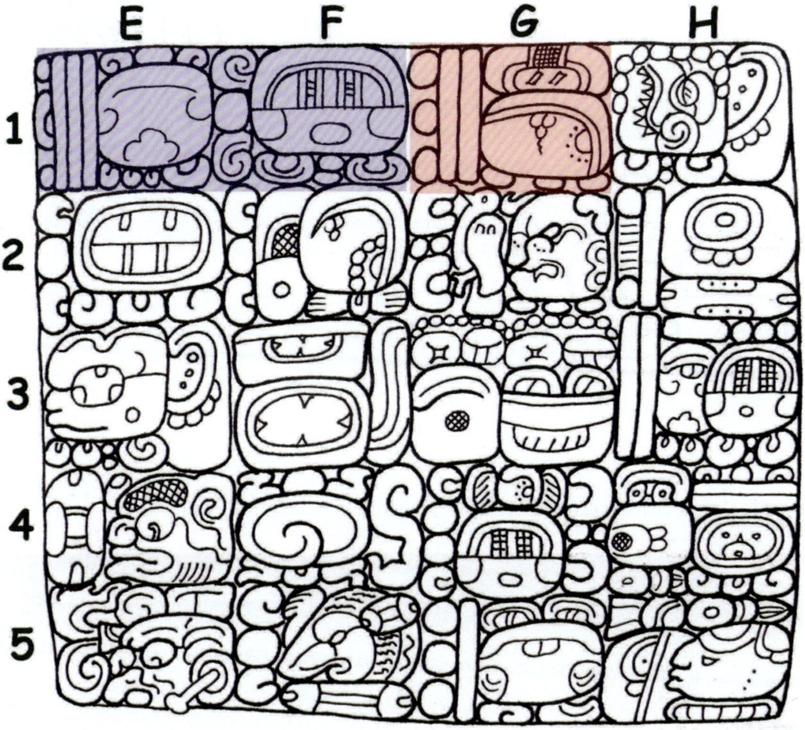

Wenn wir vom Anfangsdatum die Distanzzahl zurückrechnen, müssten wir zum angegebenen Datum 1 Been 1 Ch´een kommen.

Da machen wir gleich mal eine Proberechnung.

	9. 13. 17. 12. 10.	
+	1. 1. 17.	
=	9. 13. 16. 10. 13.	Das ergibt 1 Been 1 Ch´een. Stimmt.

Gut. Bei G1 kommt also die Monatsangabe 13 Ya´ax. Dort ist die Datumsangabe zu Ende. Dann kommt das Verb: „er wurde geboren". Dann bei G2 folgt der Name Yaxun Balam „Kotinga-Jaguar" oder auch „Vogel-Jaguar" genannt. Dann folgt bei H2 „der Herr der 20 Gefangenen".

Dann bei G3 erkenne ich zwei Emblemglyphen.

Das sind die 2 Emblemglyphen von Yaxchilán. Dann folgt eine Distanzzahl. Diesmal addieren wir.

Bevor wir rechnen, möchte ich darauf hinweisen, dass im Anhang eine Zusammenstellung aller bekannten Emblemglyphen zu finden ist.

	9. 13. 17. 12. 10.
+	2. 3. 5. 10.
=	9. 16. 1. 0. 0.

Die Kalenderrunde dazu wäre 11 Ajaw 8 Sek. Stimmt wieder.

Bei H4 steht tatsächlich der Tzolkin-Tag 11 Ajaw, und bei G5 folgt 8 Sek.

Genau. Wir sehen also, dass die Distanzzahlen mit der kleinsten Einheit anfangen. Die Hieroglyphe für die K´in-Tage wird oft weggelassen. Bei H5 steht „er wurde gekrönt". Auf der nächsten Tafel geht es nun weiter.

Bei I1 steht wieder der Name „Vogel-Jaguar". Bei J2 geht es weiter mit „der Herr der 20 Gefangenen, der Herr im dritten Katun".

Dann wäre er also zwischen 40 und 60 Jahre alt. Nun, das stimmt ja. Er ist ja im Moment seiner Krönung 43 Jahre alt.

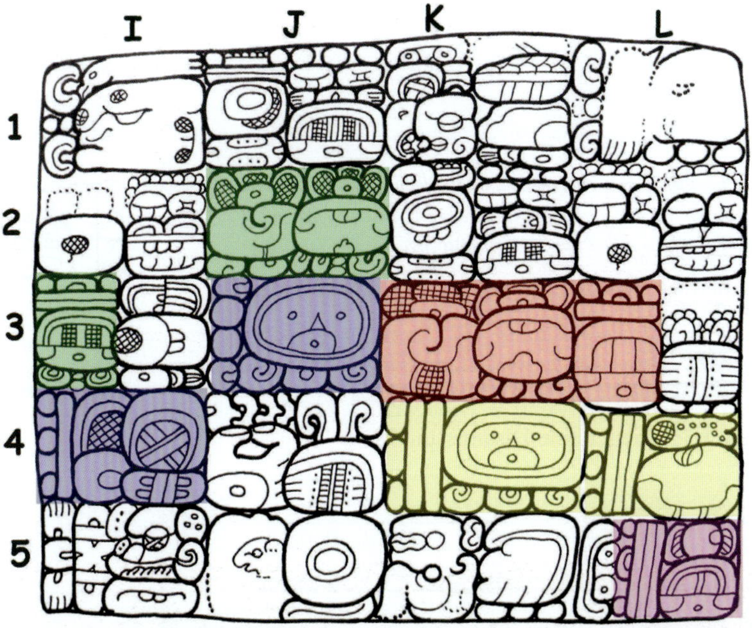

Gut. Dann folgen wieder die Emblemglyphen bei I2. Danach kommt eine neue Distanzzahl. Man schaue sich die besondere Form der K'in-Glyphe für Distanzzahlen an.

Also addieren wir 12.0.0. zum letzen Datum?

Richtig. Dann müsste 2 Ajaw 8 Wo herauskommen.

Rechnen wir mal:

	9. 16. 1. 0. 0.
+	12. 0. 0.
=	9. 16. 13. 0. 0.

Tatsächlich, 2 Ajaw 8 Wo!

Dann kommt bei J4 ein Verb, das heißt „es trat Rauch ein“, was heißen soll „es wurde mit Weihrauch eingeweiht“.

Was?

Ein Tempel. K1 wird gelesen „... ist der Name des Tempels“. Bei I5 und J5 ist der Name geschrieben. I5 sieht aus wie ein Leguan. Davor steht der Titel „der sonnengesichtige“.

Nennen wir diesen Tempel mal den Leguantempel.

Dann bei L1 kommt wieder der Name „Vogel-Jaguar“. Er hat also den Tempel eingeweiht. Dann kommt wieder „der Herr der 20 Gefangenen, der Herr im dritten Katun“, dann folgen wieder die 2 Emblemglyphen.

Dann folgt wieder eine Distanzzahl: 7.0.0.

	9. 16. 13. 0. 0.
+	7. 0. 0.
=	9. 17. 0. 0. 0.

Dem entspricht die Kalenderrunde 13 Ajaw 18 Kumk´u.

Ah, dort sehe ich ja die Glyphe für den 17. Katun, in L5!

Richtig. Die rechte Hälfte im Block L3 bedeutet nun übrigens nicht „danach geschah“, sondern „es wird geschehen“. Das Datum 9.17.0.0.0. 13 Ajaw 18 Kumk´u war also zum Zeitpunkt, als man die Inschrift meißelte, noch nicht erreicht. Die gleiche Futur-Form taucht noch mal bei K5 auf, wo es heißt „es wird sich vollenden“ anstatt „es vollendete sich“.

Sehr gut. Jetzt noch mal alle Rechnungen im Überblick:

	9.13.17.12.10.	8 Ok 13 Ya´ax
–	1.1.17.	
=	9.13.16.10.13.	1 Been 1 Ch´een
	9.13.17.12.10.	8 Ok 13 Ya´ax
+	2.3.5.10.	
⇒	9.16.1.0.0.	11 Ajaw 8 Sek
+	12.0.0.	
⇒	9.16.13.0.0.	2 Ajaw 8 Wo
+	7.0.0.	
⇒	9.17.0.0.0.	13 Ajaw 18 Kumk´u

Nun möchte ich zur Abwechslung noch etwas anderes machen. Bisher hatten wir ja immer Inschriften mit Initialserien untersucht. Hier will ich wenigstens ein Beispiel bringen, wo wir keine Initialserie haben, also keine Lange Zählung am Anfang der Inschrift, aber wo wir das Datum trotzdem bestimmen können. Dazu schauen wir uns mal diesen Türsturz an, der ebenfalls aus Yaxchilán stammt (nächste Seite).

Da sehe ich das Datum 4 Ajaw 3 Sots´. Aber dieses Datum wiederholt sich ja alle 52 Jahre. Da kommen für die klassische Zeit viele Daten in Frage!

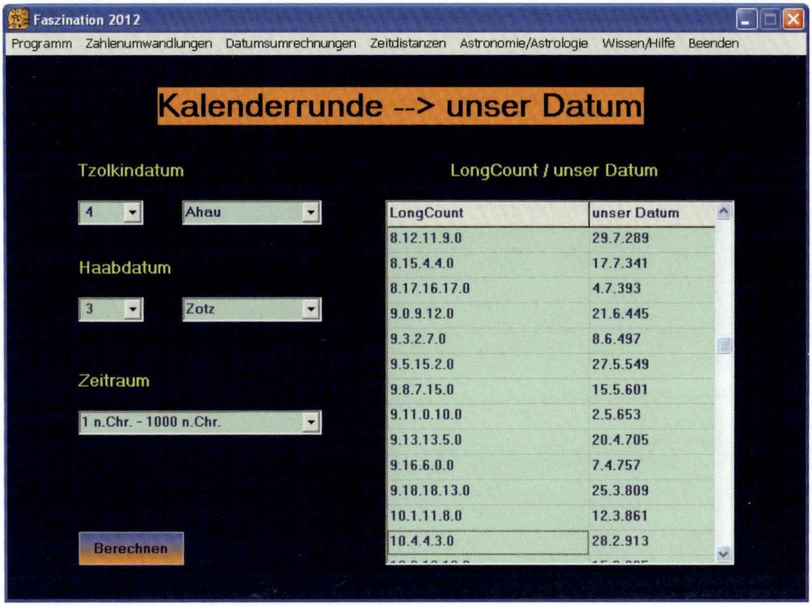

Und nun? Wozu soll dieses Datum gut sein? Und wo ist überhaupt der versprochene Türsturz?

Sei nicht so ungeduldig. Außerdem solltest Du den Türsturz kennen, auf welchem das genannte Datum vorkommt.

Jetzt überschätzt Du meine Kenntnisse. Wie soll ich mir denn die ganzen Inschriften merken. Das ist Dein Job, Herr Touristenführer. Schließlich kommst Du überall hin, siehst die Teile vor Dir und erklärst sie.

Du enttäuscht mich aber! Denke mal an das Design unserer Homepage…

Ah! Das gibt's doch nicht! Ich habe ihn als Hintergrundbild einige Duzend mal verbastelt, den berühmten Türsturz von Yaxchilán! Außerdem hatten wir ihn in „Don Eric und die Maya" vorgestellt. Das sollten wir hier auch tun.

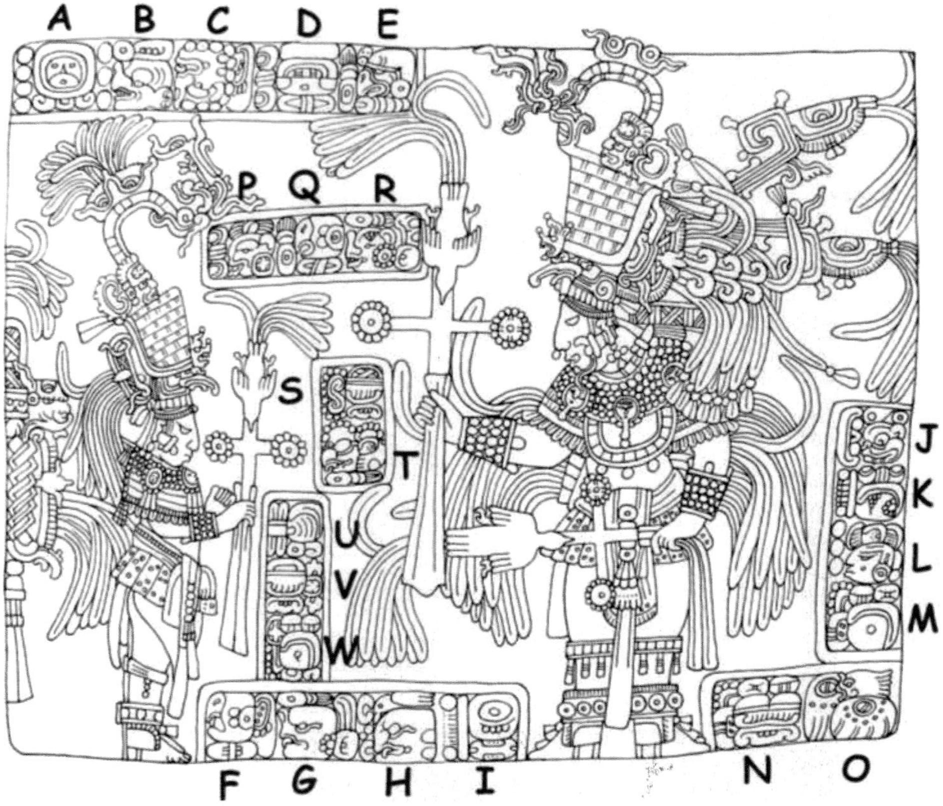

C: „es vollendete sich",

D: „das fünfte Jahr"

E: „seiner Herrschaft."

F: „Er tanzte"

G: „mit dem Vogel-Zepter"

H: „König Vogel-Jaguar"

I: „der Herr der 20 Gefangenen"

J: „der Wächter von"

K: „Herrn Taube"

L: „der Herr im 3. Katun"

MN: „König von Yaxchilán"

O: „die Weltenstütze".

Der zweite Satz bedeutet: „Er vollführte den Tanz mit dem Vogelzepter, Chel Te´ (Regenbogenbaum), der Sonnengesichtige Himmel, Herr von Yaxchilán.“ Das ist der Sohn von Vogel-Jaguar.

Moment mal! Ist das der gleiche Vogel-Jaguar, den wir schon kennen?

Richtig.

Dann kennen wir ja schon das Datum seiner Krönung! Wenn es das 5. Jahr seiner Herrschaft ist .... Gleich mal rechnen:
seine Krönung war 9.16.1.0.0.

9.16.1.0.0. + 5.0.0. = 9.16.6.0.0. Dem entspricht 4 Ajaw 3 Sots´. Stimmt!

Genau. So kann man eben die LongCount-Daten zum Teil rekonstruieren. Man muss natürlich immer damit rechnen, dass sich die gleichen Namen manchmal auch wiederholen. Aber prinzipiell ist das die Vorgehensweise. Nehmen wir unser Titelbild. Es zeigt rechts den König Vogeljaguar. Er ergreift einen Gefangenen, dessen Namen auf seinem Oberschenkel erscheint. Wir nennen ihn mal „Juwelenschädel“. Der Text sagt nun: „Am Tag 7 Imix 14 Sec nahm er gefangen den Juwelenschädel. Rechts geht der Text weiter: „Dieser ist der Gefangene von Vogel-Jaguar, König von Yaxchilán“. Der andere Text in der Mitte bezieht sich auf einen Gouverneur, der auch einen Gefangenen gemacht hat.

Für das Datum 7 Imix 14 Sek kann ich ja nun mit dem Kalenderprogramm nachsehen.

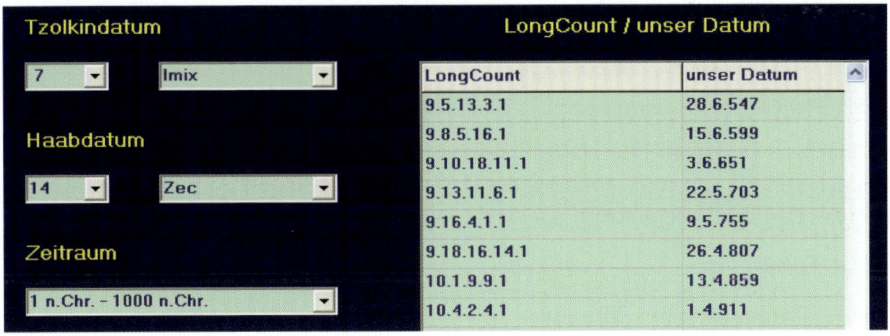

Dabei erhalte ich unter anderem folgende Daten:

9.13.11.6.1.	22. 5. 703
9.16.4.1.1.	9. 5. 755
9.18.16.14.1.	26. 4. 807

Da Vogel-Jaguar am Tag 9.13.17.12.10. geboren wurde, lebte er also am Tag 9.13.11.6.1. 7 Imix 14 Sek noch gar nicht. Das kommt schon mal nicht in Frage. Am Tag 9.16.4.1.1. 7 Imix 14 Sek war er ...
… Moment:

9.16. 4. 1. 1. – 9.13.17.12.10. = 2.6.6.11.

... war er 2 Katune alt und 6 Tun. Also 46 Jahre. Das nächste Datum wäre 52 Jahre später, das wäre wohl zu spät. Mit 98 Jahren würde er wohl keine Gefangenen mehr machen. Also muss es das Datum 9.16.4.1.1. 7 Imix 14 Sek sein. Das wäre der 9. Mai 755.

Sehr gut. So schnell geht das. Nun zeige noch mal die Rechnung für die Lacambalam-Stele:

	9.16.14.4.17.	4 Kaban 0 Yaxk´in	Geburt
+	1.15.10.17.		
⇒	9.18.9.15.14.	3 Hix 2 Ch´een	Krönung
+	2.0.12.		
⇒	9.18.11.16.6.	7 Kimi 4 Ch´een	Gefangennahme
+	1		
⇒	9.18.11.16.7.	8 Manik´ 5 Ch´een	Tempelweihe
+	1.8.1.13.		
⇒	10.0.0.0.0.	7 Ajaw 18 Sip	Katun-Ende

Abschließend zeigen wir diese Stele komplett. Mal sehen, ob man von den in diesen Kapiteln besprochenen, die Stele betreffenden Inhalten etwas erkennt!

Man muss nur mit dem Türsturz vergleichen. In aller Ruhe.

Und dabei einen Tequila genießen?

Wenn das Deinen Blick schärft.

Wir haben aber auch einen handfesten Anlass, anzustoßen.

Welchen denn?

Wir feiern Bergfest. Die Hälfte unserer Kapitel haben wir durchgearbeitet. An dieser Stelle kann man auch sagen, dass die Grundlagen zum Verständnis des Mayakalenders gelegt sind.

Also, Salud!

Salut! Trinken wir uns Mut an!

Wozu Mut antrinken?

Um die Anwendungen anzugehen, die in den weiteren Kapiteln folgen.

Aber Mario, jeder Mayafreund wird es eher als spannende Herausforderung empfinden, so rechnen zu können, wie die Mayaschamanen.

Okay, das mag ja noch zutreffen. Und was ist mit unserer ausführlichen Korrelationszahldiskussion?

Diese gewinnt gerade durch ihre Ausführlichkeit an Überzeugungskraft. Da bleibt kaum noch Luft für die Skeptiker. Das ist vergleichbar mit einem Grand-Overt!

© lacambalam 2006

©lacambalam 2006

Wollen wir den unruhig gewordenen Mayakennern noch verraten, wie die originale Lacambalam-Stele aussieht?

Na so hier ;-)

Mal ganz ehrlich, Jens, ich bin dankbar für jedes Hieroglyphendeutungsabenteuer, dass ich mit dir erleben durfte.

Das hört sich ja so an, als wäre jetzt Schluss damit. Glaub mir, wir haben noch viel vor uns.

Im Buch oder im Leben?

Beides, Amigo. Vieles von Derartigem, was wir erlebt haben, schreiben wir hier mit rein und vieles werden wir auf zukünftigen Touren noch erleben.

Der Tag **Ok** bedeutet Hund, Abenteurer, Begleiter. Die unter diesem Zeichen geborene Person liebt es, zu reisen und neue Freunde kennenzulernen. Darum ist sie bisweilen ihrem Partner untreu. Sie bevorzugt den Instinkt statt Rationalismus.

11

6. Vorlesung:
Der Codex Tatsumi

Chuwen

Bedauerlicherweise gibt es von den Maya nur drei Codices. Manche sprechen noch von einem vierten Codex, aber von diesem so genannten Grolier Codex wissen wir nun, dass es sich um eine Fälschung handelt. Und nun bilden wir hier doch noch einen weiteren Mayacodex ab?!

Der hier im Buch abgebildete Codex Tatsumi ist natürlich kein Original.

Also auch eine Fälschung?

Unter Fälschung verstehe ich, dass irgendeiner behauptet, dass er original wäre, aber das tun wir ja nicht. Also, es ist ein Codex, den ich vor einigen Jahren gezeichnet hatte, als ich Deine Kalenderprogramme noch nicht hatte. Denn ich wollte einen Codex, mit dem ich genauso rechnen kann, wie auch die Mayaschamanen vor 2000 Jahren rechneten. Denn diese hatten ja auch kein Computerprogramm, aber trotzdem haben sie komplizierte Rechnungen durchgeführt.

Welche Rechnungen kannst Du also damit durchführen?

Ich kann mit diesem Codex für mehrere Millionen Mayadaten die Kalenderrunde aus der Langen Zählung bestimmen! In einigen Fällen kann ich sie direkt ablesen. Ich kann ausrechnen, welche LongCount-Daten die gleiche Kalenderrunde besitzen. Ich kann auch mögliche LongCount-Daten für gegebene Kalenderrunden bestimmen. Außerdem sind die Tage und die Monate abgebildet, die Namen der Mondmonate, die Götterzahlen sowie die Jahresträger, so dass ich schnell die Anzahl der Jahre zwischen zwei Daten bestimmen kann, sogar im aztekischen Kalender.

Das klingt unglaublich. Da will ich aber einen Test sehen!

Gut. Sage mir irgendein LongCount-Datum, und ich rechne Dir die dazugehörige Kalenderrunde aus. Das kannst Du dann mit Deinem Kalenderprogramm kontrollieren!

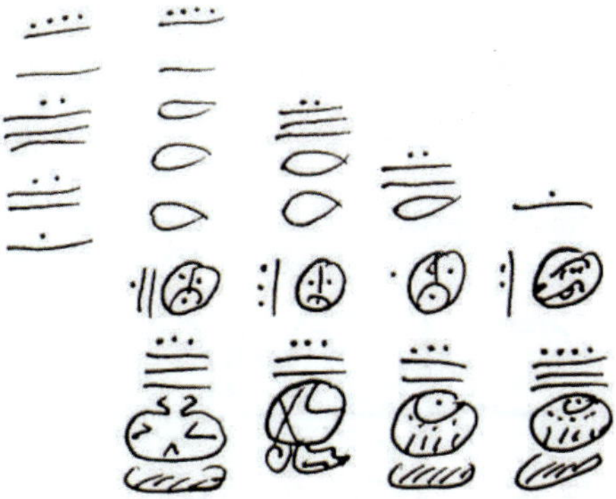

Okay. Also, das LongCount-Datum ist 9.5.17.12.6. Wenn ich mir Deine Skizze jetzt ansehe, da fühle ich mich wie bei einer Zeitreise, auf der man dem Mayaschamanen über die Schulter schauen kann.

Das Ergebnis ist 7 Kimi 19 Mak. Was sagt Dein Computer?

Stimmt genau! Das ist schon verrückt. Das ging ja noch schneller als bei mir, wenn ich den Laptop erst auspacken und starten muss.

Vor allem im Dschungel, wenn es keinen Strom gibt... Was machst Du dann?

Hast Du denn den Codex immer dabei?

Zugegeben, bisher auch nicht, aber wenn man dieses Buch mitnimmt …

…kann man alles berechnen. Na dann bringe uns das mal bei.

Gut. Dann werde ich erstmal einen Überblick geben, um dann eine Einweisung in die geheimnisvolle Codexmathematik zu celebrieren.

Dann schlag es mal auf, Dein „Geheimbund-der-Schamanen-Buch", Du Illumi-Maya!

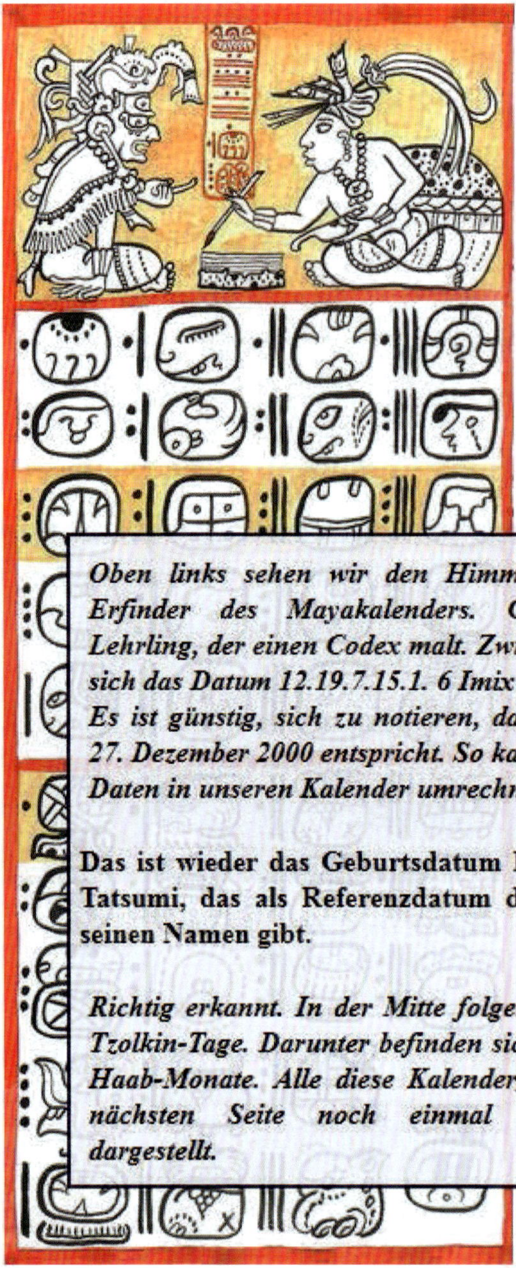

Tatsumi - Seite 1

Oben links sehen wir den Himmelsgott Itzamna, den Erfinder des Mayakalenders. Gegenüber sitzt ein Lehrling, der einen Codex malt. Zwischen beiden befindet sich das Datum 12.19.7.15.1. 6 Imix 4 K´ank´in.
Es ist günstig, sich zu notieren, dass dieses Datum dem 27. Dezember 2000 entspricht. So kann man später andere Daten in unseren Kalender umrechnen.

Das ist wieder das Geburtsdatum Deines Sohnes Melvin Tatsumi, das als Referenzdatum dient und dem Codex seinen Namen gibt.

Richtig erkannt. In der Mitte folgen die Glyphen der 20 Tzolkin-Tage. Darunter befinden sich die Glyphen der 19 Haab-Monate. Alle diese Kalenderglyphen sind auf der nächsten Seite noch einmal mit Beschriftungen dargestellt.

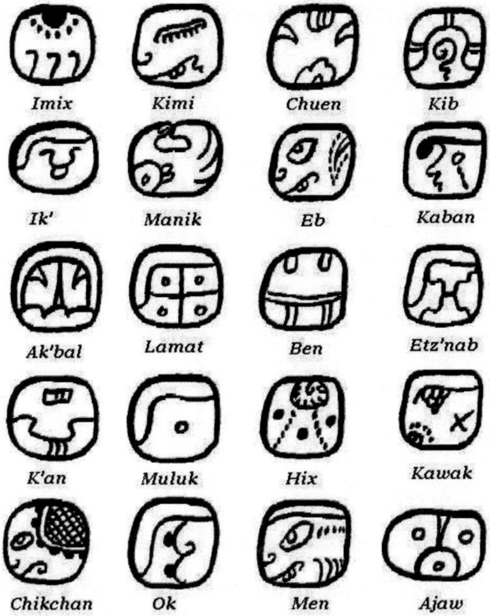
Imix
Kimi
Chuen
Kib
Ik'
Manik
Eb
Kaban
Ak'bal
Lamat
Ben
Etz'nab
K'an
Muluk
Hix
Kawak
Chikchan
Ok
Men
Ajaw

Poop
Xul
Sak
Pax
Wo
Yaxk'in
Keh
K'ank'in
Zip
Mol
Mak
Kumk'u
Zotz
Ch'en
K'ank'in
Wayeb
Tzek
Yax
Muan

Tatsumi - Seite 2

Diese Seite beinhaltet quasi die Anleitung, wie der Codex funktioniert. Dazu äußere ich mich hier nicht weiter. Das erleben wir später anhand der betrachteten Beispiele.

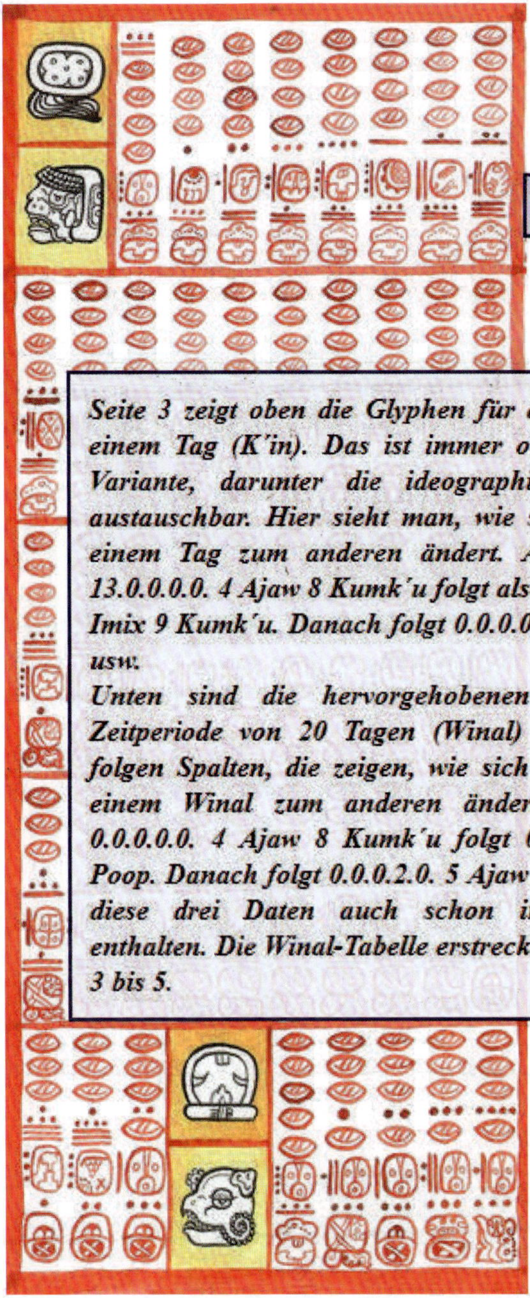

Tatsumi - Seite 3

Seite 3 zeigt oben die Glyphen für die Zeitperioden von einem Tag (K'in). Das ist immer oben die phonetische Variante, darunter die ideographische. Die sind ja austauschbar. Hier sieht man, wie sich das Datum von einem Tag zum anderen ändert. Auf den ersten Tag 13.0.0.0.0. 4 Ajaw 8 Kumk'u folgt also der Tag 0.0.0.0.1. 5 Imix 9 Kumk'u. Danach folgt 0.0.0.0.2. 6 Ik' 10 Kumk'u, usw.

Unten sind die hervorgehobenen Glyphen für die Zeitperiode von 20 Tagen (Winal) abgebildet. Danach folgen Spalten, die zeigen, wie sich die Mayadaten von einem Winal zum anderen ändern. Auf den Winal 0.0.0.0.0. 4 Ajaw 8 Kumk'u folgt 0.0.0.1.0. 11 Ajaw 3 Poop. Danach folgt 0.0.0.2.0. 5 Ajaw 3 Wo. Übrigens sind diese drei Daten auch schon in der K'in-Tabelle enthalten. Die Winal-Tabelle erstreckt sich über die Seiten 3 bis 5.

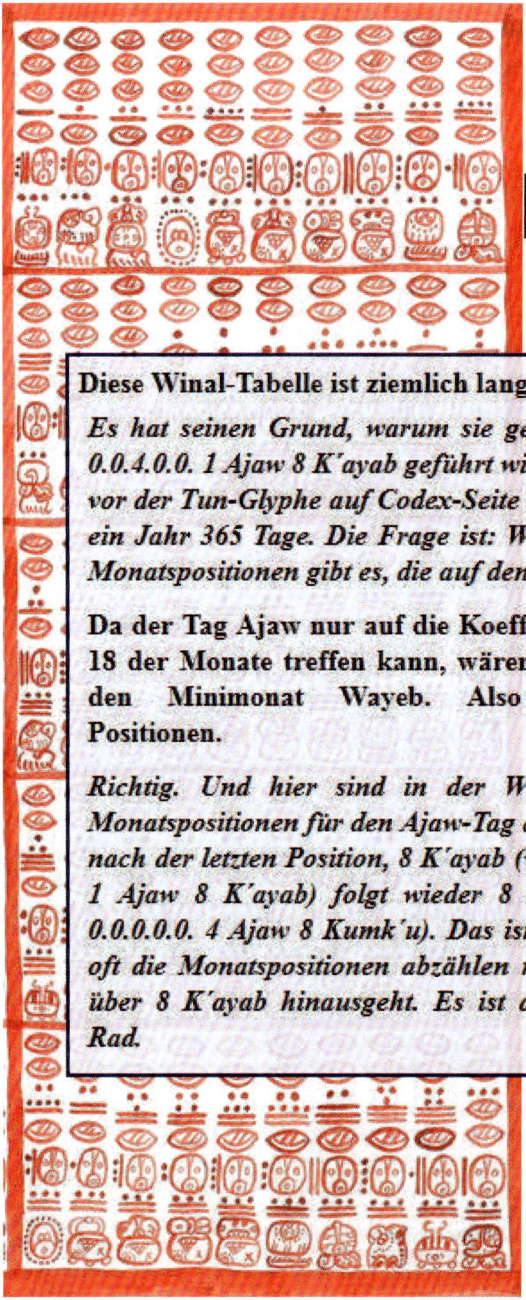

Tatsumi - Seite 4

Diese Winal-Tabelle ist ziemlich lang. Warum?

Es hat seinen Grund, warum sie genau bis zum Datum 0.0.4.0.0. 1 Ajaw 8 K'ayab geführt wird (siehe letzte Spalte vor der Tun-Glyphe auf Codex-Seite 5). Wie Du weißt, hat ein Jahr 365 Tage. Die Frage ist: Wie viele verschiedene Monatspositionen gibt es, die auf den Tag Ajaw fallen?

Da der Tag Ajaw nur auf die Koeffizienten 3, 8, 13 und 18 der Monate treffen kann, wären das 4 × 18 + 1 für den Minimonat Wayeb. Also 73 verschiedene Positionen.

Richtig. Und hier sind in der Winal-Tabelle alle 73 Monatspositionen für den Ajaw-Tag aufgeschrieben. Also, nach der letzten Position, 8 K'ayab (vom Datum 0.0.4.0.0. 1 Ajaw 8 K'ayab) folgt wieder 8 Kumk'u (im Datum 0.0.0.0.0. 4 Ajaw 8 Kumk'u). Das ist praktisch, weil man oft die Monatspositionen abzählen muss und manchmal über 8 K'ayab hinausgeht. Es ist also zyklisch wie ein Rad.

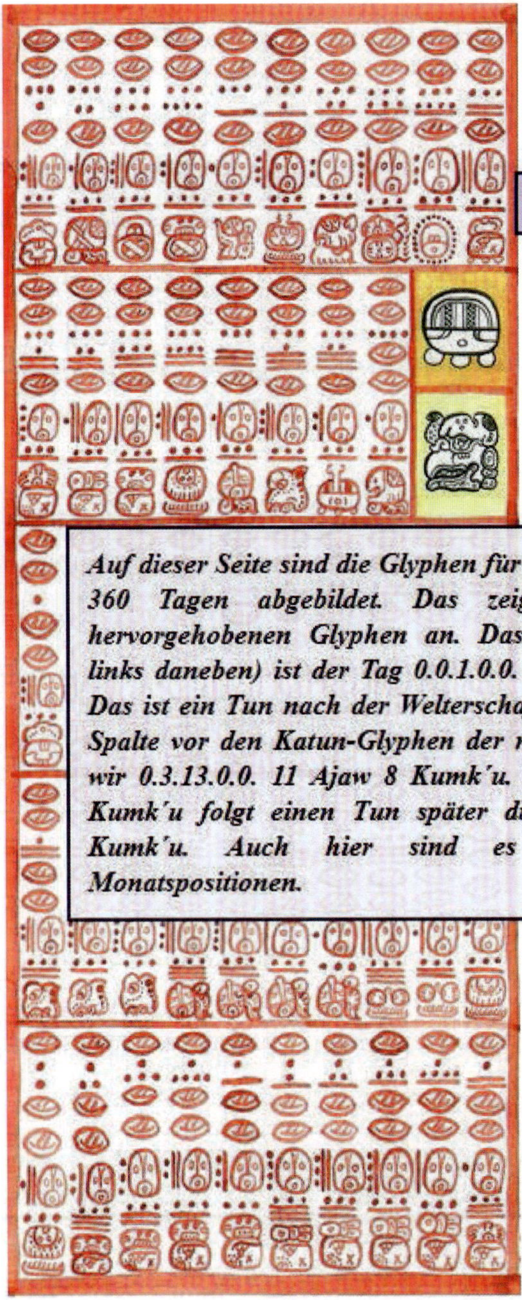

Tatsumi - Seite 5

Auf dieser Seite sind die Glyphen für das Jahr "Tun" von 360 Tagen abgebildet. Das zeigen wiederum die hervorgehobenen Glyphen an. Das erste Datum (hier links daneben) ist der Tag 0.0.1.0.0. 13 Ajaw 3 Kumk'u. Das ist ein Tun nach der Welterschaffung. In der letzten Spalte vor den Katun-Glyphen der nächsten Seite sehen wir 0.3.13.0.0. 11 Ajaw 8 Kumk'u. Nach dem Monat 8 Kumk'u folgt einen Tun später die Monatsposition 3 Kumk'u. Auch hier sind es 73 verschiedene Monatspositionen.

Tatsumi - Seite 6

Nach der letzten Tun-Angabe 0.3.13.0.0. sieht man (unten) die Glyphen für die Zeitperioden von 7200 Tagen, also einem Katun. Auf 0.1.0.0.0. 2 Ajaw 8 Mak folgt 0.2.0.0.0. 13 Ajaw 8 Mol. Das geht bis 0.5.0.0.0. 7 Ajaw 13 Sak. Hier hört das Fortschreiten der Katune erstmal auf, um an viel späterer Stelle, nämlich bei 7.6.0.0.0 auf der Codex-Seite 7 fortgesetzt zu werden.

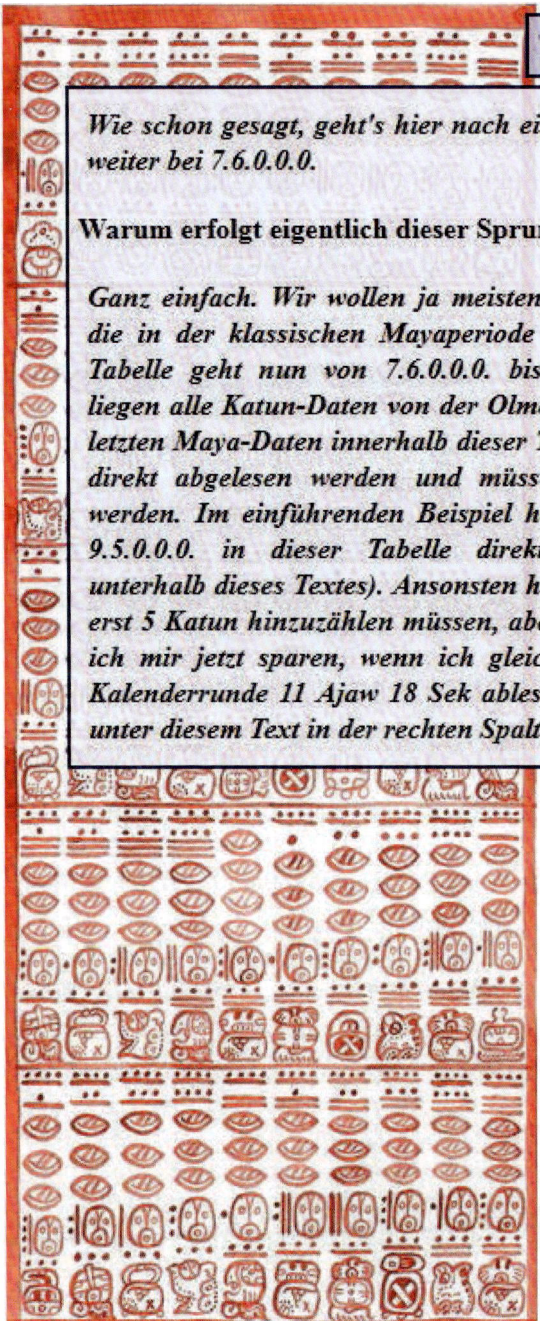

Tatsumi - Seite 7

Wie schon gesagt, geht's hier nach einem großen Sprung weiter bei 7.6.0.0.0.

Warum erfolgt eigentlich dieser Sprung?

Ganz einfach. Wir wollen ja meistens Daten berechnen, die in der klassischen Mayaperiode liegen. Die Katun-Tabelle geht nun von 7.6.0.0.0. bis 10.18.0.0.0. Somit liegen alle Katun-Daten von der Olmeken-Zeit bis zu den letzten Maya-Daten innerhalb dieser Tabelle, können also direkt abgelesen werden und müssen nicht berechnet werden. Im einführenden Beispiel hatte ich das Datum 9.5.0.0.0. in dieser Tabelle direkt abgelesen (siehe unterhalb dieses Textes). Ansonsten hätte ich zu 9.0.0.0.0. erst 5 Katun hinzuzählen müssen, aber diese Arbeit kann ich mir jetzt sparen, wenn ich gleich bei 9.5.0.0.0. die Kalenderrunde 11 Ajaw 18 Sek ablesen kann (wie direkt unter diesem Text in der rechten Spalte erkennbar ist).

Tatsumi - Seite 8

Hier geht es um die Zeitperiode von 144000 Tagen, Baktun oder auch Pih genannt.

Diese geht aber nicht nur bis 13.0.0.0.0.?

Nun, sie geht darüber hinaus, weil wir entsprechende Inschriften vorfinden. Deshalb erstreckt sich die Baktunrunde über 19.0.0.0.0. hinaus bis zum Datum 1.0.0.0.0.0. (siehe unten Mitte). Man beachte, dass es hier 5 Nullen sind, nicht 4. Das wäre also schon ein Piktun, also 8000 Tun-Jahre bzw. 2.880.000 Tage. Links im Codex haben wir die Baktun-Glyphe. Und so sieht die Piktun-Glyphe aus:

Dieses Piktun-Datum 1.0.0.0.0.0.
10 Ajaw 13 Yaxk'in (unten Mitte) taucht in einer Inschrift in Palenque über der Crypta des Pakal auf. Das werden wir uns im Seminar gleich anschauen.

Tatsumi - Seite 9

Auf Seite 9 sehen wir fünf leere Felder, danach das Kalenderrundendatum 4 Ajaw 8 Kumk'u. Diese Tabelle gibt an, wie die nächsten Daten heißen, die wieder die gleiche Kalenderrunde ergeben. Die Zahl 18980 entspricht der Zahl 0.2.12.13.0. Darum finden wir diese Zahl in der nächsten Spalte. Die nächste Zahl 0.5.5.8.0. entspricht dem Doppelten usw.

Tatsumi - Seite 10

Hier fällt uns als erstes ein unbekanntes LongCount-Datum auf, gefolgt vom Tag 4 Ajaw und einer unbekannten Monatsposition. Die Fragen sind: Wann wiederholt sich der Tag 4 Ajaw? Wie lauten dann LongCount und Monatsposition? Das nächste Datum ist 0.0.0.13.0. (4 Ajaw) 3 Mak. Denn 13 mal 20 ist 260. Nach 260 Tagen wiederholt sich der gleiche Tzolkin-Tag. Diese Tabelle haben die Mayapriester benutzt, um für ein Kalenderrundendatum mögliche LongCount-Daten zu berechnen. Hier sind wieder die 73 verschiedenen Monatspositionen aufgeschrieben.

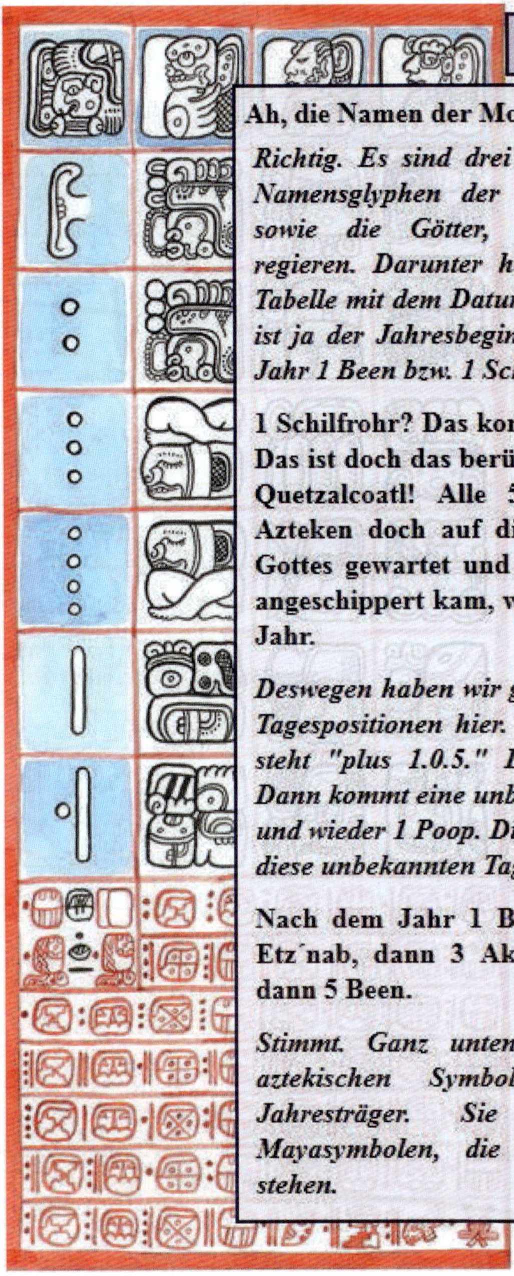

Tatsumi - Seite 11

Ah, die Namen der Mondmonate!

Richtig. Es sind drei Spalten mit je sechs Namensglyphen der Mondmonate gezeigt sowie die Götter, die diese Semester regieren. Darunter haben wir eine kleine Tabelle mit dem Datum 1 Been 1 Poop. Das ist ja der Jahresbeginn. Das wäre also ein Jahr 1 Been bzw. 1 Schilfrohr.

1 Schilfrohr? Das kommt mir bekannt vor. Das ist doch das berühmte Jahr des Gottes Quetzalcoatl! Alle 52 Jahre haben die Azteken doch auf die Wiederkehr dieses Gottes gewartet und 1519, als der Cortéz angeschippert kam, war wieder ein solches Jahr.

Deswegen haben wir genau 52 verschiedene Tagespositionen hier. Nach 1 Been 1 Poop steht "plus 1.0.5." Das wären 365 Tage. Dann kommt eine unbekannte Tagesposition und wieder 1 Poop. Die Tabelle gibt uns also diese unbekannten Tagespositionen.

Nach dem Jahr 1 Been folgt das Jahr 2 Etz´nab, dann 3 Ak'bal, dann 4 Lamat, dann 5 Been.

Stimmt. Ganz unten siehst Du die vier aztekischen Symbole für diese vier Jahresträger. Sie entsprechen den Mayasymbolen, die unmittelbar darüber stehen.

Tatsumi - Seite 12

Die Seite 12 zeigt oben die Varianten der Götterköpfe für die Ziffern von 0 bis 19. Unten ist ein kompletter Text abgebildet, der die bekannte Supernova im Jahre 1054 im Krebsnebel beschreibt.

Supernova, super! Aber wir sollten erst einmal die einfachen Sachen beschreiben. Wie hast Du denn nun Tag und Monat zum Datum 9.5.17.12.6. so schnell ausgerechnet?

Gut, schauen wir uns diese Berechnung mal an.

Aus eigener Erfahrung möchte ich folgende Hinweise mit auf den Weg geben: Mit dem Zeigefinger auf den entsprechenden Codexseiten (siehe Anhang oder faszination2012.de) sowie Papier und Stift sind diese Ausführungen am besten nachvollziehbar. Wer sich derlei fachliche Klimmzüge nicht sofort zumuten will, der erleidet beim Überspringen der nächsten Zeilen keinen Nachteil, außer, dass er das Glücksgefühl, sich in die Tiefen der codexgestützten Mayakalendermathematik vorgearbeitet zu haben, auf das Seminar verschieben muss. In jedem Falle sollte der Leser aber zu der Erkenntnis kommen, dass wir hier nicht zaubern. Letzteres überlassen wir unserem verehrten Don Eric, der sich darauf spezialisiert hat.

Wir haben also das Datum 9.5.17.12.6. gegeben und wollen die Kalenderrunde ausrechnen. Genau dieses Problem ist ja auf der Seite 2 des Tatsumi-Codices erklärt. Deswegen sollten wir uns erst einmal diese Seite anschauen. Auf Seite 2 oben befindet sich die Erklärung:

Hier haben wir das Longcount-Datum 9.10.11.12.13., die Kalenderrunde ist unbekannt. Diese ist zu ermitteln. Ich suche jetzt in der Katun-Tabelle das Datum 9.10.0.0.0. Die dazugehörige Kalenderrunde heißt 1 Ajaw 8 K´ayab. Das notiere ich. Dann muss ich 11 Tun, also die Zahl 11.0.0, addieren. Dazu gehe ich in die Tun-Tabelle. Dort suche ich mir ein beliebiges Datum heraus, das den Tag 1 Ajaw enthält, zum Beispiel auf Seite 6. Dann zähle ich 11 Positionen weiter. Somit komme ich zum Tag 9 Ajaw. Wichtig ist hier, nur den Tag, nicht den Monat aufzuschreiben. Denn der Monat ist ja in der Regel ein anderer. Dort, wo ich den Tag 1 Ajaw finde, wird ja nicht immer 8 K´ayab stehen. Für den Monat muss ich das gleiche machen. Ich suche in der Tun-Tabelle, wo die Monatsposition 8 K´ayab steht. Jede Monatsposition ist übrigens nur einmal enthalten. Von 8 K´ayab aus zähle ich dann wieder 11 Positionen weiter. Somit komme ich zu 13 K´ank´in. Dieses Ergebnis muss ich wieder notieren. Wir haben als Teilergebnis also das Datum 9.10.11.0.0. 9 Ajaw 13 K´ank´in. Jetzt muss ich 12 Winal addieren. Diesmal gehe ich in die Winal-Tabelle. Hier suche ich 9 Ajaw, denn von diesem Tag muss ich ja jetzt ausgehen. Ich zähle 12 Positionen vorwärts. Diesmal gelange ich zu 2 Ajaw. Ich notiere. Dann zähle ich von 13 K´ank´in aus in der gleichen Winal-Tabelle 12 Positionen weiter, und gelange zu 8 Mol. Ich notiere das Teilergebnis 9.10.11.12.0. 2 Ajaw 8 Mol. Nun muss ich noch 13 Tage addieren. Jetzt brauche ich den Codex eigentlich gar nicht mehr, denn 13 Tage nach 2 Ajaw, das

ergibt 2 Been, und 13 Tage nach 8 Mol, das ergibt 21 Mol, was aber nicht existiert, das ist also schon der erste Tag im nächsten Monat, also Ch´een. Das Endergebnis ist also 9.10.11.12.13. 2 Been 1 Ch´een.

Und? Überzeugt oder überwältigt oder beides?

Naja, das beeindruckt mich natürlich immer, wenn jemand so etwas ohne Computerprogramm hinkriegt! Und dass es stimmt, sehe ich ja sofort mit meinem Kalenderprogramm!

Nun hatten die Mayaschamanen wohl kaum ein Computerprogramm!

Schon klar. Das war aber erst die Erklärung des Codex-Beispiels. Wir wollten aber die Kalenderrunde zum Datum 9.5.17.12.6. ermitteln, oder?

In der Tat, das wollten wir. Wie wäre es denn, wenn wir diese Aufgabe auf das Seminar verlegen, wo Du es gleich mal selbst probierst?

Ist in Ordnung. Ich muss das Problem allerdings in kleine Schritte zerlegen. Während Du die Rechenfertigkeiten eines Priesters besitzt, bin ich bestenfalls mit einem Schreiberlehrling zu vergleichen, der den Tatsumi-Codex bestaunt wie ein heutiger Schüler seinen ersten Taschenrechner. Einfache Operationen sind dabei kein Hit, wohl aber das Ausführen einer komplexen Rechnung mit Zwischenspeicher.

Das dürfte doch aber für Dich kein Problem sein.

Jens, Du hast ja recht. Es ist peinlich dafür aber eingestehen zu müssen, dass mir die Wiedererkennung der Hieroglyphen immer noch schwerfällt.

Das ist keine Schande sondern ein bekanntes Einsteigerproblem. Gut, dann sieh Dir vor dem Seminar noch einmal die Tzolkin- und Haab-Hieroglyphen an bzw. lege sie Dir wenigstens zurecht.

Vielleicht sollte ich mir ein Hieroglyphenmemory basteln?

Gute Idee, aber nicht für den Computer, sondern zum Ausbreiten auf dem Tisch!

Ich werde es zum Ausdrucken vorbereiten.

Nun lass doch mal die Kiste stehen! Nimm Pappe und zeichne die Hieroglyphen, schön bunt natürlich!

Es scheint angeraten, die nächste Rechnung schön bunt zu erklären!

Der Tag **Chuwen** bedeutet Affe, Kunst, Sensibilität, Gesundheit und Erholung. Dieses Zeichen assoziiert man mit der Kunst wegen des Geschicks der Affen. Die unter diesem Zeichen geborene Person ist ein Meister aller Künste. Sie weiß meistens, alle Dinge gut zu erledigen.

12

6. Seminar: Der Codex Tatsumi

Eb

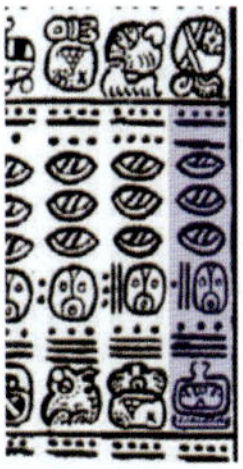

Eigentlich wolltest Du die Kalenderrunde zu 9.5.17.12.6. ermitteln. Entsprechend der Rechnung, wie Du sie am Ende der Tatsumi-Vorlesung für 9.10.11.12.13. etwas hastig vorgezeigt hast, will ich dies jetzt, wie angekündigt, Schritt für Schritt versuchen.

1. Ich suche also 9.5.0.0.0. in der Katun-Tabelle (Seite 7) und notiere die dort gefundene Kalenderrunde 11 Ajaw 18 Sek.

2. Dann gehe ich zur Tun-Tabelle auf Seite 5, suche einen Tag 11 Ajaw und zähle 17 Tun weiter. Da komme ich zu 8 Ajaw.

3. Ich suche in der gleichen Tabelle der Codex-Seite 6 18 Sek, zähle 17 Tun weiter und komme zu 13 Poop.

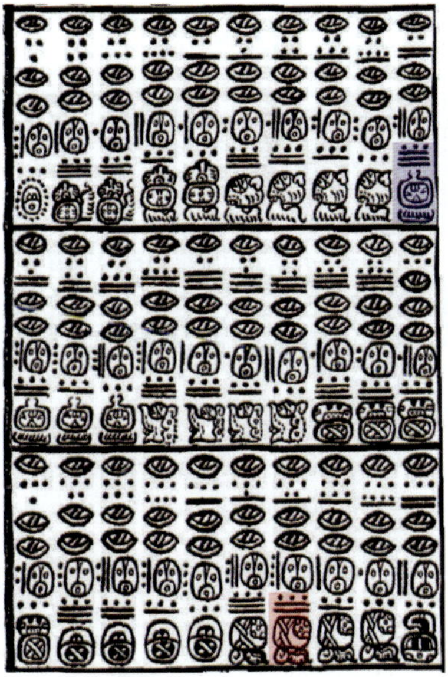

Unser „Zwischenstand" ist das Datum 9.5.17.0.0. 8 Ajaw 13 Poop. Wir wollen aber zu 9.5.17.12.6, also 12 Winal und 6 K´in weiter, müssen also noch einige Schritte ausführen.

3. Ausgehend von 8 Ajaw zählen wir in der Winal-Tabelle (Seite 4 oben) 12 Winal weiter und landen bei 1 Ajaw.

4. Analog erhalten wir ausgehend von 13 Poop nach 12 Positionen in der Winal-Tabelle (Seite 4 unten) 13 Mak.

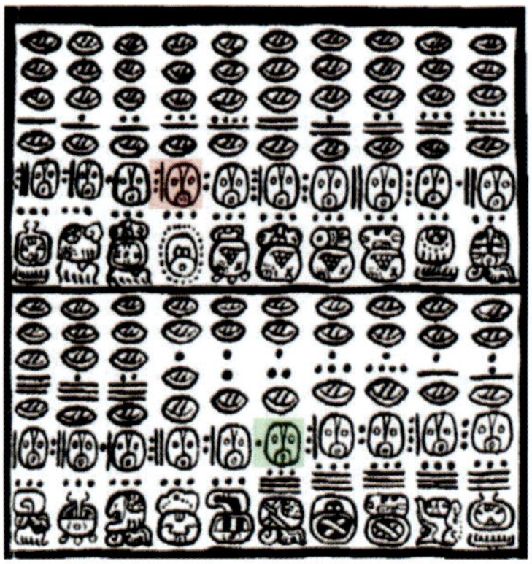

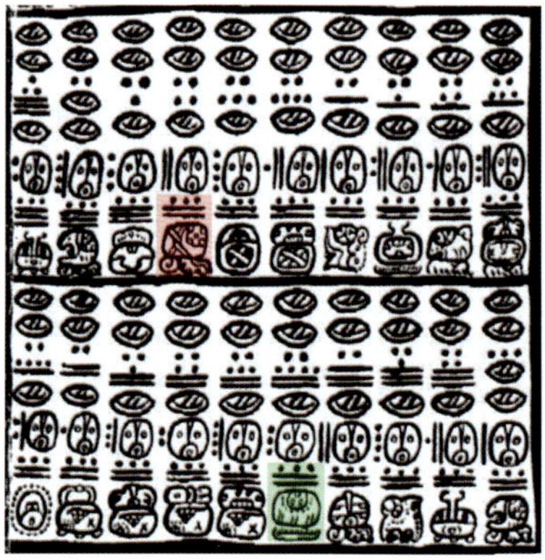

Neuer „Zwischenstand" ist nun 9.5.17.12.0. 1 Ajaw 13 Mak, genau 6 Tage vor dem Ziel. Für diese 6 Tage brauchen wir eigentlich kein Hilfsmittel, denn wir wissen ja 1 + 6 = 7 und 6 Tage nach Ajaw folgt Kimi.

Wer letzteres nicht weiß, kann eine beliebige Liste der Tzolkin-Namen verwenden oder bemüht noch einmal den Codex Tatsumi mit der auf Seite 3 befindlichen K´in-Tabelle, wovon hier der entsprechende Ausschnitt abgebildet ist.

Die Haab-Position ergibt sich einfach durch Weiterzählen von 6 Tagen innerhalb des Monats Mak: 13 Mak + 6 Tage = 19 Mak. Folglich erhalten wir als Ergebnis 7 Kimi 19 Mak, d.h. zum gegebenen LongCount-Datum 9.5.17.12.6. gehört der Kalenderrundentag 7 Kimi 19 Mak.

Das hast Du sehr gut zusammengebastelt. Gut auch, dass Du die relevanten Glyphen nur dezent grau markiert hast. Hier kann der bedürftige Alles-Genau-Nachvollzieher mal selbst zum Textmarker greifen und die Rechenschritte gewissermaßen entdecken und erleben.

Irgendwie erinnert mich dieses Vorgehen an Vektoraddition im Koordinatensystem. Wer ohne Codex und ohne Computer-Programm und sogar ohne den von mir in Kapitel 5 beschriebenen Rechenweg auskommen will, dem empfehle jenes Verfahren, dass ich auf Seite 75 angewendet habe.

Da will ich gar nicht erst wissen, was Du da wieder ausgeknobelt hast, um diese Sache zu verkomplizieren. Ich empfehle ganz einfach, alles in einer Tabelle aufzuschreiben, wo man alle Schritte bzw. „Zwischenstände" untereinander überblicken kann:

9.	***5.***	***17.***	***12.***	***6.***	***?***	***?***	***?***	***?***
9.	*5.*	*0.*	*0.*	*0.*	*11*	*Ajaw*	*18*	*Sek*
9.	*5.*	*17.*	*0.*	*0.*	*8*	*Ajaw*	*13*	*Poop*
9.	*5.*	*17.*	*12.*	*0.*	*1*	*Ajaw*	*13*	*Mak*
9.	*5.*	*17.*	*12.*	*6.*	*7*	*Kimi*	*19*	*Mak*

Nun sehe ich hier auf Seite 2 das Minuszeichen der Maya, dieses Paket.

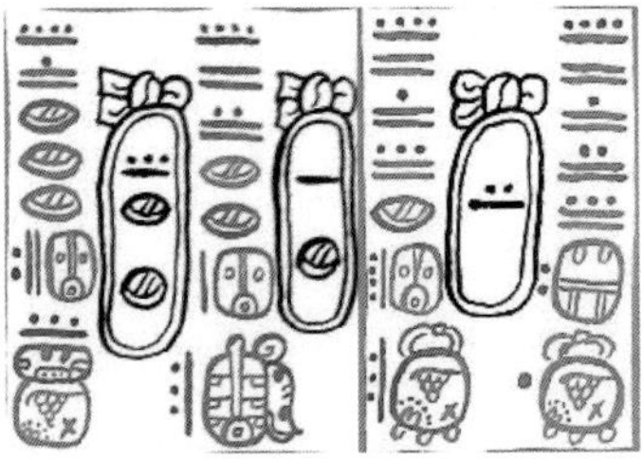

Ja, denn hier berechne ich das gleiche Datum 9.10.11.12.13. ? ? ? ? andersherum, das heißt, ich rechne rückwärts. Man kann also auch die Tun, Winal und K´in abziehen. Dazu gehe ich mit dem Finger nicht nach rechts, sondern nach links wenn ich die Positionen abzähle. Ansonsten ändert sich nichts.

Hier ist die Tabelle für 9.10.11.12.13. ? ? ? ?

9.	***10.***	***11.***	***12.***	***13.***	***?***	***?***	***?***	***?***
9.	*11.*	*0.*	*0.*	*0.*	*12*	*Ajaw*	*8*	*Kej*
9.	*10.*	*12.*	*0.*	*0.*	*5*	*Ajaw*	*8*	*K´ank´in*
9.	*10.*	*11.*	*13.*	*0.*	*9*	*Ajaw*	*8*	*Ch´een*
9.	*10.*	*11.*	*12.*	*13.*	*2*	*Been*	*1*	*Ch´een*

Das Ergebnis ist das gleiche wie im Vorlesungsbeispiel, schließlich handelt es sich um dieselbe Aufgabe, gelöst auf zwei verschiedenen Wegen.

Im wahrsten Sinne des Wortes: Zwei Wege, auf denen Dein Finger durch die Codex-Tafeln rutscht. Und um Ausrutscher zu vermeiden, notiere immer die Zwischenergebnisse am besten in Tabellenform.

Vorwärts zählen ist die einfachere Variante, oder?

Nicht, wenn ich zum Beispiel so ein Datum habe wie 9.15.19.17.16. Da würde ich also nicht ewig rechnen, sondern bei 9.16.0.0.0. schauen und dann einfach 4 Tage rückwärts zählen. 9.16.0.0.0. entspricht 2 Ajaw 13 Sek. Vier Tage zurück ergibt 11 Kib 9 Sek. Das rechne ich sogar im Kopf aus.

Und was sagt nun der Rest von Seite 2 aus?

Dieser erklärt, wie man mögliche LongCount-Daten aus einer Kalenderrunde bestimmt.

Das ist bestimmt komplizierter, weil wir da ja keine eindeutige Lösung haben.

Ja, gut, es ist etwas komplizierter. Aber was die Mayapriester vor über 1000 Jahren ausrechneten, werden wir wohl auch hinbekommen. Oder ist da der Computerfachmann des dritten Jahrtausends überfordert?

So kriegst Du mich immer motiviert. Na, dann leg mal los mit einem Beispiel!

Nehmen wir an, wir suchen die LongCount-Daten für die Kalenderrunde 11 Ak´bal 1 Poop. Da die Tabellen nur für Ajaw-Tage sind, nicht für Ak´bal-Tage, müssen wir zuerst das Datum in ein Ajaw-Datum verwandeln. Dazu addiere ich 17 Tage. Somit ergibt sich 2 Ajaw 18 Poop. Ich suche also das LongCount-Datum für 2 Ajaw 18 Poop. Dazu suche ich zunächst irgendein Datum mit 2 Ajaw. Das erste solche Datum, das ich im Codex finde, ist das Datum 0.0.0.9.0. 2 Ajaw 3 Ch´een. Nun müsste ich feststellen, wie groß der Abstand von 2 Ajaw 3 Ch´een zu 2 Ajaw 18 Poop ist.

Das Beispiel funktioniert nicht, Dein Codex beinhaltet keine 2 Ajaw-Tabelle, sondern nur eine 4 Ajaw-Tabelle.

Scheinbar brauchen wir hier eine 2 Ajaw-Tabelle, aber wir kommen auch ohne diese aus.

Wie denn?

Der Trick besteht einfach darin, dass der Abstand von 2 Ajaw 3 Ch´een zu 2 Ajaw 18 Poop genauso groß ist wie der von 4 Ajaw 3 Ch´een zu 4 Ajaw 18 Poop.

Klar, die zweite Distanz ist ja nur gegenüber der ersten Distanz auf dem Kalenderrunden-Rad verschoben.

Also kann ich die 4 Ajaw-Tabelle auf Seite 10 benutzen. Dort suche ich das Datum 4 Ajaw 3 Ch´een. Das finde ich bei 0.1.8.16.0. 4 Ajaw 3 Ch´een.

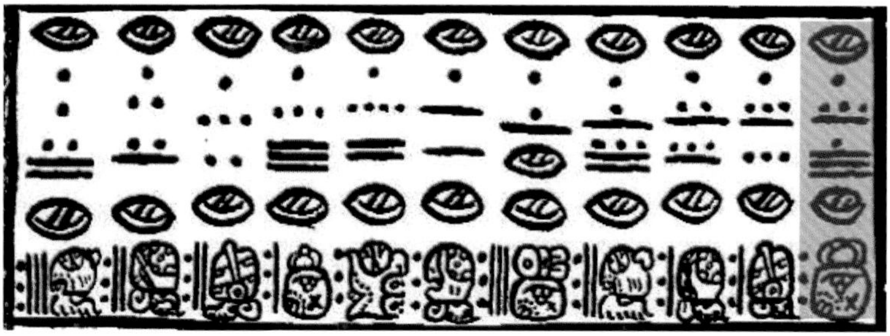

Wenn's für Dich leichter ist, sieh einfach, um meine Rechnung jetzt nachvollziehen zu können, auf Seite 10 bei 0.1.8.16.0 nach und überprüfe, ob dort tatsächlich 4 Ajaw 3 Ch´een steht.

Ja, zu 3 Ch´een passt 0.1.8.16.0 Aber von 4 Ajaw sehe ich nichts. Ich weiß aber, dass die gesamte Tabelle für 4 Ajaw gilt.

Richtig. Dann suche ich das Datum 4 Ajaw 18 Poop. Dieses finde ich bei 0.0.17.6.0. 4 Ajaw 18 Poop.

18 Poop in der 4 Ajaw-Tabelle bei 0.0.17.6.0. kann ich bestätigen.

Da die 18 Poop-Zahl größer sein muss, habe ich hier noch eine Kalenderrunde zu addieren.

Nun schreibe das auch mal auf, sonst verliere ich den Faden.

Dann rechne ich also

	0. 0. 17. 6. 0.
+	*0. 2. 12. 13. 0.*
=	*0. 3. 10. 1. 0.*

Dann subtrahiere ich die 3 Ch´een-Zahl 0.1.8.16.0.

	0. 3. 10. 1. 0.
–	*0. 1. 8. 16. 0.*
=	*0. 2. 1. 3. 0.*

Das ist also die Distanzzahl von 3 Ch´een zu 18 Poop. Diese Distanzzahl addiere ich nun zum ursprünglichen 2 Ajaw -Datum:

	0. 0. 0. 9. 0.
+	*0. 2. 1. 3. 0.*
=	*0. 2. 1. 12. 0.*

Damit erhalte ich ein LongCount-Datum für 2 Ajaw 18 Poop. Jetzt muss ich nur noch die 17 Tage wieder abziehen, um zum Tag 11 Ak´bal 1 Poop zu kommen:

	0. 2. 1. 12. 0.
–	*17.*
=	*0. 2. 1. 11. 3.*

Das ist das Zwischenergebnis: 0.2.1.11.3. 11 Ak´bal 1 Poop.

Na fantastisch, ein tolles Kalenderrundendatum, weit entfernt von der klassischen Maya-Zeit!

Keine Panik auf der Titanik! Um alle LongCount-Daten für 11 Ak'bal 1 Poop im 9. Baktun zu berechnen brauchen wir jetzt nur noch Vielfache von Kalenderrunden zu addieren! Diese finden wir auf Seite 9:

Ja, richtig!

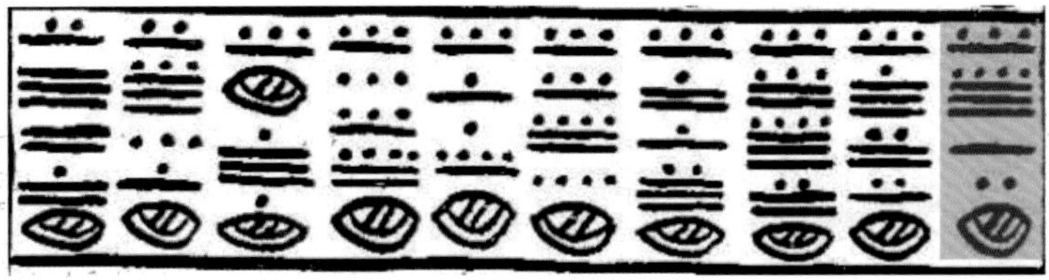

Die erste brauchbare Distanzzahl, um in den 9. Baktun zu gelangen, scheint 8.19.5.2.0. zu sein.

	0. 2. 1. 11. 3.
+	*8. 19. 5. 2. 0.*
=	*9. 1. 6. 13. 3.*

Das wäre also das erste mögliche LC-Datum für 11 Ak'bal 1 Poop im 9. Baktun. Um alle anderen Kandidaten zu bestimmen, addiere ich jeweils 0.2.12.13.0.

Man kann schnell nachrechnen, dass 0.2.12.13.0. der einfachen Kalenderrundenlänge von 18980 Tagen entspricht.

	9. 1. 6. 13. 3.
+	0. 2. 12. 13. 0.
⇒	9. 3. 19. 8. 3.
+	0. 2. 12. 13. 0.
⇒	9. 6. 12. 3. 3.
+	0. 2. 12. 13. 0.
⇒	9. 9. 4. 16. 3.
+	0. 2. 12. 13. 0.
⇒	9. 11. 17. 11. 3.
+	0. 2. 12. 13. 0.
⇒	9. 14. 10. 6. 3.
+	0. 2. 12. 13. 0.
⇒	9. 17. 3. 1. 3.
+	0. 2. 12. 13. 0.
⇒	9. 19. 15. 14. 3.

Das sind alle Ergebnisse.

Ja, das ist schon beeindruckend, dass das alles so geht. So, denkst Du also, haben die Mayapriester damals gerechnet?

Ganz sicher!

Da bin ich jedenfalls froh, dass ich mein Kalenderprogramm habe. Denn das hat ja jetzt schon ewig gedauert.

Aber es geht! Vor allem sind es wirklich nur wenige Codexseiten! So kann ich überall im Dschungel rechnen, während Du vergeblich eine Steckdose suchst! Überlege auch mal, wie viele Möglichkeiten diese wenigen Seiten anbieten, das sind Millionen von Kalenderrunden, die man berechnen kann!

Ja klar, die Tafeln sind ja allgemein. Vielleicht sind sie sogar eine ähnliche Rechenhilfe wie der Rechenstab, den ich in der Schule vor der Einführung der Taschenrechner noch erleben durfte.

Würde man einen Taschenrechner mit genau nur diesen Funktionen bauen, sind doch die Tafeln auch vergleichbar damit, oder?

Das kommt drauf an in welcher Hinsicht. Der Codex liefert sicherlich dieselben Ergebnisse, vorausgesetzt man weiß, welche Schritte man auszuführen hat.

Und diese Schrittfolge wurde ja weitergegeben. Vielleicht war sie sogar irgendwo aufgeschrieben.

Hey, Jens, Du treibst mich da zu einer sehr abenteuerlichen Idee.

Irgendwie will ich Dir sagen, dass wir beide eigentlich dasselbe machen mit Codex plus Schrittfolge oder mit dem Computer.

Wir spulen ein Programm ab! Ich spreche es einfach mal aus, auch wenn jetzt nicht jeder meiner Meinung sein wird: Die Maya haben selbstverständlich einen an eine Rechenhilfe, quasi einen primitiven Rechenautomaten, gebundenen Algorithmus entwickelt, der für Millionen gleichartiger Berechnungen angewendet werden konnte…

Die Maya als Programmierer! Für diese Aussage wird man uns in der Fachwelt den Kopf abreißen!

Klar, revolutionäre Erkenntnisse wurden in der Geschichte der Menschheit schon einige Male mit Gräueltaten geahndet, wovon das Verbrennen auf dem Scheiterhaufen die wohl bekannteste Variante ist.

In diesem Falle der Fluch des Feuers, dem nicht nur geniale Gelehrte, sondern auch geniale Werke, wie Hunderte Mayacodices, zum Opfer fielen.

Der Tag **Eb** bedeutet Treppe, Fortschritt, Erneuerung, Gesundheit. Die unter diesem Zeichen geborene Person lebt in Reichtum und ist großzügig. Sie zeigt Interesse für Gemeinschaftsprojekte. Sie ist friedlich und frohgestimmt.

13

7. Vorlesung: Errare Schamanum est – Fehler in antiken Maya-Inschriften

Been

Wir haben ja gerade davon gesprochen, dass die Mayapriester gewissermaßen Programmierer waren. Daraus ergibt sich die berechtigte Frage nach eventuell vorhandenen „Softwarefehlern". Und wenn wir einmal dabei sind, die vermeintlich genialen Rechenmeister der Antike zu kontrollieren, suchen wir gleich auch nach weiteren Formen von Fehlern in den Datums- bzw. Berechnungsanteilen von Inschriften. Zunächst möchte ich die Erscheinungsformen solcher Fehler klassifizieren:

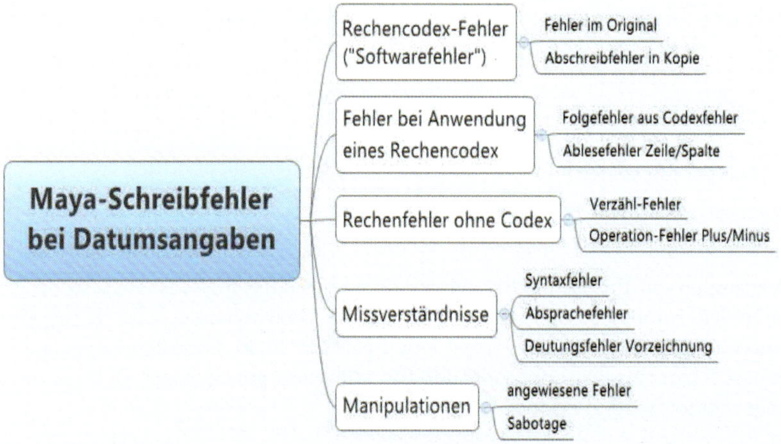

Natürlich darf man dabei nicht vergessen, dass komplexe Inschriften meist Teamwork waren, dass es also nicht nur bei Berechnungen, sondern auch beim Vorzeichnen, Kopieren, Absprechen usw. zu Fehlern und Missverständnissen kommen konnte. Manche Fehler waren sogar angewiesen worden.

Um diese Behauptungen mit Leben erfüllen zu können, brauche ich natürlich Deine Hilfe, Jens. Du hast schon so viele Inschriften studiert oder gar gezeichnet, dass dir solche Fehler aufgefallen sein müssen.

Oh ja, da fallen mir spontan einige Beispiele ein. Fangen wir mal mit den „Softwarefehlern" an. Natürlich kann ich dir keinen Fehler im Tatsumi-Codex anbieten, dafür aber im berühmten Dresdner Codex. Hier sind einige Fehler in der Venustafel, die wahrscheinlich beim Abschreiben einer Vorlage zustande kamen.

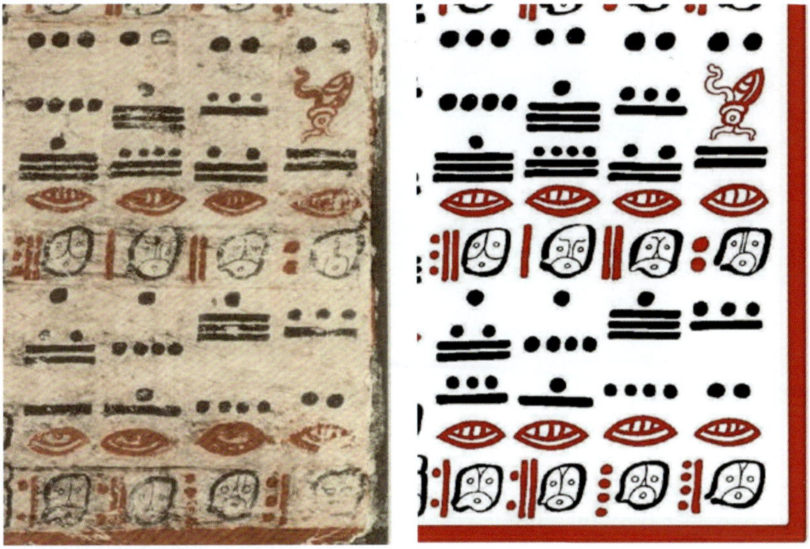

Wenn wir Original und meine Zeichnung der Seite 24 des Dresdener Codex vergleichen, sieht man, dass die Maya von rechts unten beginnend die Zahlen 8.2.0, 16.4.0 und 1.4.6.0 gezeichnet haben. Die erste Zahl 8.2.0 drückt 2920 Tage aus, was 5 Venusjahren und ebenso 8 Sonnenjahren entspricht. Die nächsten Zahlen stellen 10 Venusjahre und 15 Venusjahre dar.

Danach müsste in der Tabelle die Zahl 1.12.8.0 kommen, um 20 Venusjahre auszudrücken. Statt dessen haben sie 1.12.5.0. geschrieben, also einfach 3 Punkte vergessen. Die nächsten Zahlen in der Zeile weiter oben entsprechen erwartungs-gemäß 25, 30, 35 und 40 Venusjahren. Außerdem fehlt unten rechts ein Punkt beim Koeffizienten der Tagesglyphe. Der Schreiber hat 8 Ajaw statt 9 Ajaw geschrieben. Der gleiche Fehler passierte auf der Seite 46 im Dresdener Codex. Dort erscheint an einer Stelle die Monatsangabe 18 Muwan, die aber rechnerisch 19 Muwan sein muss. Gleich daneben wurde 8 Sak anstelle von 9 Sak geschrieben. In allen drei Fällen erscheint also die 8 anstelle der 9.

Zum Dresdner Codex fällt mir auch ein Beispiel ein. Die Marstafeln sind typische Vielfachen-Tabellen. Aufgelistet sind unter anderem ausgewählte Vielfache der synodischen Umlaufzeit des Mars, welche 780 Tage beträgt. Dabei ging auf den ersten Blick einiges schief. Ich bin mir nicht einmal sicher, ob da nicht sogar eine Absicht dahintersteckt, die ich noch nicht erkannt habe. Auf jeden Fall haben die Fehler, wenn man etwas Zahlenspielerei betreibt, putzige Nebenwirkungen.

Es erweist sich als günstig, die Betrachtung mit der von mir grün markierten, unteren Zahlenzeile zu beginnen:

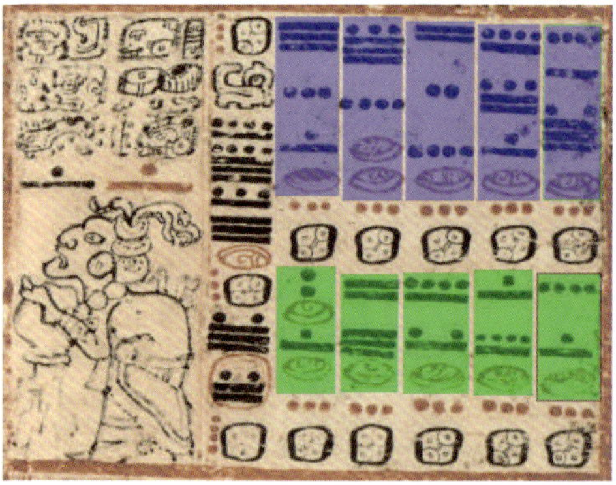

Obere Zeile, rechts → links		
4.5.17.0	≠	n × 780
9.13.6.0	≠	n × 780
10.2.4.0	≠	n × 780
18.4.0.0	=	168 × 780
15.3.6.0	=	140 × 780
Untere Zeile, rechts → links		
4.6.0	=	**2** × 780
6.9.0	=	**3** × 780
9.7.0	≠	**4** × 780
10.15.0	=	**5** × 780
1.1.0.6.0	=	194 × 780

Das 4-fache von 780 (unten Mitte) wurde falsch berechnet oder falsch abgeschrieben oder bewusst manipuliert. Statt 9.7.0 müsste ja dort 8.12.0 stehen, d.h. oben ist ein Punkt zu viel, während unter ein Strich fehlt. Genau dasselbe Phänomen tritt oben in der Mitte auf: Punkt in 360er Position zu viel und Strich in 20er Position zu wenig. Vielleicht ein Folgefehler? Das wäre so, falls der Maya 93×780 ermitteln wollte aus 4×20×780+9×780+4×780. Freunde der Mayamathematik werden erkennen, dass diese Rechnung im Mayastellenwertsystem und bei Verwendung der tabellierten Werte sinnvoll ist und dass dabei tatsächlich das fehlerhafte Ergebnis aus 4×780 mit einfließt.

Sind das überhaupt Fehler? Der Punkt in der 360er Position minus dem Strich in der 20er Position ergeben gerade 360-100=260, also ein Tzolkin-Jahr! Und oben die zweite Zahl von rechts: 9.13.6.0 = 69600 = 20× (4×780+360). Da steckt außer den Marsjahren ein Tun-Jahr drin! Und die Zahl oben rechts 4.5.17.0 = 30940 = 780×40-260 enthält wieder das Tzolkin-Jahr als Abweichung! An dieser Stelle kann der forschende Leser mal weiter bohren. Da steckt doch ein Sinn dahinter, oder? So spannend kann die Betrachtung der Zahlen des Codex sein!

Mindestens genauso spannend sind die Fehler, die bei inkorrekter Anwendung eines Rechencodex entstehen, schon deshalb, weil sie indirekt beweisen, dass die Mayapriester genau solche Tafeln wie jene des Tatsumi-Codex verwendeten. Hier können wir auf unsere Erkenntnisse der letzten Vorlesung zurückgreifen, wo der Umgang mit dem Tatsumi-Codex erklärt wurde. Hast Du ein gutes Beispiel, Jens?

Nicht nur eins. Lass uns zuerst eine Inschrift aus Tikal betrachten. Dort gibt es eine Inschrift in einer Ballspielmarkierung, die für die Lange Zählung 8.17.1.4.12. die Kalenderrunde 11 Eb 10 Mak angibt. Sie müsste aber 11 Eb 15 Mak heißen. An diesem Tag fand übrigens die Eroberung von Tikal durch einen König von Teotihuacan statt. Ich denke, dass ich erklären kann, wie es zu diesem Fehler von 10 Mak anstelle von 15 Mak, bzw. von 0 Sak anstatt 0 Yax in der Inschrift von Palenque gekommen ist. Den Tatsumi-Codex habe ich ja oft zum Rechnen benutzt. Nun habe ich mich manchmal natürlich auch verrechnet, weil ich in einer Zeile oder Spalte verrutscht war. Und später ist mir klargeworden, dass den Kalenderpriestern genau die gleichen Ausrutscher passiert sein müssen!

Schauen wir uns die beiden entsprechenden Rechnungen an. Schreibe uns noch mal auf, wie der Schamane vor tausend Jahren gerechnet hätte.

Um die Kalenderrunde zu 8.17.1.4.12. zu berechnen, hätte man folgendermaßen vorgehen müssen. Das zu erwartende, also richtige Ergebnis ist 11 Eb 15 Mak.

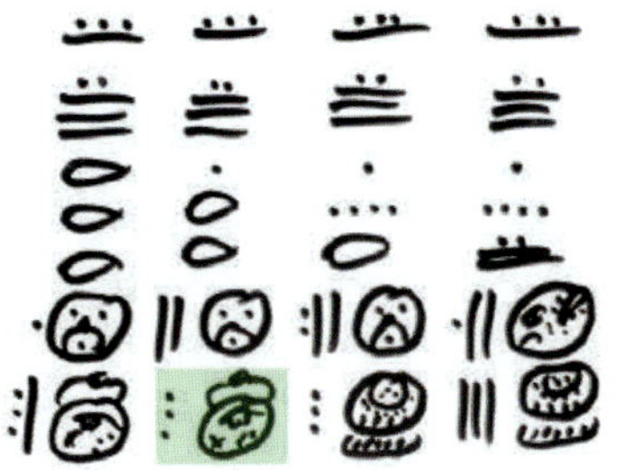

Stattdessen war dem Priester, als er die Kalenderrunde für die dritte Position berechnete, also für die Tun-Position, ein Fehler unterlaufen. Das ist seine Rechnung gewesen:

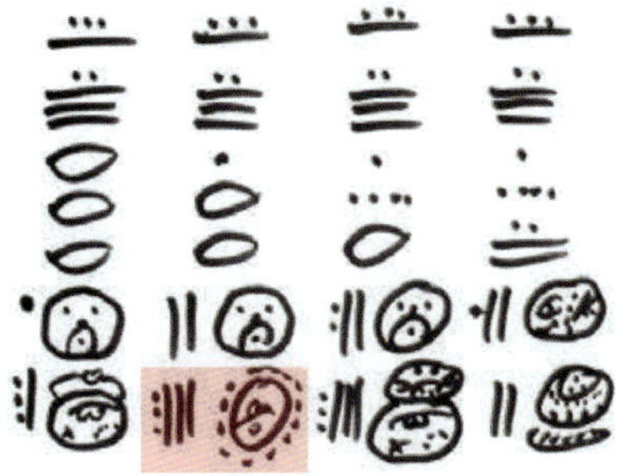

Anstatt 3 Ch´en hat er 18 Mol aufgeschrieben. Dieser Fehler ist deshalb möglich, weil in der Tafel der Tun-Tabelle im Codex diese beiden Monatsangaben direkt nebeneinanderstehen, wie man im nächsten Bild sieht.

Dieses Bild ist ein Ausschnitt aus der Tun-Tabelle des Codex Tatsumi. Der Priester hätte von 8 Ch´en nur eine Position weiter nach rechts abzählen müssen, um auf 3 Ch´en zu kommen, aber er ist mit dem Finger 2 Spalten weit gerutscht, also eine zuviel, und bei 18 Mol gelandet.

In der gleichen Inschrift ist übrigens auch die Angabe zum Gott der Nacht falsch. Die 9 Götter der Nacht sind in so vielen Maya-Inschriften falsch angegeben, dass es keine Rechenfehler sein können. Viele Epigraphisten haben bereits darauf hingewiesen, dass oft ein König genau den gleichen Gott der Nacht für sein Krönungsdatum verwendet, wie seine Vorgänger, auch wenn rein rechnerisch ein anderer Gott der Nacht regiert hätte. Es handelt sich hier also um bewusste Manipulation des Mayaschreibers beziehungsweise des Mayakönigs.

Das ist ja ein Ding. Auch wenn wir oben einige Fehlerformen erwähnt haben, wollen wir mal den Tatsumi-Codex im Auge behalten, wir befinden uns ja schließlich im diesbezüglichen Seminar.

Gut, ich werde dies berücksichtigen. Zunächst betrachten wir einen simplen Rechenfehler in Palenque, der wohl eher als Flüchtigkeits- oder Schusselfehler bezeichnet werden sollte. Dieser unterlief einem Schreiber in der Inschrift im Tempel des Blattkreuzes. Da hatte der Schreiber einfach plus und minus verwechselt. Statt zu subtrahieren, hat er fälschlicherweise addiert. Der Text beginnt mit dem Datum 1.18.5.4.0. 1 Ajaw 13 Mak. Bei besonders langen Texten war es üblich, auch eine Angabe zum Zeptergott K´awil zu machen, das heißt aller 819 Tage saß der Zeptergott in einer anderen Himmelsrichtung.

Die 819 ist übrigens das Produkt von 7, 9 sowie 13 und hatte den Zweck, die Umlaufzeiten der Planeten Jupiter, Saturn und Mars, eventuell auch Merkur, besser zu kontrollieren. Das werden wir später noch untersuchen.

Üblich war es jedenfalls, in den Inschriften die Position des Zeptergottes zeitlich **vor** *dem Datum der Langen Zählung (des Hauptereignisses) anzugeben. Im konkreten Fall hatte der Priester richtig berechnet, dass zwischen der 819-Tage-Position des Zeptergottes und dem Datum der Langen Zählung, welches sich auf die Geburt eines der Göttlichen Zwillinge am 8. November 2360 vor Christus bezieht, 14 Monate und 19 Tage liegen. Als er die entsprechende Kalenderrunde ausrechnete, kam er oder wahrscheinlich eher einer seiner Schüler auf das Ergebnis 1 Kawak 7 Yax. Es hätte aber 1 Imix 19 Pax sein müssen. Der Fehler ergibt sich, weil er die Distanzzahl 14.19. zu 1.18.5.4.0. addiert hat. Das Ergebnis 1.18.6.0.19. entspricht genau dieser Kalenderrunde 1 Kawak 7 Yax. Er hätte aber subtrahieren müssen, also rechnen müssen 1.18.5.4.0. minus 14.19., wodurch er auf 1.18.4.7.1. gekommen wäre, was 1 Imix 19 Pax entsprochen hätte.*

1.18. 5. 4. 0. 1 Ajaw 13 Mak	**1.18. 5. 4. 0. 1 Ajaw 13 Mak**
+ 14.19.	**- 14.19.**
= 1.18. 6. 0.19. 1 Kawak 7 Yax	**= 1.18. 4. 7. 1. 1 Imix 19 Pax**

Interessant ist ein weiterer Inschriftenfehler in Palenque, wo sich ein Schreiber wieder einmal verguckt hat. In diesem Fall hat er die komplizierte Syntax seines eigenen Textes nicht beachtet. Wobei an dieser Stelle vielleicht die Frage berechtigt ist, wie viele Schreiber überhaupt an solchen Texten, die so viele Berechnungen erforderten, beteiligt gewesen sein mögen. Der Verdacht drängt sich auf, dass es sich hier um eine Teamarbeit handelt. Dieser Syntax-Fehler taucht in der Inschrift des Kreuztempels auf. Der deutsche Text lautet in der nachgeahmten Wortstellung des Mayatextes: „Es waren vergangen 12 mal 400 Jahre, 19 mal 20 Jahre, 13 Jahre, 4 Monate und 0 Tage seit der letzten Erschaffung der Welt, welches auf die Kalenderrunde 1 Ajaw 18 Sek fiel, als der 8. Gott der Nacht regierte, als 5 Tage nach Neumond vergangen waren, der sich im 2. Mondmonat befindet, von der Göttin Blutmond regiert, als die Dauer des Mondmonats 29 Tage betrug, und einen Monat vorher befand sich der Zeptergott an der Südseite des Himmels, am Tag 1 Ajaw 18 Sots´, da wurde die Göttin Weißer Kormoran geboren." Das ist die Lesung der kompletten ersten Doppelspalte in der Inschrift des Kreuztempels. Wenn ich nun flüchtig nur auf den letzten Teil dieses bisherigen Textes schaue, dann kann der deutsche Leser den gleichen Fehler begehen wie der Maya-Leser, denn dann könnte ich lesen: „... am Tag 1 Ajaw 18 Sots´, da wurde die Göttin Weißer Kormoran geboren." Und schon ist der Fehler da! Genau diesen Fehler begeht der Mayaschreiber, denn als er eine Distanzzahl berechnet, also die Zeit, die zwischen der Geburt und der Krönung der Göttin vergeht, nimmt er als Geburtsdatum der Göttin das Datum 1 Ajaw 18 Sots´, und nicht 1 Ajaw 18 Sek, wie es richtig gewesen wäre. Der Umstand, dass in beiden Fällen das Tzolk´in-Datum 1 Ajaw lautet, hat diese Verwechslung sicherlich begünstigt. Aber natürlich auch der Umstand, dass man die sehr bildhafte Art der Mayaschrift sehr schnell optisch erfassen kann.

Nun haben wir im Deutschen ja wenigstens noch ein Komma, um den Nebensatz vom Hauptsatz zu trennen. In der Hieroglyphenschrift der Maya gibt es aber kein Komma. Da kann so ein Fehler schon mal passieren.

Der gleiche Text enthält noch einen weiteren Fehler, denn interessanterweise ist auch das Krönungsdatum der Göttin falsch angegeben. Von den Distanzzahlen im Text können wir schlussfolgern, dass das Datum der Krönung der Göttin Weißer Kormoran eigentlich auf 2.1.0.14.2. 9 Ik´ 0 Yax fallen müsste. Angegeben ist aber 9 Ik´ 0 Sak.

Schauen wir uns die zugehörige Rechnung an. Für 2.1.0.14.2. hätte sie so aussehen müssen:

Dem Priester ist aber wieder ein Fehler unterlaufen, aber diesmal erst in der letzten Spalte.

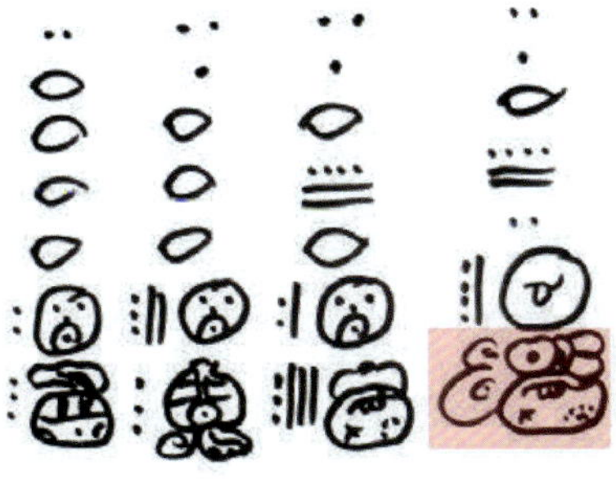

In der vorletzten Spalte sieht man die Monatsposition 18 Ch´en. Nun hätte er nur noch 2 Tage dazu addieren müssen. Das Ergebnis wäre 0 Yax gewesen, wie man oben sieht. Geschrieben hat er aber 0 Sak anstatt 0 Yax.

Wie war sein falscher Gedankengang? „18 Ch´en, und 2 Tage dazu, das ergibt 20, also ist der Monat komplett. Der nächste Monat ist Yax, aber 20 Yax ist dasselbe wie 0 Sak". Hier ist der Fehler. Es hätte heißen müssen: „18 Ch´en plus 2 Tage sind 20 Ch´en, und das ist dasselbe wie 0 Yax". Es handelt sich wieder um einen Schusselfehler, aber ähnlicher Art wie oben, d.h. man hat wieder einen Monat zu weit gezählt. Beide Male hatte man Schwierigkeit mit dem Monatskoeffizienten 18. Beide Male ist der Priester mit dem Weiterzählen über das Ziel hinausgeschossen. Vielleicht eine psychologische Sache?

Mir fällt da gerade der Tempel XIX ein. Obwohl Du ja schon mindestens 500mal in Palenque warst, hast Du diesen Tempel, weil er in einem üblicherweise abgesperrten Bereich liegt, erst zweimal betreten. Ausgerechnet mit mir, der erst fünfmal in der Pakal-City war. Und dort wird doch auch diese Göttin erwähnt. Welches Datum steht denn dort?

Ja klar, da steht ja auch das gleiche, also falsche Datum. Es scheint so, als ob dieser Fehler gewissenmaßen, weil er einmal verewigt worden war, seine Daseinsberechtigung erlangt hatte. Einmal in so einen heiligen Stein gemeißelt, war er ja nicht mehr zu beheben. Tipp-Ex oder die Löschtaste helfen da nicht und gab es ja damals auch nicht.

„Am Tag 9 Ik´ 0 Sak, als erste Königin, wurde eingesetzt, Frau Weißer Kormoran, als Königin von Palenque." Inschrift vom Tempel XIX in Palenque.

Ob man es glaubt oder nicht, aber der gleiche Fehler passiert noch einmal, wieder mit dem Koeffizienten 18. Diesmal in Oxk´intok´. Im Anthropologischen Museum in Merida haben wir diesen interessanten Ballspielring aus Oxk´intok´ entdeckt.

Da habe ich doch so ein schönes Foto geschossen, als Du durch den Ring gerade durchgeguckt hast.

Das Datum auf dem Ring des Ballspielplatzes von Oxkintok´ ist lesbar als 9.14.2.?2. 8 Ik´ 13 Keh. Die Glyphe für die Monatsposition ist hier eine seltene Variante des Monats Keh. Das Präfix ist als das für den Monat Keh übliche „chak"-Zeichen erkenn-

bar, also das Zeichen für „rot“. Der Koeffizient 13 ist aber auf jeden Fall problematisch. Wenn man die fehlende Winal-Zahl rekonstruiert, dann kommt nur die 16 in Frage. Das Datum ist also am wahrscheinlichsten als 9.14.2.16.2. 8 Ik´ 20 Keh zu rekonstruieren. Das entspräche dem 12. Oktober 714 nach Christus (gregorianisch). Die einzige Alternative, um auf die gleiche Tzolk´in-Position von 8 Ik´ zu kommen, wäre der Koeffizient 3 für die beschädigte Winal-Position gewesen. Dann hätte das Datum der Langen Zählung aber 9.14.2.3.2. 8 Ik´ 5 Kumk´u gelautet.

Das würde ebenfalls dem Jahr 714 entsprechen, was insofern interessant ist, als die Beschriftung im Museum für dieses Datum angibt: „713 oder 714 nach Christus“. Das Jahr 713 wäre ja nur möglich bei Winalzahl 0, aber das ist ja ein Ding der Unmöglichkeit. So schusselt man in den Museen. Aber mach mal weiter.

Also, die Frage ist nun: Warum erscheint in der Inschrift die Angabe „13 Keh“ für den Monat, und nicht 20 Keh oder 0 Mak, was das gleiche gewesen wäre? An dieser Stelle möchte ich zuerst einmal daran erinnern, dass man in der spätklassischen Zeit in Yukatán, wo sich Oxk´intok´ befindet, zum Teil dazu übergeht, in der Monatsangabe einen Koeffizienten zu verwenden, der um 2 Positionen kleiner ist. Das bedeutet, wenn hier anstatt 20 Keh die Angabe 18 Keh erscheint, dann wäre das keine Überraschung. Gehen wir also in diesem Fall mal davon aus, dass das Datum 9.14.2.16.2. 8 Ik´ 20 Keh hier als 9.14.2.16.2. 8 Ik´ 18 Keh erscheinen könnte. Aber selbst in diesem Fall wäre der Koeffizient noch um 5 zu klein, da der Schreiber hier „13 Keh“ geschrieben hat. Auf jeden Fall ist hier dem Mayaschreiber ein Fehler unterlaufen.

Also führe uns mal die Rechnung mit dem Tatsumi-Codex durch:

So müsste die richtige Rechnung aussehen.

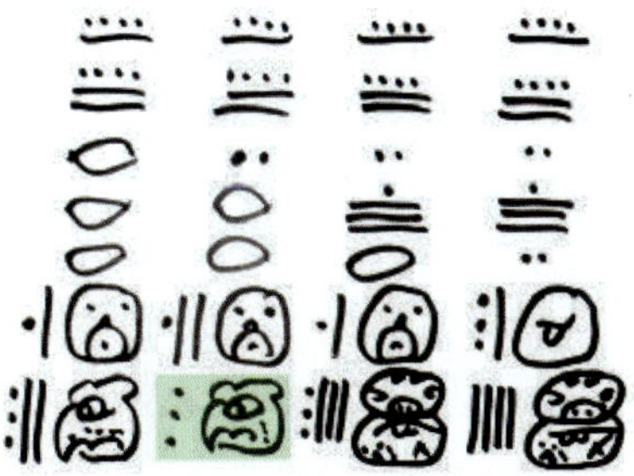

Wenn wir nachträglich wieder den Koeffizienten des Monats um 2 verringern, kommen wir auf das Ergebnis 9.14.2.16.2. 8 Ik´ 18 Keh.

Nun folgt die Rechnung, wie sie der Priester fälschlicherweise durchführte:

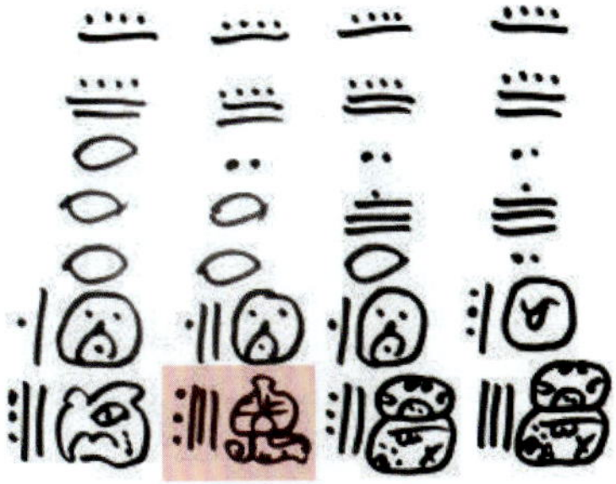

Was ist hier passiert? Wo liegt der Fehler? Er kann wieder einmal nur in der Tun-Tabelle passiert sein in der dritten Position, wo die „2“ steht.

Der Schreiber musste hier von 13 Muwan ausgehen. Das ist die Monatsangabe ganz links. Dann musste er zwei Positionen nach rechts gehen. Aus Versehen ist er mit dem Finger drei Positionen nach rechts gerutscht und somit bei 18 K´ank´in anstatt

bei 3 Muwan gelandet. Da er nun mit diesem falschen Zwischenergebnis weiterechnet, gelangt er zum Endergebnis 15 Keh bzw. 13 Keh, wenn er 2 abzieht, wie es in Oxk´intok´ üblich war. Ihm ist also der gleiche Fehler unterlaufen wie dem Schreiber von Tikal, der die Kalenderrunde für das Datum 8.17.1.4.12. berechnet hat.

Ein weiterer möglicher Hinweis für die Rekonstruktion des Winal-Koeffizienten als 16 anstelle von 3 könnte sich durch die Umrechnung in unseren Kalender ergeben. Das Ballspiel endet oft mit der Enthauptung des Verlierers. Die Enthauptung des Ballspielers ist symbolisch gesehen die Enthauptung des Maisgottes, also das Umknicken des Maiskolbens während der Maisernte. Diese findet in Yukatán aber im Oktober statt, nicht im Januar. Das macht die Rekonstruktion des Datums als 9.14.2.16.2. 8 Ik´ 20 Keh (12. Oktober 714) wahrscheinlicher als 9.14.2.3.2. 8 Ik´ 5 Kumk´u (25. Januar 714), wobei man im letzteren Fall keine Erklärung für die falsche Monatsangabe geben könnte. Diese Variante ist also sowieso unwahrscheinlich.

Auf einer unserer Exkursionen hatten wir eine interessante Inschrift auf einer Stele gefunden, die ebenfalls einen Fehler enthält, der in die Kategorie fällt „im Text an der falschen Stelle geguckt".

Ja, die Aguatecafahrt, wo ich beim Einsteigen ins Boot fast mitsamt des Gepäcks in den Rio Passión gefallen war. Ich höre Dich heute noch lachen. Die betreffende Inschrift beginnt mit dem Datum 8 Kib 17 Muwan. Dann folgt „Sternenkrieg gegen Seibal". Das nächste Datum liegt einen Tag danach, am Tag 9 Kaban 18 Muwan. An diesem Tag fand irgendein Akt mit einem Beil statt. Dann folgt die interessante Distanzzahl „7 Tage später". Das nachfolgende Datum ist „2 (Tag nicht lesbar) 4 Pa´x".

Der weitere Text erwähnt die Vorführung des Königs Jaguartatze (Yich´ak Bahlum) von Seibal als Gefangenen in Gegenwart des Königs Schlangen-Sonnen-Jaguar (Chan K´in Bahlum) von Dos Pilas.

Nun zählen wir einmal die Tage ab 9 Kaban 18 Muwan.

1 Tag später:	10 Ets´nab 19 Muwan
2 Tage später:	11 Kawak 0 Pa´x
3 Tage später:	12 Ajaw 1 Pa´x
4 Tage später:	13 Imix 2 Pa´x
5 Tage später:	1 Ik´ 3 Pa´x
6 Tage später:	2 Ak´bal 4 Pa´x
7 Tage später:	3 K´an 5 Pa´x

Man sieht, dass die Distanzzahl nur 6 Tage sein müsste, nicht 7 Tage. Fälschlicherweise hat der Schreiber vom ersten Datum aus gezählt, d. h. von 8 Kib 17 Muwan und nicht vom letzten Datum 9 Kaban 18 Muwan. Den auf der Stele nicht mehr lesbaren Tag können wir nun als Tag „Ak´bal" rekonstruieren.

Viele Fehler sind einfach oberflächlicher Natur. So werden oft Füllzeichen für Punkte gehalten oder umgekehrt. Zum Beispiel enthält die Westseite der Stele E von Quiriguá, die mit 10 Metern übrigens höchste Stele der Maya, das Datum 9.14.12.4.17. 12 Kaban 5 K´ayab, was aber nicht möglich ist. Das Datum muss korrigiert werden zu 9.14.13.4.17. 12 Kaban 5 K´ayab. Die Tun-Position muss also von 12 zu 13 korrigiert werden.

In einigen Fällen kann man beobachten, dass die Maya „10" anstatt „5" gemeißelt haben. Wie kann das passieren? Die 5 wird normalerweise als Balken dargestellt. Oft aber wird dieser Balken etwas ausgeschmückt, wie man in der folgenden Zeichnung sieht.

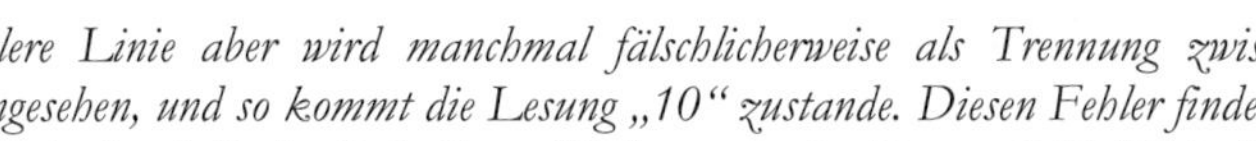

Die mittlere Linie aber wird manchmal fälschlicherweise als Trennung zwischen zwei Linien angesehen, und so kommt die Lesung „10" zustande. Diesen Fehler finden wir zum Beispiel in der Inschrift der Stele C von Nakum, wo das Datum 9.19.5.0.0. 2 Ajaw 13

Yaxk'in fälschlicherweise als 9.19.10.0.0. 2 Ajaw 13 Yaxk'in geschrieben wurde. Wir müssen bedenken, dass diese Inschriften einstmals Teamarbeit waren. Einer hat also gerechnet und eine Skizze gemacht, ein anderer hat es dann kopiert und sauber auf den Stein gemalt, wieder ein anderer oder sogar mehrere haben es dann in den Stein gemeißelt.

Hoffentlich trifft das bei unserer Teamarbeit nicht zu. Aufgrund der gewaltigen Entfernung zwischen unseren Schreibtischen, haben wir ja nicht genau im Auge was der Andere gerade macht und die Absprachen beschränken sich weitgehend auf E-Mails.

Apropos im Auge haben: Manche „Fehler" gehen übrigens auf Beobachtungsmethoden zurück. So kann man bei einer Überprüfung der Mondalter feststellen, dass die Maya-Sternengucker nicht vom exakten Neumond aus zählten, der ja sowieso nicht sichtbar ist, sondern vom ersten Erscheinen der schmalen Mondsichel. Auf diese Weise ist der systematische Fehler eines oftmals um etwa 2 Tage zu kleinen Mondalters zu erklären. Das gilt übrigens nur für die Korrelation 13. August 3114 vor Christus. Wer die Korrelation 11. August stattdessen verwendet, kommt dann schon auf einen Fehler von 4 Tagen, der nicht mehr erklärbar ist! In jedem Fall lohnt es sich, die Fehler der antiken Mayaschreiber genau zu studieren und zu analysieren. So können wir Rückschlüsse auf ihre originalen Rechenmethoden ziehen, aber auch ihre Art des Denkens aufspüren. Ich finde es total spannend, wenn man tausend Jahre später nachvollziehen kann, was der Mensch damals dachte, oder wie er sich irrte. Bemerkenswert ist übrigens auch, dass die Mayaschreiber, im Gegensatz zu römischen Schreibern, niemals einen Fehler im Text korrigierten. Das ist verständlich, wenn man bedenkt, dass diese Texte bei den Maya heilig waren, und fester Bestandteil eines Rituales oder mehrerer Rituale waren. Dabei wurden diese Texte, auch Codextexte, zitiert, und wurden somit, mitsamt Fehler, ein fester Bestandteil der mythologischen Geschichte. Sie wurden real, wurden ein Teil der Wirklichkeit. Somit waren sie nicht mehr korrigierbar. Wenn man bedenkt, dass die Herstellung von Ritualobjekten bei den Maya ein heiliger Akt war, welcher spezialisierten Künstlern überlassen wurde, die isoliert arbeiten mussten, dabei fasteten, keinen Kontakt mit ihren Frauen hatten, heiliges Wasser aus Cenoten für ihre Farben verwendeten und am Ende ihrer Arbeit das fertige Objekt vom Priester einweihen ließen, dann wird verständlich, dass der fertige Hieroglyphentext, selbst wenn er einen Fehler enthielt, nicht mehr angerührt werden konnte. Zur Vorbereitung auf die Arbeit wurden auch Drogen eingenommen und alkoholischer Balché getrunken.

Das erklärt vielleicht auch die erhöhte Fehlerquote! Tja, der Schamane war eben auch nur ein Mensch! Statt **Errare humanum est** können wir hier sagen **Errare Schamanum est**!

Vergiss nicht, dass einige Daten absichtlich falsch, also manipuliert, eingemeißelt wurden.

Welche Inschriften sind Kandidaten für Deine Behauptung?

Das Geburtsdatum des berühmten 11. Königs von Palenque Pakal musste auf ein Ajaw-Datum fallen, was mit einer Wahrscheinlichkeit von ein 20stel geklappt haben möge, weil man 8 Ajaw einmeißelte. Nun wurden außergewöhnlich viele Könige am „Königstag"

geboren, während ein oder zwei Tage vorher, an den Tagen Ets´nab oder Kawak komischerweise kein König geboren wurde. Der dritte, vierte und dreizehnte König von Palenque wurden an den Tagen 12 Ajaw, 5 Ajaw und 11 Ajaw geboren. Das Spiel kann man auf andere Städte ausweiten.

Immer wieder finden wir Hinweise auf bewusste Manipulation von Daten. Wer weiß, vielleicht haben sogar verschleppte Steinmetze aus Copán nach der Gefangennahme ihres geliebten Königs „18 Kaninchen" in Quiriguá ihren Protest durch Darstellung eines groben Patzers ausgedrückt.

Klar können wir viel spekulieren. Bringt uns aber nicht weiter. Sinnvoller wäre zum Abschluss noch eine Übung zum Tatsumi-Codex: Hier haben wir die Stele N in der 18-Kaninchen-Stadt Copán fotografiert, die einen Fehler im Monatskoeffizienten enthält. Für das LC-Datum 9.16.10.0.0. erscheint die Kalenderrunde ***1 Ajaw 8 Sip*** *anstatt* ***1 Ajaw 3 Sip****. In welcher Tabellenspalte hat sich der Mayapriester verguckt?*

Der Tag **Been** bedeutet Schilfrohr und Pfeil, Exaktheit und Intelligenz. Die unter diesem Zeichen geborene Person ist intelligent, aber nutzt diese Intelligenz nicht, um Reichtümer anzuhäufen. Sie ist großzügig und deswegen oft arm. Diese Person liebt es, nachzudenken, zu analysieren und in der Vergangenheit zu schwelgen.

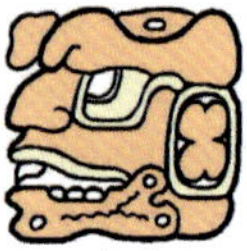

14

7. Seminar: Auf den Spuren der Kalenderschamanen

Hiix

Während der Umgang mit dem Programm „Faszination2012“ keiner weitreichenden Erklärung oder gar Übung bedarf, sollten wir an dieser Stelle doch noch ein paar Beispiele für die codexgestützte Kalendermathematik anführen.

Wie Du willst, dann gib mir mal ein Datum vor.

Hier, das Datum der berühmten Leidener Platte aus Tikal: 8.14.3.1.12. 1 Eb 0 Yaxk´in. Die Inschrift haben wir schon in Kapitel 7 abgebildet.

Diese stammt übrigens mit Sicherheit nicht aus Tikal, auch wenn das in den meisten Büchern so steht, sondern wahrscheinlich aus Copán. Wir nehmen mal an, wir wüssten die Kalenderrunde nicht. Also:

8.	***14.***	***3.***	***1.***	***12.***	***?***	***?***	***?***	***?***
8.	*14.*	*0.*	*0.*	*0.*	*7*	*Ajaw*	*3*	*Xul*
8.	*14.*	*3.*	*0.*	*0.*	*8*	*Ajaw*	*8*	*Sek*
8.	*14.*	*3.*	*1.*	*0.*	*2*	*Ajaw*	*8*	*Xul*
8.	*14.*	*3.*	*1.*	*12.*	*1*	*Eb*	*0*	*Yaxk´in*

Nun nehme ich mal eine sehr späte Inschrift, und zwar die einzige Inschrift von Chichén Itzá mit Langer Zählung: 10.2.9.1.9. 9 Muluk 7 Sak. Mal sehen ob die Kalenderrunde stimmt.

10.	***2.***	***9.***	***1.***	***9.***	***?***	***?***	***?***	***?***
10.	*2.*	*0.*	*0.*	*0.*	*3*	*Ajaw*	*3*	*Keej*
10.	*2.*	*9.*	*0.*	*0.*	*6*	*Ajaw*	*18*	*Ch´een*
10.	*2.*	*9.*	*1.*	*0.*	*13*	*Ajaw*	*18*	*Ya´ax*
10.	*2.*	*9.*	*1.*	*9.*	*9*	*Muluk*	*7*	*Sak*

Stimmt genau. Jetzt zeichne ich mal die Tabelle für die Stele A aus Copán. Das Ergebnis kann man mit der Zeichnung in Kapitel 7 vergleichen.

9.	**14.**	**19.**	**8.**	**0.**	**?**	**?**	**?**	**?**
9.	14.	0.	0.	0.				
9.	14.	19.	0.	0.				
9.	14.	19.	8.	0.				

Nun nehmen wir noch ein Beispiel, wo ein Teil der Inschrift beschädigt ist.

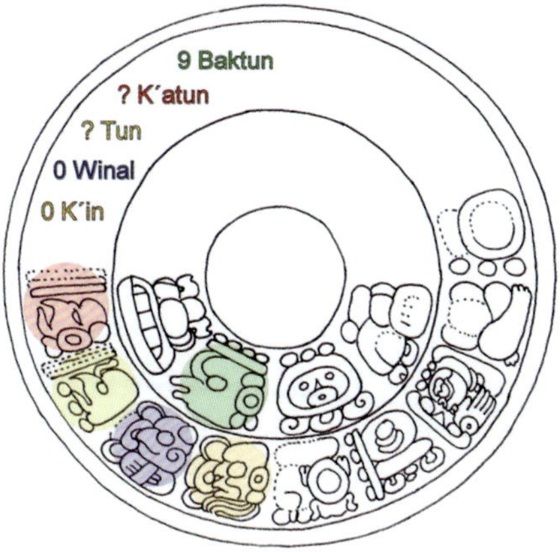

Okay, sieh Dir mal das hier an: Altar 22 von Yaxchilán. Das Long-Count-Datum ist erkennbar als 9 Baktun, 10 oder 15 K´atun, 10 oder 15 Tun, 0 Winal und 0 K´in, 3 Ajaw, 3 ? (Monat unbekannt).

Das sieht schon schwierig aus. Was machen wir damit?

Naja, das gibt vier Möglichkeiten: 9.10.10.0.0. oder 9.15.10.0.0. oder 9.10.15.0.0. oder 9.15.15.0.0. Diese rechnen wir einfach aus.

Wer hier noch nicht sattelfest ist, kann nochmal zurückblättern. Das Ziel sollte sein, die Rechnungen mit Hilfsmitteln nachvollziehen zu können. Nur nicht verzagen!

9.	**10.**	**10.**	**0.**	**0.**	**3**	**Ajaw**	**3**	**?**
9.	10.	0.	0.	0.	1	Ajaw	8	K´ayab
9.	10.	10.	0.	0.	13	Ajaw	18	K´ank´in

9.	**10.**	**15.**	**0.**	**0.**	**3**	**Ajaw**	**3**	**?**
9.	10.	0.	0.	0.	1	Ajaw	8	K´ayab
9.	10.	15.	0.	0.	6	Ajaw	13	Mak

9.	**15.**	**10.**	**0.**	**0.**	**3**	**Ajaw**	**3**	**?**
9.	15.	0.	0.	0.	4	Ajaw	13	Ya´ax
9.	**15.**	**10.**	**0.**	**0.**	**<u>3</u>**	**<u>Ajaw</u>**	**<u>3</u>**	**<u>Mol</u>**

9.	**15.**	**15.**	**0.**	**0.**	**3**	**Ajaw**	**3**	**?**
9.	15.	0.	0.	0.	4	Ajaw	13	Ya´ax
9.	15.	15.	0.	0.	9	Ajaw	18	Xul

Das Ergebnis ist eindeutig: Es kann nur 9.15.10.0.0. 3 Ajaw 3 Mol sein. Das ist recht einfach. Das geht fast so schnell wie mit meinem Computer! Dennoch sollten wir weitere Beispiele behandeln. Dabei lernen wir nebenbei weitere Geschichtszahlen und deren Darstellung kennen, wobei wir immer wieder die zugehörigen Hieroglyphen „trainieren".

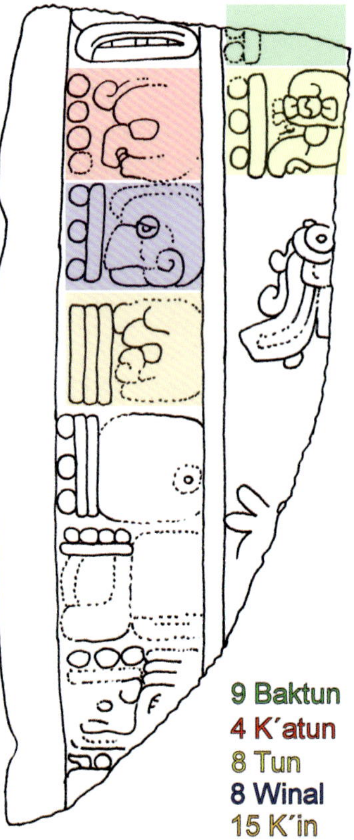

Na gut, ich variiere aber ein bisschen die Problemstellung. Deshalb folgt nun ein Beispiel für ein Datum, wo eine Ziffer der Langen Zählung komplett fehlt: Auf der Stele 14 von Yaxchilán sehen wir noch den Rest der Einführungsglyphe, daneben die Baktunglyphe ist fast ganz weg, dann folgt 4 K´atun, 8 Tun, 8 Winal, 15 K´in, und ein Tag mit dem Koeffizienten 13.

Der Tag kann ja nur Men sein, wenn der K´in-Koeffizient 15 ist, oder?

Richtig. Das können wir schon mal eintragen.

Sag mal, wir nehmen doch immer die 9 als Baktunzahl. Das muss doch aber nicht sein.

Da lag nun mal die klassische Mayazeit. Man muss ja die Inschriften auch im Kontext sehen. Jedenfalls werde ich nicht für jeden Baktun das hier ausrechnen. Falls nicht Baktun 9 zutrifft, würde ja auch ein anderer Tzolkin-Tag herauskommen, wie man in der Baktun-Tabelle sieht.

?.	*4.*	*8.*	*8.*	*15.*	*13*	*Men*	*?*	*?*
9.	*4.*	*0.*	*0.*	*0.*	*13*	*Ajaw*	*18*	*Ya´ax*
9.	*4.*	*8.*	*0.*	*0.*	*7*	*Ajaw*	*18*	*Mol*
9.	*4.*	*8.*	*8.*	*0.*	*11*	*Ajaw*	*18*	*Pa´x*
9.	*4.*	*8.*	*8.*	*15.*	*13*	*Men*	*13*	*K´ayab*

Es muss der 9. Baktun sein, denn der gleiche Tag 13 Men würde sich nur 13 Baktun vorher oder nachher ergeben.

Beschäftigen wir uns nun mit einem theoretischen Beispiel, wo unter anderem der K´atun-Koeffizient komplett fehlt: 9.?.11.5.?. ? Lamat 6 Kumk´u. Hier fehlen K´atun und K´in, sowie der Koeffizient des Tzolkin.

9.	?	11.	5.	?	?	Lamat	6	Kumk´u

Jetzt können wir aber sagen, wie der K´in-Koeffizient sein muss, denn mit dem Tag Lamat kann man nur den K´in-Koeffizienten 8 kombinieren!

Richtig! Da ich jetzt den K´atun-Koeffizienten nicht habe, rechne ich erst einmal mit 0 K´atun.

9.	*?*	*11.*	*5.*	*8.*	*?*	***Lamat***	*6*	***Kumk´u***
9.	0.	0.	0.	0.	8	Ajaw	13	Keej
9.	0.	11.	0.	0.	3	Ajaw	18	Ch´een
9.	0.	11.	5.	0.	12	Ajaw	18	K´ank´in
9.	0.	11.	5.	8.	7	Lamat	6	Muwan

Jetzt sehe ich, dass der Monatskoeffizient nicht 6 Kumk´u, sondern 6 Muwan lautet. Ich muss jetzt schauen, nach wie vielen K´atun sich der Monat von 6 Muwan zu 6 Kumk´u ändert. In der K´atun-Tabelle habe ich nur die Koeffizienten 3, 8, 13 oder 18. Das macht aber nichts. Ich nehme zum Beispiel 8 Muwan, und zähle, wann ich bei 8 Kumk´u ankomme. Die Entfernung von 6 Muwan zu 6 Kumk´u ist die gleiche wie die von 8 Muwan zu 8 Kumk´u. Bei 10.5.0.0.0. finde ich 8 Muwan. Wenn ich 13 K´atun abzähle, ist die Tabelle zu Ende. Aber bei 7.6.0.0.0. folgt der nächste Monat, denn die Tabelle habe ich so entworfen, dass sie genau 73 Monate durchläuft. Der nächste Monat ist genau 8 Kumk´u. Es sind also 14 K´atune. Das Datum muss also 9.14.11.5.8. sein. Wenn ich jetzt noch 14 K´atune von 7 Lamat weiterrechne, komme ich zu 5 Lamat. Das sehe ich zum Beispiel, wenn ich von 9.0.0.0.0. 8 Ajaw zu 9.14.0.0.0. 6 Ajaw gehe, denn dann verringert sich der Ajaw-Koeffizient um 2. Und 7 minus 2 ist 5. Das komplette Datum ist also 9.14.11.5.8. 5 Lamat 6 Kumk´u. Aber wer will, kann ja noch einmal die Proberechnung für 9.14.11.5.8. durchführen.

9.	*14.*	*11.*	*5.*	*8.*	*?*	*?*	*?*	*?*
9.	*14.*	*0.*	*0.*	*0.*	*6*	*Ajaw*	*13*	*Muwan*
9.	*14.*	*11.*	*0.*	*0.*	*1*	*Ajaw*	*18*	*Keej*
9.	*14.*	*11.*	*5.*	*0.*	*10*	*Ajaw*	*18*	*K´ayab*
9.	*14.*	*11.*	*5.*	*8.*	*5*	*Lamat*	*6*	*Kumk´u*

So sieht das also aus, wenn ich mithilfe des Codex rechne.

Faszinierend, wenn man sich daran gewöhnt hat, stellen sich die Erfolgserlebnisse ein. Dennoch empfinde ich nach wie vor Ehrfurcht vor dieser mathematischen Leistung. Der Leser kann für sich selbst einschätzen, ob er schon als Mayakalender-Schreiber tauglich wäre. Jene, die sich einfach nur über den Mayakalender mittels dieses Buches informieren wollten, sollen ebenfalls Ehrfurcht und Vertrauen mitnehmen, auch wenn sie die Techniken nicht lückenlos reproduzieren bzw. anwenden können. Von jenem, der sich professionell der mesoamerikanischen Archäologie zuwendet, ist sicherlich mehr zu erwarten.

Aber im Prinzip ist es wirklich leicht und geht verhältnismäßig schnell. Zur Berechnung der Kalenderrunde aus der Langen Zählung favorisiere ich tatsächlich dieses Verfahren mithilfe des Tatsumi-Codex.

Aber ich nehme ihn auch, wenn ich in einem Aztekencodex die Jahre berechnen möchte. Nehmen wir ein Beispiel vom großen Kalenderstein der Azteken. Ganz oben ist ein Datum eingraviert: 13 Schilfrohr. Vom Kalenderstein wissen wir, dass er irgendwann in der Zeit hergestellt wurde, als die Brüder Axayácatl, Tizoc und Ahuítzotl herrschten. Das war von 1469 bis 1502. Wir wissen auch, dass das Jahr 1519 im Aztekenkalender dem Jahr 1 Schilfrohr entspricht. Nun brauche ich nur noch zu zählen, wie viele Jahre zwischen den Jahren 13 Schilfrohr und 1 Schilfrohr liegen. Auf der vorletzten Seite im Codex Tatsumi ist unten die Tabelle der Jahresträger. In der zweiten Zeile ganz rechts ist der Tag 13 Been geschrieben. Bis zum Tag 1 Schilfrohr sind es 40 Jahre.

1519 – 40 = 1479

Der Kalenderstein der Azteken wurde also 1479 angefertigt, was genau zwischen den Jahren 1469 und 1502 liegt.

Das ist schon eine praktische Sache. Und war wieder sehr schnell.

Oder nehmen wir das Datum der Einweihung des Templo Mayor in Tenochtitlán. Die Reste kann man heute noch in Mexico City neben der Kathedrale sehen. Das Datum 8 Schilfrohr kennen wir sowohl von Codices als auch vom Weihestein des Tempels. Vom Codex Telleriano-Remensis wissen wir, dass dieses Ereignis in die Regierungszeit des Ahuítzotl fällt.

Vom Jahr 8 Schilfrohr bis 1 Schilfrohr sind es 32 Jahre.

1519 – 32 = 1487

Es muss 1487 gewesen sein, was wieder zwischen 1469 und 1502 liegt.

Das scheint mir ein gutes Ergebnis zu sein, denn genau diese Jahreszahl hat ein Azteke über dem Bild für 8 Schilfrohr geschrieben.

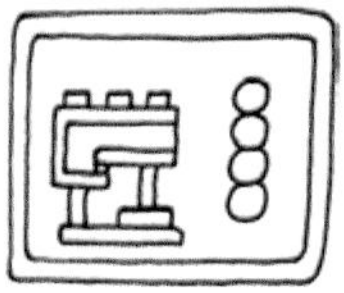

Das ist ja eine wunderbare Bestätigung!

Im gleichen Codex erscheint das Bild eines Vulkanausbruchs des Popocatepetl im Jahr 4 Haus, schon in der Regierungszeit des Motecuzoma, also nach 1502.

Von 4 Haus bis 1 Schilfrohr sind es 10 Jahre. Das ergibt 1509.

Auch diese Zahl erscheint im Codex über der Jahresglyphe.

Aber mit dem Codex Tatsumi kann man noch mehr machen als man zunächst denkt. Ich kann nicht nur die Kalenderrunden von 1872000 Daten der Langen Zählung ausrechen. Mit diesem Codex rechne ich auch Daten aus, die vor oder nach der letzten Erschaffung der Welt liegen!

Lass es, Jens, wozu soll denn sowas gut sein?

Pass auf: Vor ein paar Jahren hat man in Palenque im Tempel 19 das älteste mythologische Datum der Maya gefunden. Der Text erwähnt die Krönung des Maisgottes am Tag 12.10.1.13.2. 9 Ik´ 5 Mol. Zuerst einmal will ich die normale Kalenderrunde ausrechnen, d.h. die entsprechende Kalenderrunde unserer Ära. Wie das funktioniert, haben wir ja schon mehrfach durchgespielt. Dabei ergeben sich folgende Daten:

12.	**10.**	**1.**	**13.**	**2.**	?	?	?	?
12.	*0.*	*0.*	*0.*	*0.*	*5*	*Ajaw*	*13*	*Sotz´*
12.	*10.*	*0.*	*0.*	*0.*	*11*	*Ajaw*	*8*	*Ch´een*
12.	*10.*	*1.*	*0.*	*0.*	*7*	*Ajaw*	*3*	*Ch´een*
12.	*10.*	*1.*	*13.*	*0.*	*7*	*Ajaw*	*18*	*Sip*
12.	*10.*	*1.*	*13.*	*2.*	*9*	*Ik´*	*0*	*Sotz´*

Hier sehen wir, dass der vorgegebene Monat nicht mit dem berechneten übereinstimmt. Offensichtlich würde dieses Datum der Langen Zählung aber auch sehr spät liegen.

Für die Mayas durchaus sehr spät, nämlich am 21.7.1817,…

… so dass es wahrscheinlicher ist, dass es in die frühere Epoche gehört. Dazu müssen wir schauen, wie sich die Monatsangabe alle 13 Baktun ändert. Der nullte Baktun fällt auf 8 Kumk´u. Der 13. Baktun fällt auf 3 K´ank´in.

Wie hieße denn der Monat 13 Baktun vor 8 Kumk´u?

Dazu zähle ich in der Winal-Tabelle die Distanz von 8 Kumk´u bis 3 K´ank´in ab. Das sind 14 Winal. Nun gehe ich zurück zu unserem Datum 9 Ik´ 0 Sotz´. Wenn ich nun von 0 Sotz´ die 14 Winal zurückrechne, erhalte ich das Datum für die vorhergehende Epoche. Da der Monat 0 Sotz´ nicht direkt in der Tabelle auftaucht, kann ich 2 Tage zurückgehen, und später wieder dazuzählen. Von 18 Sip aus 14 Winal zurückgegangen komme ich zu 3 Mol. Noch 2 Tage dazu ergibt 5 Mol. Das Datum 12.10.1.13.2. 9 Ik´ 5 Mol liegt also tatsächlich in der Epoche vor dem Nulldatum 13.0.0.0.0. 4 Ajaw 8 Kumk´u.

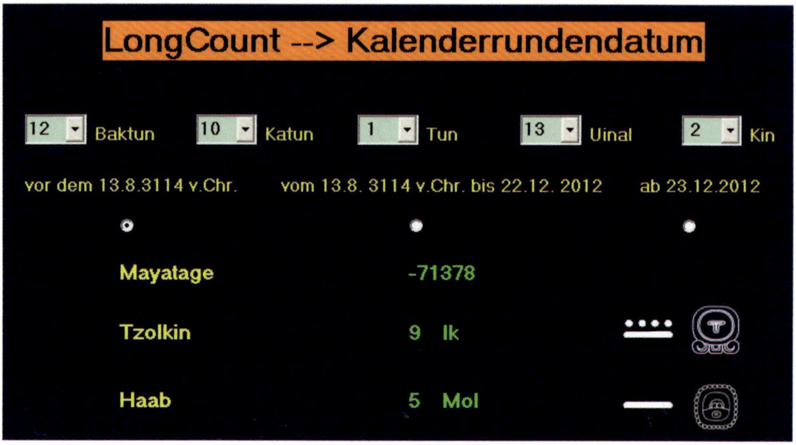

Das ist plausibel und mein Programm bestätigt Deine Ausführungen. Jetzt würde mich noch interessieren, mit welchem Datum diese Epoche begann.

Kein Problem. Dazu rechnen wir 14 Winal von 8 Kumk´u zurück. Das Ergebnis ist 8 Sotz´. Die Epoche vor 13.0.0.0.0. 4 Ajaw 8 Kumk´u begann also mit 13.0.0.0.0. 4 Ajaw 8 Sotz´. Sag mal, kommt da dein Computerprogramm noch mit?

Da muss ich passen, weil ich es für ausreichend hielt, das Programm zwischen ca. 4000 v. Chr. und ca. 4000 n. Chr. (abhängig vom Teilprogramm) rechnen zu lassen. Ich könnte es natürlich programmieren...

Ja, daran zweifelt keiner!

Doch, ich selbst: Während die Berechnungen innerhalb des Mayakalender-Systems bis quasi in alle Ewigkeit fehlerfrei ausführbar sind, würde die Umrechnung in das gregorianische Datum aufgrund des verwendeten numerischen Verfahrens irgendwann Fehler hervorbringen, die sich dann fortpflanzen und dadurch vergrößern. Man müsste diese Algorithmen… Ich hätte nie gedacht, dass sowas jemals gebraucht werden würde!

Tja, wie Du siehst, sind die Mayaschamanen immer für eine Überraschung gut! Sieh mal: Hier ist noch eine andere Rechnung, die über unsere normalen Zeiträume weit hinausgeht. Damit Du nicht sagst, ich würde mir irgend etwas Hypothetisches ausdenken, nehmen wir eine authentische Mayainschrift vom Tempel der Inschriften in Palenque, die ich hier mal nachgezeichnet habe:

Hier schreibt ein Mayapriester, dass 8 K´in, 9 Winal und 12 Tun nach Pakals Geburt am Tag 8 Ajaw 13 Poop die Krönung des Pakal am Tag 5 Lamat 1 Mol erfolgte. Außerdem erwähnt er, dass diese Krönung 8 K´in, 4 Winal und 2 Tun nach dem runden Datum 3 Ajaw 3 Sotz´ lag, zu welchem Anlass man einen Stein einsetzte. Aber der interessante Teil folgt nun, denn er behauptet jetzt, dass Pakals Krönung (am Tag 9.9.2.4.8. 5 Lamat 1 Mol) genau 7 Kalabtun, 18 Piktun, 2 Baktun, 9 K´atun, 2 Tun, 12 Winal und 1 K´in nach der Krönung des Urmonsters am Tag 1 Manik´ 10 Sek stattfand.

Um Gottes Willen! Da geht's ja um wahrhaft astronomische Zahlen, vermutlich hunderttausende von Jahren. Hier sollten wir mal überprüfen, ob diese Kalenderrunde vom betreffenden Mayaschamanen vor über 1300 Jahren richtig berechnet wurde. Zur Veranschaulichung habe ich einmal die Distanzzahlen markiert. In der ersten Spalte sind im ersten und im letzten Glyphenblock jeweils die K´in- und die Winalzahl untergebracht. Die große Zahl, also jeweils die 8, ist die K´inzahl.

Warte, der Text geht noch weiter mit der Behauptung, dass sich 8 K´in, 5 Winal, 10 Tun, 11 K´atun und 10 Baktun nach seiner Geburt die Kalenderrunde seiner Krönung 5 Lamat 1 Mol wiederholen wird und dass dieser Tag nur 8 Tage nach dem Piktun-Datum 10 Ajaw 13 Yaxk´in liegen wird. Das sollten wir hier mal schnell nachrechnen.

Ja, wenn´s weiter nichts ist, Ärmel hoch und los!

Das einzige Datum der Langen Zählung ist hier das Piktun-Datum. Deswegen werde ich mal das Pferd von hinten aufzäumen. Im Tatsumi-Codex finden wir das 1 Piktun-Datum in der Baktun-Tabelle als 1.0.0.0.0.0. 10 Ajaw 13 Yaxk´in.

Das stimmt schon einmal mit der Inschrift überein!

Sehr gut! Und 8 Tage später ergibt 5 Lamat 1 Mol. Stimmt ebenfalls. Jetzt rechne ich die Distanzzahl zurück bis zu seiner Krönung.

```
        1.  0.  0.  0.  0.  8.
  –        10. 11. 10.  5.  8.
  =         9.  8.  9. 13.  0.
```

Dazu die Distanzzahl 12.9.8. addiert, müsste das Krönungsdatum ergeben.

```
            9.  8.  9. 13.  0.
  +                12.  9.  8.
  =         9.  9.  2.  4.  8.
```

9.	**9.**	**2.**	**4.**	**8.**	**?**	**?**	**?**	**?**
9.	*9.*	*0.*	*0.*	*0.*	*3*	*Ajaw*	*3*	*Sotz´*

Moment mal, dieses Datum 3 Ajaw 3 Sotz´ war doch in der Inschrift erwähnt worden!

Genau. Jetzt wissen wir, dass es sich auf das K´atun-Datum 9.9.0.0.0. bezieht. 2.4.8. addiert ergibt das Krönungsdatum 9.9.2.4.8. Das ist schon einmal richtig. Rechnen wir weiter:

9.	**9.**	**2.**	**4.**	**8.**	**?**	**?**	**?**	**?**
9.	*9.*	*0.*	*0.*	*0.*	*3*	*Ajaw*	*3*	*Sotz´*
9.	*9.*	*2.*	*0.*	*0.*	*8*	*Ajaw*	*13*	*Sip*
9.	*9.*	*2.*	*4.*	*0.*	*10*	*Ajaw*	*13*	*Yaxk´in*
9.	*9.*	*2.*	*4.*	*8.*	*5*	*Lamat*	*1*	*Mol*

Stimmt! Jetzt fehlt nur noch der krönende Abschluss!

Ja. Jetzt müssen wir von Pakals Krönung aus diese große Distanzzahl zurückrechnen!

```
                 9.  9.  2.  4.  8.
  –          7. 18.  2.  9.  2. 12.  1.
  =                                  ?
```

Und da haben wir erstmal ein Problem. Wir können nur eine kleinere von der größeren Zahl abziehen.

Deswegen müssen wir diese große Zahl verringern, indem wir Vielfache von 73 mal 13 Baktun abziehen, denn nach 73 mal 13 Baktun wiederholt sich jedes komplette Mayadatum.

$$
\begin{aligned}
73 \times 13 &= 949 \\
7 \times 400 + 18 \times 20 + 2 &= 3162 \\
3162 &= 3 \times 949 + 315 \\
315 &= 24 \times 13 + 3
\end{aligned}
$$

Das bedeutet, die 7.18.2. Baktun können wir auf 3 Baktun reduzieren. Wir müssen uns dann noch daran erinnern, dass wir 24 Epochen zurückmarschiert sind, denn dadurch verändert sich ja der Monat.

	9. 9. 2. 4. 8.
–	*3. 9. 2. 12. 1.*
=	*5. 19. 19. 10. 7.*

5.	***19.***	***19.***	***10.***	***7.***	***?***	***?***	***?***	***?***
5.	*0.*	*0.*	*0.*	*0.*	*12*	*Ajaw*	*3*	*Sak*
5.	*19.*	*0.*	*0.*	*0.*	*13*	*Ajaw*	*8*	*Yaxk´in*
5.	*19.*	*19.*	*0.*	*0.*	*2*	*Ajaw*	*13*	*Wo*
5.	*19.*	*19.*	*10.*	*0.*	*7*	*Ajaw*	*13*	*Keej*
5.	*19.*	*19.*	*10.*	*7.*	*1*	*Manik´*	*0*	*Mak*

So. Jetzt müssen wir noch 24 Epochen zurückrechnen. Alle 13 Baktun verändert sich der Monat um 14 Winal.

$$24 \times 14 \text{ Winal} = 336 \text{ Winal}$$

Aber schon nach 73 Winal wiederholt sich die gleiche Monatsbezeichnung.

$$336 = 4 \times 73 + 44$$

Wir müssen also von 0 Mak nur noch 44 Winal zurückzählen. Zwar ist 0 Mak nicht in der Winal-Tabelle, aber 3 Mak. Davon 44 Winal zurückgezählt kommen wir auf 13 Sek. Jetzt wieder 3 abgezogen ergibt 10 Sek. Das ist genau das Datum in der Inschrift!

Das bedeutet, die Maya haben von einem bestimmten Datum 7.18.2.9.2.12.1. Tage abgezogen, das heißt genau 455.393.761 Tage, und haben exakt die Tages- und Monatsposition berechnet!

So ist es! Auch wenn sie über einen Zeitraum von über eine Million Jahre rechneten, hatten sie kein Problem damit gehabt!

Das ist erstaunlich. Da möchte man ja fast wieder an Don Erics Besucher aus dem All glauben. Es unterstreicht wieder die Genialität dieses Kalendersystems, seine Konstruktion als präzises Uhrwerk.

Genial, aber nicht übermenschlich. Denn anhand der Schreibfehler sehen wir ja, dass die Maya auch nur Menschen waren. Ich zeige dir mal solche Rechtschreibfehler in Codices, die nichts mit Mathematik oder Kalender zu tun haben:

So findet man im Dresdner Codex auf Seite 18 unten in der Mitte eine Zeichnung der Mondgöttin mit einer Figur, welche sie Huckepack trägt, die wir als „Mut-Vogel" kennen. Der entsprechende Hieroglyphentext über der Zeichnung sagt nun, dass „mu –y(u)" die Last der Mondgöttin ist, was aber unserem besten Wissen nach keinen Sinn ergibt. Es muss „mu-t(i)" heißen.

Im Madrider Codex gibt es viele Fehler. Einer taucht auf Seite 84 auf. Da ist das Zeichen für „la" bei „lak´in" (Osten) auf den Kopf gestellt, was dann „Ajaw" bedeuten würde und keinen Sinn mehr ergibt. (unten links, letzte Glyphe der ersten Zeile)

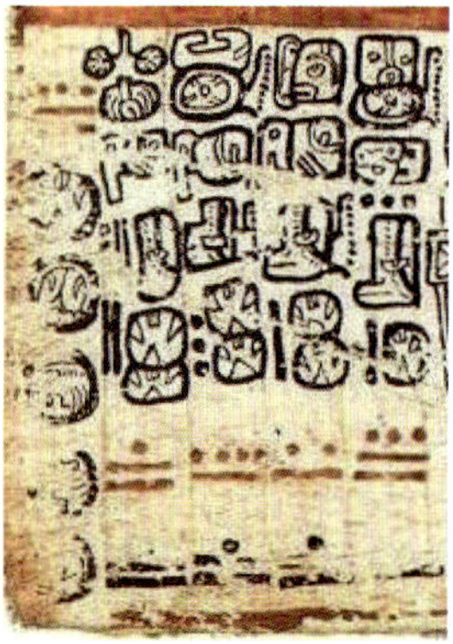

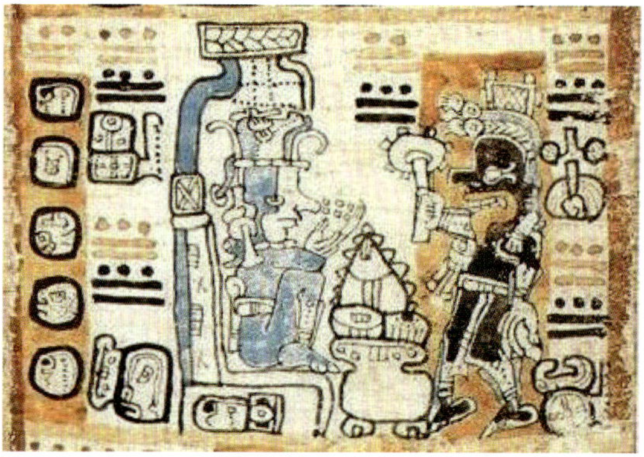

Komischerweise ist es auf Seite 51 (Bild rechts, zweite Spalte) richtig dargestellt.

Der Madrider Codex ist schon recht spät entstanden, da ging es mit der Schreibertradition schon kräftig bergab, wie es scheint.

Der Tag **Been** bedeutet Schilfrohr und Pfeil, Exaktheit und Intelligenz. Die unter diesem Zeichen geborene Person ist intelligent, aber nutzt diese Intelligenz nicht, um Reichtümer anzuhäufen. Sie ist großzügig und deswegen oft arm. Diese Person liebt es, nachzudenken, zu analysieren und in der Vergangenheit zu schwelgen.

15

Das Korrelationsproblem - Teil 1: Das Geheimnis des Jaguarpropheten

Men

Jedesmal, wenn wir Mayadaten in unseren Kalender umgerechnet haben, benutzten wir dabei eine bestimmte Korrelation. Das heißt, wir haben angenommen, dass der Beginn des Kalenders am Tag 0.0.0.0.0. 4 Ajaw 8 Kumk´u auf den 13. August 3114 vor Christus fällt. Aber nun sieht man im Internet immer noch verschiedene Vorschläge herumgeistern, die diese Korrelation in Frage stellen. Warum eigentlich?

Der Grund ist der, dass kein einziger Maya oder Spanier in der Zeit der Konquista auch nur ein einziges komplettes Maya-Datum gleichzeitig mit einem Datum im julianischen Kalender aufgeschrieben hat. Hätte zum Beispiel der Gonzala Guerrero im Tagebuch geschrieben: „Heute ist der Tag des Herbstanfanges, der 13. September 1517, und bei den Maya ist es der Tag 11.14.17.9.13. 12 Been 11 Zip, im Jahr 2 K´an." Dann wäre alles glasklar. Der 13. September julianisch entspricht übrigens dem 23. September im gregorianischen Kalender, den wir ja heute benutzen. Aber so einen Eintrag haben wir leider nicht.

Vielleicht findet man ja noch so ein Tagebuch!

Das ist möglich. Aber auch in diesem Fall würden wir keine Lange Zählung finden, sondern bestenfalls eine Eintragung wie „Heute, am 13. September 1517 sind wir im 17. Jahr des Katuns 2 Ajaw, im Jahr 2 K´an. Der Tag ist 12 Ben 10 Zip."

Jetzt hast Du Dich verschrieben. Es muss 11 Zip sein, nicht 10 Zip.

Nein, das ist schon beabsichtigt, denn einige Jahre vor der Konquista begannen die Maya mit einem Monatskoeffizienten zu rechnen, der um eins kleiner ist. Das werden wir noch diskutieren. Auf jeden Fall ist die Lange Zählung nicht mehr in Gebrauch.

Vielleicht sollten wir erstmal klarstellen, was wir nun genau vorhaben.

In den folgenden Kapiteln werden wir die Korrelationsfrage klären. Im ersten Teil wollen wir sie auf das Jahr genau bestimmen, und danach auf den Tag genau. Dabei werden wir uns die antiken Quellen anschauen, und zuerst einmal nur in Hinsicht auf die interne Funktionsweise des Mayakalenders untersuchen. Wir bestimmen also anfangs noch gar keine genaue Korrelation, sondern diskutieren die Grundlagen des Mayakalenders, die für jede Korrelation gelten müssen, um vorerst eine grobe Korrelation auf Jahresebene zu erhalten.

Das klingt sehr sinnvoll. Besonders wertvoll sind ja dabei jene Quellen, die aus der Kolonialzeit stammen. Welche davon enthält die meisten Mayadaten?

Das ist die Chronik von Oxkutzcab. Darin erwähnt Pio Pérez 6 Daten, die sich von 1540 bis 1542 erstrecken. Dieser Pio Pérez ist eine sehr vertrauenswürdige Person, dessen Information man nicht einfach so vom Tisch wischen kann! Er hat im 16. Jahrhundert viele Abhandlungen über den Mayakalender geschrieben, und viele Dokumente über die Maya Yucatáns gesammelt. Man kann mit Fug und Recht sagen, dass es damals keine größere Autorität für den Mayakalender gab. Deswegen genießen seine Informationen höchste Priorität. Das sind also seine Angaben:

11 Ix 1 Pop
13 Ahau 7 Xul ist ein Tun-Jahr
...
12 Cauac 1 Pop.
9 Ahau 2 Xul ist ein Tun-Jahr
...
13 Kan 1 Pop Gründung von Tiho
5 Ahau 16 Tzec

„Tiho" nennen die Maya heute noch die Stadt Merida.
Wir können hier Dein Kalenderprogramm nehmen, um für diese Kalenderrunden die möglichen LongCount-Daten zu bestimmen. Dieser Teil der Rechnung ist ja unabhängig von der Korrelation, denn alle Mayanisten sind sich einig, dass der Beginn des Mayakalenders 13.0.0.0.0. auf den Tag 4 Ahau 8 Cumku fällt, und nicht auf irgendeine andere Kalenderrunde.

Also, zuerst sehen wir, dass der Monatskoeffizient um 1 kleiner ist. Im letzten Datum sogar um 2 kleiner. Um mein Programm für die Datumsumrechnung nutzen zu können, muss ich also mit 11 Ix 2 Pop rechnen, da ich ja die „falschen" Monatskoeffizienten als Fehleingaben abfangen lasse. Zu 11 Ix 2 Pop gibt es nun viele Kandidaten für gregorianische Daten, denn alle 52 Jahre wiederholt sich ja das Datum. Was nun?

Ganz einfach. Wir müssen uns die 2 Tun-Daten anschauen, denn diese müssen ja auf die LongCount-Position X.X.X.0.0. fallen, denn ***Tun-Jahr heißt ja, dass Winal und K'in auf Null stehen****.*

Okay: 13 Ajaw 8 Xul fällt auf die Tun-Jahre 7.1.2.0.0., 9.8.11.0.0., 11.16.0.0.0. und 14.3.9.0.0. Aber das letzte Datum wäre schon in der nächsten Era, also offensichtlich unsinnig, genau wie 7.1.2.0.0., denn da gab es ja noch gar keine Mayainschriften, und 9.8.11.0.0. ist offensichtlich noch in der Frühklassik der Maya, das kann also nicht das Datum der Konquista gewesen sein. Also, nur 11.16.0.0.0. kommt in Frage. Das ist sogar ein Katun-Datum!

Wundere Dich nicht, dass ich in der folgenden Grafik das zugehörige gregorianische Datum nicht mit anzeige, wir wollen ja erstmal korrelationsunabhängig bleiben.

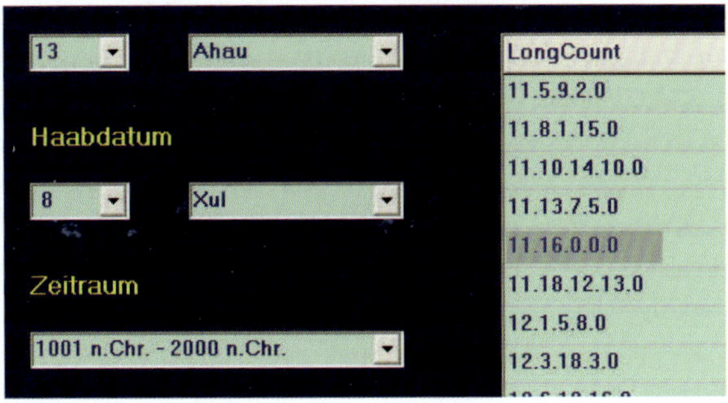

Jetzt rechne mal für 9 Ajaw 3 Xul!

Hier kommt nur das Datum 11.16.1.0.0. in Frage. Wie wir sehen ist es tatsächlich ein Tun-Datum. Damit können wir alle anderen oben aufgeführten Daten der Quelle „mit Koeffizientenkorrektur" als LongCount angeben und das zugehörige gregorianische Jahr abschätzen:

CR	LC	unser Kalender
11 Ix 2 Pop	11.15.19.12.14.	?
13 Ahau 8 Xul	**11.16.0.0.0.**	**1539 oder 1540**
12 Cauac 2 Pop	11.16.0.12.19.	?
9 Ahau 3 Xul	11.16.1.0.0.	?
13 Kan 2 Pop	11.16.1.13.4.	etwa 1541
5 Ahau 18 Zec	11.16.2.0.0.	?

Die Stadt Merida wurde am 6. Januar 1542 gegründet. Das Datum 13 Kan 2 Pop ist nicht das Datum der Gründung der Stadt, sondern der Tag, an dem das Jahr begann, in dem die Gründung der Stadt erfolgte. Da es sehr unwahrscheinlich ist, dass das Jahr gerade wenige Tage vor Gründung der Stadt begann, können wir vermuten, dass das Datum 13 Kan 2 Pop eher in das Jahr 1541 statt 1542 fällt. Dann muss das Datum 11.16.0.0.0. 13 Ahau 8 Xul, das ja 1.13.4. Tage, also 624 Tage vorher liegt, in das Jahr 1539 oder 1540 fallen. Das soll erst einmal reichen.

An dieser Stelle können wir uns also schon von einigen falschen Korrelationen verabschieden, die aus irgendeinem Grund annahmen, man könnte den Tag 13 Ahau mit irgendeinem beliebigen Katun verbinden. Dafür kommen ja nicht viele in Frage: nur 11.3.0.0.0. und 12.9.0.0.0. Aber diese haben die Kalenderrunden 13 Ahau 13 Pax bzw. 13 Ahau 8 Kankin. Jedoch schreibt Pérez, dass das Datum 13 Ahau 7 Xul heißt. Da kommt also nur 11.16.0.0.0. 13 Ajaw 8 Xul in Frage. (Siehe Katun-Tabelle im Anhang).

Welche Korrelationen erfüllen denn die Bedingung der Chronik von Oxkutzcab nicht?

Bei Verwendung dieser aus meiner Sicht als ziemlich sicher einzustufenden Information können wir z.B. der Korrelation von Herrn **Vollemaere** *Adieu sagen, denn nach seiner* **Korrelation 774079** *(26.4. 2594 v. Chr. greg.) müsste 13 Ajaw 8 Xul, um 1539 zu entsprechen, auf die LC-Position 10.9.12.14.0. fallen, was kein Tun-Jahr ist!*

Ebenso heißt es Adios für die Korrelation von **Andreas Fuls**, *denn bei seiner vorgeschlagenen* **Korrelation von 660208** *(27.6.2906 v.C. greg.) würde 13 Ajaw 8 Xul, um in das Jahr 1539 zu fallen, dem LC-Datum 11.5.9.2.0. entsprechen, was ebenfalls kein Tun-Jahr ist!*

Ebenso heißt es bye bye für die Korrelation von **Anton Stock**, *denn bei seiner* **Korrelation von 556408** *(17.4.3190 v.C. greg.) würde 13 Ajaw 8 Xul erst einmal gar nicht dem Jahr 1539 entsprechen, sondern entweder auf 11.18.12.13.0. im Jahr 1515 oder auf 12.1.5.8.0. im Jahr 1567 fallen. Beide Daten sind keine Tun-Jahre!*

Nun nehme ich an, dass diese fachkundigen Leute auch gewissenhaft recherchiert haben und sehr gewichtige Gründe hatten, ihre Korrelationszahl zu präsentieren. Daher wäre mir wohler zumute, wenn wir uns noch weitere Quellen anschauen, um zu sehen, ob sich unser Teilergebnis, unsere grobe Korrelation auf Jahresebene, bestätigt.

Natürlich! Je mehr Information wir haben desto besser! Bei Diego de Landa lesen wir: **„Die Indios sagen, dass die Spanier endgültig im Jahre 1541 nach Christi Geburt in die Stadt Mérida gekommen waren, und dies war ganz genau das erste Jahr der Ära des Buluc-Ahau."** *[Land90a]. „Buluc" heißt „elf" im Yukatekischen.*

Ich finde, das ist eine gute Bestätigung! Der Katun 11 Ahau wäre also von 11.16.0.0.1. bis 11.17.0.0.0., denn 11.17.0.0.0. entspricht 11 Ahau 8 Pop. Die Katune werden also nach dem Tag benannt, an dem der Katun endet.

Oder schauen wir im Libro de Chilam Balam de Chumayel (LCBC). „Chilam Balam" bedeutet „der Jaguarprophet". Das sind Bücher, die von yukatekischen Schamanen nach der Konquista in Mayasprache, aber schon in lateinischen Buchstaben, aufgeschrieben wurden. Diese Bücher wurden dann oft kopiert und verändert, bis in das 19. Jahrhundert hinein. Hier im LCBC gibt es ein Kapitel, das heißt „El trece ahau katún", also „Der Katun 13 Ahau". Gleich am Anfang kommt die Zeile: **„Mil quinientos treinta y nueve años, así: 1539 años."**

Das bestätigt ja wunderbar unsere Vermutung, dass das Datum 11.16.0.0.0. 13 Ajaw 8 Xul in das Jahr 1539 fällt!

Genau. Das sieht schon mal gut aus, finde ich.

Es ist nur schade, dass wir keine brauchbaren Daten aus der vorkolumbianischen Zeit haben. In den Codices haben wir fast nur relative Datumsangaben bezüglich umstrittener Ausgangsdaten ... Mir fehlt da was richtig Handfestes.

Moment. Da habe ich genau das Richtige für Dich! Sieh Dir mal das hier an: Hier geht es um einen Bericht über eine Radiokarbon-Untersuchung, verfasst von Elizabeth K. Ralph und Robert Stuckenrath Jr. vom Department of Physics der University of Pennsylvania. [radi] Im Jahre 1959 entnahmen die Archäologen der University of Pennsylvania 15 Proben von verschiedenen Türstürzen von Tempeln I und IV in Tikal.

Da hatten sie hoffentlich konkrete LongCount-Daten von ebendiesen Holzbalken zur Verfügung!

Selbstverständlich. Ansonsten wäre es ja etwas witzlos gewesen! Die LongCount-Daten entsprachen 9.13.3.7.18. und 9.13.3.9.18. im Tempel I und 9.15.10.0.0. und 9.15.15.14.0. im Tempel IV.

Lass mich mal ausgehend von unserer zu bestätigenden Jahreszahl 1539 rechnen:

	11. 16. 0. 0. 0.			
–	9. 15. 10. 0. 0.	2.0.10.0.0.	=	799 Jahre
=	2. 0. 10. 0. 0.	1539 – 799	=	740

Das Datum 9.15.10.0.0. müsste etwa im Jahr 740 der christlichen Zeitrechnung liegen, damit das LongCount-Datum 11.16.0.0.0. ungefähr dem Jahr 1539 entspricht. Und wie war das Ergebnis der Radiokarbon-Untersuchung?

In ihrem Bericht schreiben die Autoren: „The C^{14} Dates for representative samples support some variant of the «11-16» (Goodman-Thompson-Martínez) «Correlation B» and excludes other proposals. The average results for five beams from Temple I and ten from Temple IV are as follows:

Temple	*C^{14} Dates*	*Correlation B Hypothesis*
I	*A.D. 684 ± 37*	*A.D. 695 – 712*
IV	*A.D. 746 ± 34*	*A.D. 741 – 751“*

Das nenne ich ein super Ergebnis! Spaßeshalber schauen wir mal, wie das Datum für 9.15.10.0.0. nach der Vollemaere-Korrelation wäre. Das wäre der 17. Februar 1261. Da hätten die Maya erst mal mit der Zeitmaschine in die Zukunft reisen müssen, um dort einen Baum zu fällen! Das gleiche gilt für die Fuls-Korrelation, denn dann würde 9.15.10.0.0. dem 13. Mai 949 entsprechen.

Hasta la vista, señores!

Gibt es noch mehr Beispiele?

Natürlich. Da ist ja das berühmte Datum des Diego de Landa, der schreibt, dass der Sonntag des 16. Juli auf den Tag 12 Kan 1 Pop fällt.

Aber welchen Jahres?

Ich denke, das kriegst Du schnell raus, wenn ich Dir sage, dass Diego de Landa von 1549 bis 1579 in Yucatán lebte, und die Information für sein Buch vor 1566 sammelte.

Also, da kommt nur 1553 in Frage. Das ist das einzige in diese Zeit passende Jahr des julianischen Kalenders, wo der Sonntag auf einen 16. Juli fiel. Tja, und das sind 14 Jahre nach 1539. Dann müsste 12 Kan 1 Pop, nein, wegen der Koeffizientenverschiebung 12 Kan 2 Pop, also 14 Jahre nach 11.16.0.0.0 liegen.

Richtig, weil 11.16.0.0.0. zum Jahr 1539 passen soll.

Etwa 14 Jahre sind etwa 14 Tun, so dass wir bei etwa 11.16.14.0.0 landen müssten, um zum Tag 12 Kan 2 Pop zu gelangen.

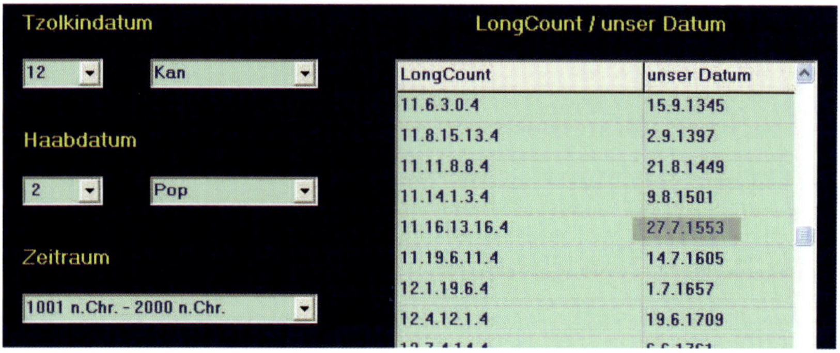

Treffer! 14 Jahre nach 1539, also 1553 und ungefähr 11.16.14.0.0! Die grobe Korrelation auf Jahresebene wird auch hier gut bestätigt. Um die Tage werden wir uns später natürlich auch noch kümmern.

Sehr gut. Wir haben also wieder eine Bestätigung. Jetzt sollten wir vielleicht eine kleine Katun-Tabelle einfügen, damit wir eine Übersicht haben.

11.14.0.0.0.	4 Ajaw 8 Pax	≈ 1499/1500
11.15.0.0.0.	2 Ajaw 8 Sak	≈ 1519/1520
11.16.0.0.0.	13 Ajaw 8 Xul	≈ 1539
11.17.0.0.0.	11 Ajaw 8 Poop	≈ 1559
11.18.0.0.0.	9 Ajaw 13 K´ank´in	≈ 1579
11.19.0.0.0.	7 Ajaw 13 Ch´een	≈ 1598/1599

Da die Katune nicht ganz 20 Jahre lang sind, sondern nur 20 mal 360 Tage, also 19,7 Jahre, könnten die ersten beiden Daten auch den Jahren 1500 bzw. 1520 entsprechen.

Nun müssen wir hier an dieser Stelle auf ein großes Problem der Mayaforschung eingehen, das bisher noch keiner lösen konnte, und immer wieder Anstoß gegeben hat, unsere bisher sorgfältig abgeleitete Korrelation über den Haufen zu schmeißen. Anstoß dazu sind mysteriöse Textstellen in den Büchern der Jaguarpropheten, die die Experten immer wieder aus dem Konzept gebracht haben. Zweifellos gibt es viele Stellen, wo sich Fehler eingeschlichen haben, einfach deshalb, weil diese Bücher immer wieder kopiert worden sind. Je später dies erfolgte, umso weniger Ahnung hatten die Schreiber vom Mayakalender. Allerdings gibt es einige Kalenderangaben, die man voreilig für unsinnig erklärt hatte. Denn ich habe hier eine interessante Entdeckung gemacht, die viele, bisher vollkommen unverständliche Datumsangaben, einwandfrei erklärt, und unsere provisorische Korrelation 11.16.0.0.0. 13 Ajaw 8 Xul = 1539 perfekt bestätigt!

Jetzt werden wir also das Geheimnis des Jaguarpropheten lösen?

So ist es! Hier will ich mal diese rätselhaften Zitate anführen, die bisher kein Mayaforscher erklären konnte. Ich fange mal mit den einfachen Sachen an. Hier lies mal:

„Once ahau. ... Éste es el katún en que llagaron por primera vez los españoles aquí a esta tierra. En el séptimo año (tun) del once ahau katún. Fue cuando empezó el cristianismo. En el año de mil quinientos diez y nueve años. 1519 años.“ [LCBCa]

Das solltest Du uns vielleicht mal übersetzen.

„Elf Ajaw. ... Dies ist der Katun in dem die Spanier zum ersten mal hier in diesem Land ankamen. Im siebenten Jahr (Tun) des Katun Elf Ajaw. Da begann das Christentum. Im Jahr fünfzehnhundertneunzehn. Jahr 1519.“

Ja, das haut überhaupt nicht hin. Denn der Katun 11 Ajaw wäre ja von 1539 bis 1559, falls man den Katun nach dem letzten Tag benennt, oder von 1559 bis 1579, falls er nach dem ersten Tag benannt wird. Aber das ist vielleicht eine Eintagsfliege. Kann ja ein Fehler sein.

Nein, hier sind noch drei Zitate:

„Trece ahau. Murió Ah Pulá. ... en el año de 1508.“ [LCBCb]
„Dreizehn Ajaw. Es starb Aj Pulhá ... im Jahre 1508.”

„Once ahau. Llegaron los «hombres de Dios» del Oriente, los que trajeron el dolor. Su primer principio, aquí en la tierra de nosotros, los hombres mayas, fue en el año de 1513 años.“ [LCBCc] ***„Elf Ajaw. Es kamen die «Männer Gottes» vom Osten, jene, die den Schmerz brachten. Ihr erstes Erscheinen, hier in unserem Land, dem der Maya, war im Jahre 1513.“***

„Nueve ahau. ... cesó lo de remover la sal, en el año 1546...“ [LCBCd]
„Neun Ajaw. ... man hörte auf mit der Salzgewinnung im Jahre 1546.“

An dieser Stelle möchte ich noch einmal betonen, dass der Katun 11 Ajaw oft erwähnt wird, und zwar ist immer von der Ankunft im Osten die Rede, nicht von der Ankunft in Merida. Im CB von Chumayel, Seite 36, wird erwähnt, dass die Spanier in Ecab ankommen, und nur Anonas zu essen hatten, und das Datum 1513 wird wiederholt.

Wo liegt Ecab? Und was sind Anonas?

Anonas sind süße Früchte, ähnlich wie Chirimoyas, nur etwas größer. Nennt man auch Breiapfel oder Puddingapfel. Kann ich nur empfehlen! Ecab ist eine kleine Ruine nördlich von Cancun, gegenüber von Isla Mujeres. Wird auch von Diego de Landa schon erwähnt. Übrigens, die Christianisierung, die Taufen, der Bau der Kirchen usw., wird erst für den nächsten Katun erwähnt, für den Katun 9 Ajaw. Siehe dieses Zitat:

„9 Ahau, comenzó el cristianismo; se verificó el Bautismo. ... Este es el año domini que transcurría: 1546.“ [ELCB94a]
„9 Ajaw, es begann das Christentum; man führte die Taufe ein ... Dies ist das Jahr des Herrn in dem es sich ereignete: 1546.“

Also, alle diese Daten kann man mit der bisherigen Katun-Tabelle nicht erklären...

Außer dieses Datum. Es stammt von der gleichen Quelle:

„2 Ahau. En el decimotercero tun, el año que corría fue cuando primeramente pasaron los extranjeros españoles a ver por primera vez nuestra tierra, esta provincia de Yucatán.“ [ELCB94b]

Das heißt: „2 Ajaw. Das dreizehnte Tun-Jahr war das laufende Jahr, in dem die fremden Spanier zum ersten mal unser Land erblickten, diese Provinz von Yucatán.“

Ja, wenn wir davon ausgehen, dass der Katun nach dem Tag benannt wird, an dem er endet, nicht beginnt, dann wäre der Katun 2 Ajaw von 1499/1500 bis 1519/1520. Und 13 Jahre nach 1500 ergibt 1513, das oft zitierte Jahr! Nun haben wir also zwei widersprüchliche Angaben: einmal sind die Spanier im Katun 2 Ajaw gekommen, andererseits im Katun 11 Ajaw!

So ist es! Und trotzdem sind beide Angaben richtig! Das einzige, was wir hier verstehen müssen, ist ***die Kalenderreform****, die die Maya hier durchgeführt haben.* ***Diese Reform bestand darin, den Katun-Zyklus von 20 Jahren auf 24 Jahre zu vergrößern.*** *Eigentlich ist es keine Reform, sondern mehr eine andere Ausdrucksweise. Außerdem, und das ist ganz wichtig, und wurde bisher von niemandem erkannt,* ***wurde die Jahreslänge im großen Katun-Rad von 360 auf 365 Tage verlängert.*** *Durch diese Veränderung ergibt sich die gleiche Abfolge der Katun-Namen: 13 Ajaw, dann 11 Ajaw, 9 Ajaw, 7 Ajaw usw.!*

Moment, das muss ich gleich mal nachrechen!

$$20 \times 360 = 7200$$
$$7200 \div 13 = 553{,}846$$
$$13 \times 553 = 7189$$
$$7200 - 7189 = 11$$

Das heißt, nach 20 Jahren zu je 360 Tagen, wenn ich zum Beispiel mit dem Tag 13 Ajaw gestartet bin, komme ich 11 Tage vor dem Ende des Zyklus wieder zum Koeffizienten 13, und dann bleiben noch 11 Tage übrig. Dann fällt der Tag, an dem der Zyklus endet, auf den Koeffizienten 11. Da 7200 durch 20 ohne Rest teilbar ist, muss der Tag außerdem Ajaw sein!

Genau. Nun mach das gleiche mal für den Großen Katun-Zyklus!

24	×	*365*	=	*8760*
8760	÷	*13*	=	*673,846*
13	×	*673*	=	*8749*
8760	–	*8749*	=	*11*

Ja, das gleiche Ergebnis!

Eben! Bisher haben alle Forscher angenommen, dass diese Abfolge von 13, 11, 9, 7 ... Ajaw ja zerstört werden würde durch einen 24-Jahre-Katun. Weil sie eben stur mit den 360 Tagen rechen. Für die Klassische Periode ist es ja auch richtig, sonst funktioniert ja die Lange Zählung nicht. Aber in der Nachklassik gibt es keine Lange Zählung mehr. Im Gegenteil, nun ist es ein Vorteil, denn mit 365 Tagen statt 360 zu rechnen ist ja von Vorteil, weil es der Jahreslänge genauer entspricht.

Nun will ich aber mal sehen, was denn herausgekommen wäre, wenn man mit 24 Jahren und 360 Tagen gerechnet hätte:

24	×	360	=	8640
8640	÷	13	=	664,615
13	×	664	=	8632
8640	–	8632	=	8

Tja, das ergibt die Abfolge 13 Ajaw, 8 Ajaw, 3 Ajaw, 11 Ajaw, 6 Ajaw usw. Na gut, Deine Entdeckung funktioniert, d.h. sie ist theoretisch sinnvoll. Wo sind denn nun die Beweise, dass die Maya so gerechnet haben, und vor allem, wo fangen wir mit dieser Großen Katun-Zählung an zu zählen?

Das ist ganz einfach. Erstens: Wenn das Große Katun-Rad nicht 20 Jahre, sondern 24 Jahre zählt, dann müssten nicht 260 Jahre vergehen, bis sich der gleiche Katun-Name wiederholt, sondern 312.

13	×	*24*	=	*312*

Ja, dann müssten die alten Quellen diese Zahl für das Katun-Rad erwähnen! Das wäre natürlich ein super Beweis!

Lass Dich überraschen!

„312 años hay sobre un doblez de katún para que se asiente en su comienzo de nuevo tal como comenzó.“ [ELCB94c]

Also: *„312 Jahre dauert ein Katun-Rad, damit es sich wieder an seinen Anfang setzt, genauso wie es begonnen hat.“*

Hier noch ein anderes Zitat, vom berühmten Pío Pérez. Er schreibt über die Ajaw Katunes:

„Este ciclo contenía 13 períodos de 24 años cada uno, y que en total sumaban 312 años.“ [Step03a]

„Dieser Zyklus enthielt 13 Perioden zu je 24 Jahren, und diese ergaben insgesamt 312 Jahre.“

Zwei Seiten weiter nennt er diese 13 Katun einen „Großen Zyklus“, und schreibt außerdem, dass die Maya diesen „wuts´ katun“ nannten, also ein „Katun-Rad“. Interessant ist natürlich der Kommentar des Herausgebers, der an dieser Stelle schreibt: **„la duración calculada por Pérez, 312 años, es completamente incorrecta.“** *(Seite 320) Also* ***„vollkommen falsch“****. An dieser Stelle geht es mir also auch darum, die Ehre dieses großen Forschers wiederherzustellen!*

Gut, und wie machen wir das?

Ganz einfach. Im Libro de los Libros de Chilam Balam gibt es (Seite 49) ein Kapitel, da heißt es, ich übersetzt jetzt mal alles: „Das erste prophetische Rad einer Katun-Runde“. Darin beschreibt er folgende Katune:

- der 11 Ajaw Katun endet im Jahr 1848
- der 9 Ajaw Katun endet 1822 [sic]
- der 7 Ajaw Katun endet 1896
- der 5 Ajaw Katun endet 1921 [sic]
- 3 Ajaw Katun
- 1 Ajaw Katun
- 12 Ajaw Katun
- 10 Ajaw Katun
- 8 Ajaw Katun
- 6 Ajaw Katun
- 4 Ajaw Katun
- der 2 Ajaw Katun endet 1800.
- „Der 2 Ajaw setzt sich auf den Tag 1 Kawak, und beginnt am zweiten Tag nach 1 Poop. Es stirbt der Katun 4 Ajaw und es setzt sich also der Katun 2 Ajaw.“
- der 13 Ajaw Katun endet 1824

Was kannst Du mit dieser Information anfangen?

Ich habe das Gefühl, dass da irgendwas Spannendes drinsteckt.

Was heißt hier Gefühl? Du gehst doch sonst analytisch an die Dinge heran, also höre auf zu fühlen und denke nach!

Okay, also ran an die Begutachtung Deiner Daten. Vielleicht wäre es besser bzw. übersichtlicher gewesen, wenn Du sie tabellarisch aufgeführt hättest.

Wenn Dich das weiterbringt, bitte:

Katun	*endet*	
2 Ajaw	*1800*	*1 Kawak 2 Poop + 1 = 2 Ajaw 3 Poop*
13	*1824*	
11	*1848*	
9	*1872*	
7	*1896*	
5	*1920*	
3		
1		
12		
10		
8		
6		
4		

Zunächst fällt auf, dass die Zählung eigentlich mit 2 Ajaw beginnt, nicht mit 11 Ajaw. Ich weiß aber nicht warum.

Ach so, das ist einfach! Der Erzähler sagt, er beginnt mit 2 Ajaw, weil in diesem Katun die Spanier kamen.

Okay. Dann sieht man, dass 1822 offensichtlich ein Schreibfehler für 1872 ist. Dann ist noch ein kleiner Fehler bei 1921 anstatt 1920. Aber ansonsten sind es immer die 24 Jahre Abstand. Und nur beim Katun 2 Ajaw haben wir eine Monatsangabe. Dieses stimmt mit dem Jahresbeginn überein: 1 Kawak 1 Poop ist der Jahresbeginn, und am Tag darauf kommt 2 Ajaw 2 Poop. Traditionell wäre das 1 Kawak 2 Poop und 2 Ajaw 3 Poop, aber hier ist eben der Monatskoeffizient um 1 kleiner. Dieser Katun endet 1800, müsste also 1776 anfangen.

Okay. Nun bist Du sicher gespannt darauf, ob der Tag 2 Ajaw 3 Poop tatsächlich in das Jahr 1776 fällt.

Allerdings! Also, 2 Ajaw 3 Poop fällt auf 11.17.9.2.0., 12.0.1.15.0., 12.2.14.10.0., 12.5.7.5.0. und 12.8.0.0.0. Wenn 11.16.0.0.0. auf 1539 fällt, dann sind bis ungefähr 1776 über 4 Kalenderrunden vergangen. Dann kann nur das Datum 12.8.0.0.0. in Frage kommen.

	12.	8.	0.	0.	0.	
–	11.	16.	0.	0.	0.	
=	0.	12.	0.	0.	0.	= 86400 Tage = 237 Jahre
						237 Jahre nach 1539 ergibt 1776

Stimmt! Genial! Salud, ein Tequila muss jetzt her!

Moment, klar ist das ein Grund zur Freude, aber Du hast was ganz Wichtiges übersehen.

Was denn?

Na, auf welches LongCount-Datum fällt dieser Tag?

Auf 12.8.0.0.0. Mensch, Jens, das ist ja super! Ein rundes Katun-Datum! Ein antikes Katun-Datum, mit dem das neue Katun-Datum verankert ist! Da können wir ja jetzt alle neuen Katun-Daten exakt ausrechnen!

Na gut, das hätten wir ja sowieso gekonnt, denn von der Kalenderrunde aus können wir ja das LongCount-Datum bestimmen, und wir wissen, dass es 24 Jahre zu 365 Tagen sind. Das sind 8760 Tage, oder 0.1.4.6.0. Tage in der klassischen LongCount-Schreibweise. Somit ergibt sich folgende Tabelle. Schau auch mal, wie alle Katun-Daten auf 3 Poop fallen, bzw. 2 Poop nach dem neuen Modell.

Jetzt wird mir die Genialität dieser neuen Rechnung erst einmal bewusst: Jeder Katun-Beginn liegt bei 3 Poop, also unmittelbar nach dem Jahresbeginn! Das war ja sehr praktisch!

Long Count	CR	Gregorianisches Datum
11.8.10.12.0.	8 Ajaw 3 Poop	1392
11.9.15.0.0.	6 Ajaw 3 Poop	1416
11.10.19.6.0.	4 Ajaw 3 Poop	1440
11.12.3.12.0.	2 Ajaw 3 Poop	1464
11.13.8.0.0.	13 Ajaw 3 Poop	1488
11.14.12.6.0.	11 Ajaw 3 Poop	1512
11.15.16.12.0.	9 Ajaw 3 Poop	1536
11.17.1.0.0.	7 Ajaw 3 Poop	1560
11.18.5.6.0.	5 Ajaw 3 Poop	1584
11.19.9.12.0.	3 Ajaw 3 Poop	1608
12.0.14.0.0.	1 Ajaw 3 Poop	1632
12.1.18.6.0.	12 Ajaw 3 Poop	1656
12.3.2.12.0.	10 Ajaw 3 Poop	1680
12.4.7.0.0.	8 Ajaw 3 Poop	1704
12.5.11.6.0.	6 Ajaw 3 Poop	1728
12.6.15.12.0.	4 Ajaw 3 Poop	1752
12.8.0.0.0.	2 Ajaw 3 Poop	1776
12.9.4.6.0.	13 Ajaw 3 Poop	1800
12.10.8.12.0.	11 Ajaw 3 Poop	1824
12.11.13.0.0.	9 Ajaw 3 Poop	1848
12.12.17.6.0.	7 Ajaw 3 Poop	1872
12.14.1.12.0.	5 Ajaw 3 Poop	1896
12.15.6.0.0.	3 Ajaw 3 Poop	1920

Los, Jens, stürzen wir uns mit diesem Wissen noch einmal auf die obigen Zitate.

Unbedingt! Ist ja eine völlig neue Ausgangslage! Ich bin selbst sehr gespannt:

„Elf Ajaw. ... Dies ist der Katun in dem die Spanier zum ersten mal hier in diesem Land ankamen. Im siebenten Jahr (Tun) des Katun Elf Ajaw. Da begann das Christentum. Im Jahr fünfzehnhundertneunzehn. Jahr 1519.“

Katun 11 Ajaw wäre ab 1512. 1512 + 7 = 1519. Stimmt genau!

„Dreizehn Ajaw. Es starb Aj Pulhá ... im Jahre 1508.”

Katun 13 Ajaw geht von 1488 bis 1512. Das Jahr 1508 liegt dazwischen. Stimmt!

„Elf Ajaw. Es kamen die «Männer Gottes» vom Osten, jene, die den Schmerz brachten. Ihr erstes Erscheinen, hier in unserem Land, dem der Maya, war im Jahre 1513.“

Katun 11 Ajaw geht von 1512 bis 1536. Das Jahr 1513 liegt dazwischen. Stimmt!

„Neun Ajaw. ... man hörte auf mit der Salzgewinnung im Jahre 1546.“ „9 Ajaw, es begann das Christentum; man führte die Taufe ein ... Dies ist das Jahr des Herrn in dem es sich ereignete: 1546.“

Katun 9 Ajaw ist von 1536 bis 1560. Das Jahr 1546 liegt dazwischen. Stimmt! Das ist schon gewaltig! Muss man jetzt die Geschichte von Yucatán neu schreiben?

Zum Teil sicherlich! Viele Passagen der antiken Texte dürften jetzt verständlich werden. Zum Beispiel schreibt im CB de Chumayel (S. 45) ein Schreiber, dass er sich im Katun 3 Ajaw befindet und dass Yucatán gerade vom Generalkapitän Carlos de Luna y Arellano regiert wird. Er regierte von 1604 bis 1612. Nach der alten Katun-Tabelle war Katun 3 Ajaw von 1618 bis 1638. Ergibt also keinen Sinn. Nach der neuen Katun-Tabelle fällt der Katun 3 Ajaw zwischen 1608 und 1632. Jetzt stimmt es also, und wir können ableiten, dass die entsprechende Passage zwischen 1608 und 1612 geschrieben wurde.

Das muss doch ein gefundenes Fressen für die Historiker sein!

Oder schau hier: Da heißt es im Libro de los Libros de CB, Seite 79, für den Katun 1 Ajaw, dass man in Havanna Krieg führt mit 13 mal 400 Schiffen. Genau diese 13 mal 400 Schiffe in Havanna werden auch in einer anderen Quelle erwähnt, im CB de Chumayel (S. 88/89), wo es heißt, dass ein englischer Pirat, sehr wahrscheinlich Jacobo Jackson, im 14. Jahr des Katuns den Spaniern in Cuba das Leben schwer macht. Der Übersetzer erwähnt, dass diese Episode in die Jahre 1640 bis 1650 fällt. Nun können wir zum ersten mal dieses Jahr genau bestimmen!

Moment: Katun 1 Ajaw beginnt 1632. Dann 14 Jahre später, ergibt das Jahr 1646. Nach dem alten Modell wäre das 1638 + 14 = 1652. Also schon zu spät.

Noch einmal betonen muss man hier, dass ***nach dem alten Modell die Katune nach dem Tag benannt werden, an dem sie enden, aber nach dem neuen Modell nach dem Tag, an dem sie anfangen****.*
Nun verstehe ich auch diese Stelle, LLCB, Seite 100: Hier heißt es, dass die Mayapriester im 8. Jahr des Katun 13 Ajaw die Ankunft der Spanier prophezeien.

Das wäre nach dem alten Modell das Jahr 1527. Wohl reichlich spät! Aber nach unserem neuen Modell wäre es das Jahr 1495, 3 Jahre nach der Ankunft des Kolumbus. Das ergibt eher einen Sinn!

Auch viele Prophezeiungen, die bisher einfach für Erfindungen gehalten wurden, stehen jetzt in einem ganz anderen Licht. Zum Beispiel heißt es im LLCB, Seiten 76 bis 79, dass es im Katun 1 Ajaw 7 Jahre schreckliche Not geben wird, mit Blut erbrechen, großer Hungersnot und einem Hurrican. Alles innerhalb von einem Katun. In einer anderen Quelle, CB de Chumayel, Seite 83, erfahren wir:

„Hubo vómito de sangre y empezamos a morirnos en 1648 años. Hubo hambre los cinco años, de 1650, 1651, 1652, 1653 y 1654 años. Cuando se acabó el hambre, hubo una gran tempestad.“ [ELCB94d] ***„Es gab Bluterbrechen und wir begannen zu sterben im Jahre 1648. Fünf Jahre lang gab es Hunger: 1650, 1651, 1652, 1653 und 1654. Als der Hunger vorbei war, gab es einen großen Sturm.“***

In keinem anderen Katun gab es diese Kombination von Ereignissen. Nur im Katun 1 Ajaw. Wenn wir in die Tabelle schauen, sehen wir, dass der Katun 1 Ajaw von 1632 bis 1656 geht.

Aber nicht nur das. Von Anfang 1648 bis Ende 1654 sind es genau 7 Jahre!

An dieser Stelle sind die Beispiele übrigens längst noch nicht erschöpft. Ein exzellentes Beispiel für diese neue Katunrechnung finden wir noch im LLCB (S. 101) im Kapitel, das folgendermaßen betitelt ist: ***„Cuceb o Rueda Profética de los años Tunes de un Katun 5 Ahau“****. Darin heißt es, dass das Jahr 1593 im Katun 5 Ajaw liegt und auf den Jahresträger 13 K´an fällt.*

Schauen wir mal. Nach dem alten Modell geht der Katun 5 Ajaw von 1599 bis 1618. Das haut schon mal nicht hin. Nach dem neuen Modell geht der Katun 5 Ajaw von 1584 bis 1608. Das klappt wunderbar.

Jetzt rechne mal den Jahresträger aus!

Das Jahr 1593 liegt 9 Jahre nach 1584. Das Jahr 1584 hat den Jahresträger 4 Kawak, denn das ist ja nur einen Tag davor. Dann kommt 5 K´an, dann 6 Muluk, dann 7 Hix, dann 8 Kawak, dann 9 K´an, dann 10 Muluk, dann 11 Hix, dann 12 Kawak, dann 13 K´an. Bis hier sind es 9 Jahre später, also das Jahr 1593 hat den Jahresträger 13 K´an. Stimmt genau!

Aber das Beste kommt noch. Dieser Schreiber zählt dann alle folgenden Jahre auf, und schreibt, dass 15 Jahre nach 1593, im Jahr 2 Kawak, das Ende des Katun 5 Ajaw kommt.

Also, 1593 + 15 = 1608. Stimmt genau! Denn 1608 endet der Katun 5 Ajaw, und beginnt der Katun 3 Ajaw.

Der Jahresträger stimmt auch, denn 15 Jahre nach 13 K´an kommt das Jahr 2 Kawak.

Nun habe ich noch eine Frage dazu: Warum beginnst Du die Tabelle mit dem Katun 8 Ajaw im Jahr 1392?

Weil Pio Pérez schreibt, die Kalenderreform hätte im Jahre 1392 im Katun 8 Ajaw stattgefunden. [Step03b] Das ist übrigens noch eine Bestätigung des neuen Modells.

Das heißt, die Geschichte Yukatáns muss nicht komplett umgeschrieben werden, sondern erst ab 1392?

Ich denke, man muss hier differenzieren. Es war so wie in Europa. Da wurde die Kalenderreform ja auch nicht überall 1582 angenommen.

Nun würde ich aber erwarten, dass so etwas wie eine Kalenderreform auch Niederschlag in den alten Quellen findet. Hast Du denn da nichts gefunden?

Bisher nicht.

Wenn das im Katun 8 Ajaw war, müsste man da speziell bei Katun 8 Ajaw noch mal nachlesen.

Im Libro de los Libros (LLCB) finde ich nichts, weder in der ersten noch in der zweiten Katun-Runde.

Und in Chilam Balam von Chumayel?

Moment, hier ist was, auf Seite 30. Klingt ziemlich seltsam!

„Y el sol comenzó a venir ancho. Esto sucedió en el ocho ahau katún. Ocho ahau es el nombre del katún que regía cuando salió el cambio del katún y de los ahaues. «Ha crecido nuestro dios!» decían sus sacerdotes del sol. Y entonces introdujeron días al año.“

„Und die Sonne begann sich zu verbreitern. Das passierte im Katun 8 Ajaw. Acht Ajaw ist der Name des Katuns, der regierte, als es zum Wechsel der Katune und der Ajaw-Tage kam.* «Unser Gott ist gewachsen!» *sagten die Kalenderpriester. Sie fügten dem Jahr also Tage zu.“

Der erste Satz ist mir unklar. Aber der Rest ist ja der Hammer! Das bestätigt doch, dass es eine Kalenderreform gegeben hat!

Ja, Also, da fällt mir ein, in der Mayasprache sind die Wörter für „Sonne“ und „Tag“ gleich. Es könnte auch „Y el día comenzó a venir ancho.“ Es könnte sogar Plural sein, denn das wird nicht immer gekennzeichnet. Es könnte also heißen: „Und die Tage begannen sich zu verbreitern."

Ja, das ist doch klar: gemeint ist, dass das Jahr länger wird, denn das neue System rechnet ja mit 365 statt 360 Tagen! „Sie fügten dem Jahr also Tage zu."

Richtig. Das war mir jetzt entgangen! Na, das ist doch ein super Ergebnis! An dieser Stelle wollen wir also noch einmal festhalten, dass die 24-Jahr-Katun-Rechnung unsere provisorische Korrelation, die auf ein Jahr genau ist, perfekt bestätigt.

Übrigens, wenn das Datum 11.16.0.0.0. 13 Ajaw 8 Xul auf das Jahr 1539 fällt, dann fällt 0.0.0.0.0. 4 Ajaw 8 Kumk´u auf das Jahr 3114 vor Christus!

11.16.0.0.0.	=	1699200 Tage	=	4652,25 Jahre
		1539 – 4652	=	– 3113

– 3113 entspricht 3114 vor Christus, da es kein Jahr Null gibt.

Dieses Jahr merken wir uns schon mal.

Du, Jens, am Anfang des Artikels hatten wir spekuliert, dass vielleicht doch einmal ein Tagebuch gefunden werden könnte ...

Mario, was soll das jetzt heißen? Traust Du mir zu, dass ich das auch fälsche! Wir arbeiten doch seriös!

Ja, gut. Einmal das, aber vor allem sind die Manuskripte, die wir hier aufgestöbert haben, schon faszinierend genug.

Trotz alledem kommt es noch besser! Wir haben noch ein paar Trumpfkarten im Ärmel!

Was anderes hätte ich von Dir nicht erwartet. Ich erwarte sogar, dass wir noch einige bisher nicht beschriebene Entdeckungen machen.

Bei unseren geplanten Analysen zu den Inschriften im Kontext der Astronomie bin ich mir da sogar ziemlich sicher. Das werden unsere Sternstunden sein, Herr Astronom!

Kein Problem, mit Adleraugen und Weitsicht werden diese Erwartungen erfüllt.

Der Tag **Men** bedeutet Adler, Weitsicht und Erwartung. Die unter diesem Zeichen geborene Person ist ein Meister aller Künste. Sie weiß zu reden und ist visionär. Diese Person ist sehr spirituell orientiert.

es laut dieser Korrelation für diesen Tag noch gar nicht geben dürfte, weil der Baum laut C^{14}-Analyse für das berechnete Datum noch gar nicht existierte? Da muss man also schon mal eins und eins zusammenrechnen! Wenn Herr Vollemaere mit Daten rechnet, die lächerlicherweise weit weg von jedem Radiocarbon-Datum liegen, da müsste er doch mal langsam ins Grübeln kommen! Oder hat noch niemand sich getraut, dem armen Mann die schlechte Nachricht zu überbringen?

Du bist wieder knallhart sarkastisch!

Muss doch mal gesagt werden! Traut sich doch sonst keiner! Alle Experten müssen sich da ja etwas gepflegter und wissenschaftlicher ausdrücken!

Fachjargon nennt man das! Das hat was mit Manieren unter Kollegen zu tun.

Quatsch! Du verwechselst Manieren mit Maulkorb! Ich nehme jedenfalls alles auseinander was nicht niet- und nagelfest ist! Ich bin eben lieber direkt, als um den heißen Brei lange herumzureden!

Rede nur weiter. Aber verbrühe Dich nicht, falls der Brei zu heiß wird.

Schauen wir uns weiter die Anforderungen an. Die ersten vier wurden schon beschrieben. Die fünfte ist das Mondalter. Wenn wir uns klassische Inschriften anschauen, dann sehen wir in der Sekundärserie oft, dass die Maya das Mondalter angeben. Wenn der Mayapriester schreibt „Heute, am Tag 9.17.0.0.0. ist Neumond", dann sollte die vorgeschlagene Korrelation für dieses Datum ein Mondalter ergeben, das ungefähr dem Neumondtag entspricht. Meine eigene Untersuchung von 158 Mondserien hat gezeigt, dass davon 117 Mondalter-Angaben brauchbare Ergebnisse liefern. Von diesen 117 Mondaltern würden 105 Mondalter-Angaben, also 90%, umgerechnet auf das Datum 9.17.0.0.0. ein Mondalter zwischen einem Tag vor Neumond und 3 Tagen nach Neumond ergeben. Das zeigt also, dass die Angaben weitgehend konsistent sind, und somit als Kriterium für eine Korrelation benutzt werden können. Diesem Kriterium muss also jede vorgeschlagene Korrelation entsprechen.

Wenn das eine vorgeschlagene Korrelation nicht leistet, dann würde das doch umgekehrt bedeuten, dass 90% aller Mondalter-Angaben der klassischen Mayainschriften unpassend wären. Das wäre nicht akzeptabel!

So sehe ich das auch. Schließlich kann man den Neumondtag, wie schon gesagt, relativ genau datieren.

Diesem Kriterium würden Korrelationszahlen entsprechen, die sich ca. um die Länge des synodischen Monats unterscheiden. Alle dazwischenliegenden Zahlen passen hier nicht.

Genau. Deshalb werden wir entsprechend diesem Kriterium die Treffer mit Punkten prämieren.

Nur die Volltreffer?

Das wäre nicht sinnvoll, weil wir die Toleranzen berücksichtigen müssen. Andererseits sollten die Volltreffer besonders belohnt werden.

Also staffeln wir.

Ja, eine grobe Staffelung ist hier angebracht. Machen wir das so:

- *sehr gute Treffer* (⇒ • •)
- *gerade noch zutreffende Ergebnisse* (⇒ •) *und*
- *Fehlschüsse* (⇒ )

Okay, da wir dies für alle Kriterien vorhaben, müssen wir jeweils eine Richtlinie für die Punktevergabe festlegen:

RC = Radiocarbon: Das Datum 9.15.10.0.0. muss A.D. 746 ± 34 Jahre ergeben, also von 712 bis 780 n.C. Dafür gibt es 2 Punkte. Einen Punkt gibt es, wenn das Datum zwischen 746 ± 68 Jahre liegt, also zwischen 678 und 814 n.C.

CB = Chilam Balam: Das Jahr 1539 muss auf ein beliebiges Katun-Ende 13 Ajaw fallen. Da für gibt es 2 Punkte. Fällt es ein Katun-Ende 13 Ajaw auf 1538 oder 1540, gibt es einen Punkt.

Ox = Chronik von Oxkutzcab: Das Datum 13 Ajaw 8 Xul muss zwischen 1538 und 1540 liegen. Dafür gibt es einen Punkt. Einen weiteren Punkt gibt es, wenn 13 Ajaw 8 Xul ein Tun-Ende oder Katun-Ende ist.

La = Diego de Landa: Das Datum 12 Kan 2 Pop muss in das Jahr 1553 fallen. Dafür gibt es einen Punkt. Wenn es in den Juli 1553 fällt, gibt es noch einen Punkt.

MA = Mondaufgang: Die vorgeschlagene Korrelation muss für das Datum 9.17.0.0.0. ein Mondalter zwischen einem Tag vor und 3 Tagen nach exaktem Neumond liegen. Wenn sie zwischen -2 und 4 Tage nach exaktem Neumond liegen, gibt es einen Punkt. Wenn sie genau zwischen -1 und 3 Tagen nach exaktem Neumond liegen, gibt es noch einen Punkt.

SF = Sonnenfinsternis: Das Datum 9.17.0.0.0. 13 Ajaw 18 Kumk´u ist eine Sonnenfinsternisdatum auf der Stele E von Quiriguá. Wenn das Datum 9.17.0.0.0. eine Sonnenfinsternis für diesen Tag oder einen Tag vorher oder nachher ergibt, gibt es 2 Punkte. Wenn es eine Sonnenfinsternis für 2 Tage vorher oder nachher ergibt, gibt es einen Punkt.

V = Venus: Das Venusdatum des Dresdener Codex 11.0.3.1.0. 1 Ajaw 13 Mak muss ein Aufgangsdatum der Venus als Morgenstern sein. Fällt es zwischen 0 und 20 Tage nach Aufgang, gibt es einen Punkt. Fällt es zwischen 0 und 10 Tage nach Aufgang, gibt es 2 Punkte.

J = Jupiter: Das Datum der Weihe der Gruppe der Kreuztempel in Palenque am Tag 9.12.18.5.16. 2 Kib 14 Mol muss ein Datum ergeben, wo sich Jupiter an einem stationären Punkt befand. Liegt das Datum 9.12.18.5.16. 2 Kib 14 Mol an einem stationären Punkt von Jupiter ± 20 Tage, gibt es 2 Punkte. Bei ± 30 Tage gibt es einen Punkt.

ND = Nulldatum: Das Nulldatum muss astronomisch signifikant sein, also auf den Beginn einer Jahreszeit oder einen Zenitdurchgang fallen. Fällt es auf 21.03., 22.06., 23.09., 22.12., 30.04./01.05. oder 12./13.08. ± 1 Tag, gibt es 2 Punkte. Liegt es 2 Tage vorher oder nachher, gibt es 1 Punkt.

	JDN	greg v.C.	jul. v.C.	RC	CB	Ox	La	MA	SF	V	Ju	ND
Bowditch	394483	16.12.3634	15.01.3633	0	0	1	2	0	0	0	0	0
Willson	438906	31.07.3512	29.08.3512	0	0	0	0	2	0	0	0	0
Bunge	449817	16.06.3482	14.07.3482	0	0	0	0	0	0	0	1	0
Smiley	482699	26.06.3392	23.07.3392	0	0	0	0	2	0	1	0	0
Smiley 2	482914	27.01.3391	23.02.3391	0	0	0	0	0	0	0	0	0
Owen	487410	20.05.3379	16.06.3379	0	0	0	0	0	0	0	0	0
Makemson	489138	11.02.3374	10.03.3374	0	0	1	0	2	2	0	0	0
Spinden 1	489383	14.10.3374	10.11.3374	0	0	1	2	0	0	0	0	0
Spinden 2	489484	23.01.3373	19.02.3373	0	0	1	1	0	0	0	0	0
Teeple	492622	26.08.3365	22.09.3365	0	0	0	0	2	2	1	0	0
Dinsmoor	497878	16.01.3350	12.02.3350	0	0	0	0	2	0	1	0	0
Smiley 3	500210	05.06.3344	02.07.3344	0	0	0	0	1	0	1	0	0
Hochleitner 6	507994	27.09.3323	24.10.3323	0	0	1	0	0	0	0	1	0
Hochleitner 7	508362	30.09.3322	27.10.3322	0	0	1	2	2	0	0	2	0
Hochleitner 8	525698	19.03.3274	15.04.3274	0	0	0	0	2	0	0	0	1
Kelley I	553279	22.09.3199	18.10.3199	0	0	0	0	2	2	0	0	2
Stock	556408	17.04.3190	13.05.3190	0	0	0	0	2	2	0	0	0
Martin	563334	03.04.3171	29.04.3171	0	0	0	0	0	0	0	0	0
Hochleitner 2	577264	23.05.3133	18.06.3133	1	0	1	0	0	0	0	0	0

Hochleitner 1	578585	04.01.3129	30.01.3129	••	𝋠	•	𝋠	••	••	𝋠	••	𝋠
Kaulins	583297	28.11.3117	24.12.3117	••	𝋠	𝋠	𝋠	𝋠	𝋠	𝋠	𝋠	𝋠
Calleman	583863	17.06.3115	13.07.3115	••	•	••	𝋠	𝋠	𝋠	𝋠	••	𝋠
Suchtelen	583919	12.08.3115	07.09.3115	••	•	•	𝋠	𝋠	𝋠	𝋠	𝋠	••
Goodman	584280	09.08.3114	04.09.3114	••	••	••	••	𝋠	𝋠	••	••	𝋠
Martinez	584281	10.08.3114	05.09.3114	••	••	••	••	𝋠	𝋠	••	••	𝋠
Thompson 2	584283	11.08.3114	06.09.3114	••	••	••	••	•	•	••	••	•
Beyer	584284	12.08.3114	07.09.3114	••	••	••	••	••	••	••	••	••
Lounsbury 1	584285	13.08.3114	08.09.3114	••	••	••	••	••	••	••	••	••
Lounsbury 2	584286	14.08.3114	09.09.3114	••	••	••	••	••	••	••	••	••
Calderon	584314	11.09.3114	07.10.3114	••	••	••	•	••	𝋠	𝋠	𝋠	𝋠
Cook	585789	25.09.3110	21.10.3110	••	𝋠	𝋠	𝋠	•	𝋠	𝋠	𝋠	•
Mukerji	588466	23.01.3102	18.02.3102	••	𝋠	𝋠	𝋠	𝋠	𝋠	𝋠	𝋠	𝋠
Pogo 1	588626	02.07.3102	28.07.3102	••	𝋠	•	𝋠	••	••	𝋠	𝋠	𝋠
Schove 1	594250	25.11.3087	20.12.3087	••	𝋠	𝋠	𝋠	𝋠	𝋠	𝋠	••	𝋠
Hochleitner 5	609417	04.06.3045	29.06.3045	•	𝋠	𝋠	𝋠	••	•	𝋠	••	𝋠
Schove 2	615824	19.12.3028	13.01.3027	𝋠	𝋠	𝋠	𝋠	••	••	•	𝋠	𝋠
Pogo 2	622243	17.07.3010	11.08.3010	𝋠	𝋠	•	••	𝋠	𝋠	••	𝋠	𝋠
Böhm	622261	04.08.3010	29.08.3010	𝋠	𝋠	•	•	••	••	𝋠	𝋠	𝋠
Kaucher	626660	21.08.2998	14.09.2998	𝋠	𝋠	𝋠	𝋠	•	𝋠	𝋠	𝋠	𝋠

Kreichgauer	636972	14.11.2970	08.12.2970	0	0	0	0	0	0	0	0	0
Hochleitner 4	660205	24.06.2906	18.07.2906	0	0	1	2	0	0	1	0	1
Wells-Fuls	660208	27.06.2906	21.07.2906	0	0	1	2	2	2	1	0	0
Kelley 2	663310	25.12.2898	18.01.2897	0	0	0	0	2	0	0	0	0
Hochleitner 3	674265	22.12.2868	15.01.2867	0	0	0	0	2	0	0	0	2
Hochleitner 9	674927	15.10.2866	08.11.2866	0	0	0	0	0	0	0	0	0
Schultz	677723	11.06.2858	05.07.2858	0	2	0	0	1	0	1	0	0
Escolana	679108	27.03.2854	20.04.2854	0	0	1	1	2	2	0	1	0
Vaillant 1	679183	10.06.2854	04.07.2854	0	0	1	2	0	0	0	1	0
Dittrich	698163	28.05.2802	21.06.2802	0	0	1	2	0	0	1	0	0
Verbelen 1	739601	09.11.2689	01.12.2689	0	0	0	0	0	0	0	0	0
Verbelen 2	739615	23.11.2689	15.12.2689	0	0	0	0	2	0	0	0	0
Vollemaere 1	771379	11.11.2602	03.12.2602	0	2	0	0	0	0	0	0	0
Weitzel	774078	03.04.2594	24.04.2594	0	0	1	2	2	2	1	0	0
Vollemaere 2	774080	05.04.2594	26.04.2594	0	0	1	2	2	1	1	0	0
Vaillant 2	774083	08.04.2594	29.04.2594	0	0	1	2	1	0	1	0	0
Vollemaere 3	812043	14.03.2490	04.04.2490	0	0	1	2	0	0	0	2	0

Damit haben wir eine tatsächliche faire und übersichtliche Bewertung der Kandidaten hinsichtlich aller aufgeführten Kriterien. Selbstverständlich werden wir die noch nicht erklärten Bewertungen im Weiteren diskutieren. Wir fahren mit dem „Venuskriterium" fort.

Genau, die nächste Anforderung ist die Venustafel des Dresdener Mayacodex. Diese Sache ist nun nicht so schnell zu erklären wie das Mondalter. Eine Beschreibung aller möglichen Auslegungen der Venustafel würde schon ein halbes Buch füllen. Deswegen müssen wir hier auf andere Werke verweisen, zum Beispiel Susan Milbraths „Star Gods of the Maya". Dort findet man auf 58 Seiten eine kurze Zusammenfassung zum Thema „Venus".

In diesem Zusammenhang wäre für mich die Frage interessant, ob wir die Venustafeln überhaupt benutzen können, um eine Korrelation abzuleiten.

Ich ahne, worauf Du hinaus willst. Die Antwort ist „Ja, aber nur bedingt, also nicht auf den Tag genau."

Gut geahnt. Der heliakische Aufgang der Venus kann nicht auf den Tag genau beobachtet werden. Da muss man einfach einen Toleranzbereich von einigen Tagen lassen. Mit dieser Angelegenheit musste ich mich intensiv auseinandersetzen, als ich die Sichtbarkeit der Venus als Morgen- bzw. Abendstern programmiert habe.

Uns reicht jetzt dieses Faktum. Du brauchst hier nicht Deine Algorithmen erklären. Viel wichtiger ist die Tatsache, dass es ein Datum gibt, welches mit Sicherheit in die Nähe eines Aufgangsdatums der Venus als Morgenstern fallen muss, und das ist das Datum 11.0.3.1.0. 1 Ajaw 13 Mak.

Da die meisten Leser sicherlich nicht mit dem Venuskalender vertraut sind, solltest Du ihn hier doch einmal kurz beschreiben!

Na gut. Ich versuche mal die allerkürzeste Kurzform. Zumal es sich um ein sehr geniales System handelt. Es lohnt sich wirklich, sich das mal zu Gemüte zu führen. Erst einmal sei daran erinnert, dass ein synodisches Venusjahr im Durchschnitt 583,92 Tage dauert, also rund 584 Tage. Für die Mayapriester würde die nächste Frage sofort lauten „Wann trifft der Beginn des Venusjahres wieder auf den gleichen Tzolkin-Tag?". Die Antwort wäre etwas enttäuschend, denn dafür würden 37960 Tage vergehen, also 146 Tzolkin-Perioden. Das ist ziemlich lang. Jedoch dürften die Mayapriester mit Freude festgestellt haben, dass nach nur 8 Sonnenjahren, also 8 mal 365 Tagen, ein exaktes Vielfaches von Venusjahren vergeht, nämlich genau 5. Das ist also eine schöne Formel: 5 Venusjahre = 8 Sonnenjahre, 5 × 584 = 8 × 365. Die Maya assoziieren die Venus mit dem Tzolkin-Tag 1 Ajaw. Damit starten sie also das Venusjahr. Nach 584 Tagen würde der Beginn des nächsten Venusjahres auf den Tag 13 K'an fallen. Wieder 1 Venusjahr später würde sich der Tag 12 Lamat ergeben, danach der Tag 11 Eb, danach der Tag 10 Kib, und wieder ein Venusjahr später wäre es der Tag 9 Ajaw.

Was sehen wir hier? Erst einmal wird klar, dass das Venusjahr nur auf 5 Tage fallen kann: auf die Tage K'an, Lamat, Eb, Kib und Ajaw. Das ist logisch, denn wenn wir von

584 Tagen Vielfache von 20 abziehen, bleiben 4 Tage übrig, und 4 mal 5 ist 20. Deswegen heißt es im Poopol Wuuj auch „Aq´aroq! At oob´ uq´iij! – Oh, Du Gott der fünf Tage!" (Kapitel 49). Aus dem gleichen Grund finden wir am Venustempel in Uxmal das Venussymbol genau fünf mal dargestellt.

Zweitens wird deutlich, dass wir nach 5 Venusjahren zwar wieder beim Tag Ajaw ankommen, aber der Koeffizient ist verschieden. Jetzt heißt der Tag 9 Ajaw, nicht 1 Ajaw. Der nächste Ajaw-Tag würde sich wieder 5 Venusjahre später ergeben, am Tag 4 Ajaw. Danach kämen, immer 5 Venusjahre später, die Tage 12, 7, 2, 10, 5, 13, 8, 3, 11, 6 und 1 Ajaw (Spalte T). Erst nach 13 mal 5 Venusjahren, bzw. 13 mal 8 Sonnenjahren, gelangen wir wieder zum idealen Venus-Tag 1 Ajaw. Es sind also 13 mal 5 mal 584 Tage, also insgesamt 37960 Tage, vergangen. Diese Zahl kommt uns vielleicht bekannt vor: richtig, sie ist ein Vielfaches des Tzolkin-Kalenders. Die Zahl 37960 Tage entspricht also 65 Venusjahren oder 104 Sonnenjahren oder 2 Kalenderrunden oder 146 Tzolkin-Jahren.

Der Witz ist nun, dass man diese 13 verschiedenen Positionen für jeden der 5 Anfangstage des Venusjahres auf kleinem Raum in einem Codex darstellen kann. Genau das haben die Mayapriester im Dresdener Codex getan. Auf 5 Seiten haben sie je ein Venusjahr dargestellt. Jede Seite enthält vier Spalten. Die rechten Spalten (siehe Tabelle: Spalten D, H, L, P und T, sowie Zeile 14 für die Tagesnamen) beginnen oben mit den Tagen 13 K´an, 12 Lamat, 11 Eb, 10 Kib und 9 Ajaw. Das sind genau die Tage, die wir schon kennengelernt haben. Darunter stehen dann alle übrigen Koeffizienten für den gleichen Tag. Darunter steht dann immer der Text „ilaj lak´in (Gott Soundso) chak ek´ - Es wird gesehen im Osten der Große Stern, der Gott Soundso". Das bedeutet, dass diese Daten den Aufgang der Venus als Morgenstern beschreiben.

ilaj
(es erschien)

lak´in
(im Osten)

ka-ka-tu-na-la
(Ce Acatl Tonalli)
Venusgott
„Eins Schilfrohr"

chak ek´
der „Große Stern"
(Venus)

Auf jeder Seite sind vier Spalten dargestellt. Die anderen drei Spalten beschreiben die Venus im Norden, im Westen und im Süden. In der untersten Zeile finden wir auf jeder Seite die Zahlen 236, 90, 250 und 8 (Zeile 19). Die Zeile 18 addiert dann alle Tage bis zur letzten Spalte (Spalte T), wo die Zahl 8.2.0. genau 2920 Tagen, also 5 Venusjahren entspricht.

Wer sich diese Information zum Venuskalender genauer anschauen will, dem empfehle ich einen Blick auf die Venustafeln unserer Webseite mit Mouse-Over-Direkt-Übersetzung der betreffenden Hieroglyphen. Hier bekommt man diverse Hieroglyphen bzw. Inhalte erklärt.

Das hast Du zwar technisch clever gelöst, kann aber nicht im Buch dargestellt werden.

Da hast Du sowas.

Geht doch. Sogar die Farben der Himmelsrichtungen sind mayagemäß.

Spaßvogel, willst Du jetzt etwa für jede bedeutsame Mauszeigerposition ein Bildschirmfoto machen. Außerdem, wo ist eigentlich der Mauszeiger?

Der ist noch auf dem Monitor. Deshalb musste ich einen Geist, d. h. einen Schatten von ihm einzeichnen. Siehst Du den etwa nicht?

Kannst Du mal ernst bleiben. Diese Korrelationsgeschichte verdient Respekt und vor allem Konzentration!

Okay, wir dürfen hier nicht den Eindruck aufkommen lassen, dass wir lässig oder oberflächlich arbeiten. Hier regiert der Scharfsinn! Auf den folgenden Seiten sind nun die Venustafeln des Dresdener Codex in dieser Reihenfolge dargestellt: Tafel 46, Tafel 47, Tafel 48, Tafel 49 und Tafel 50.

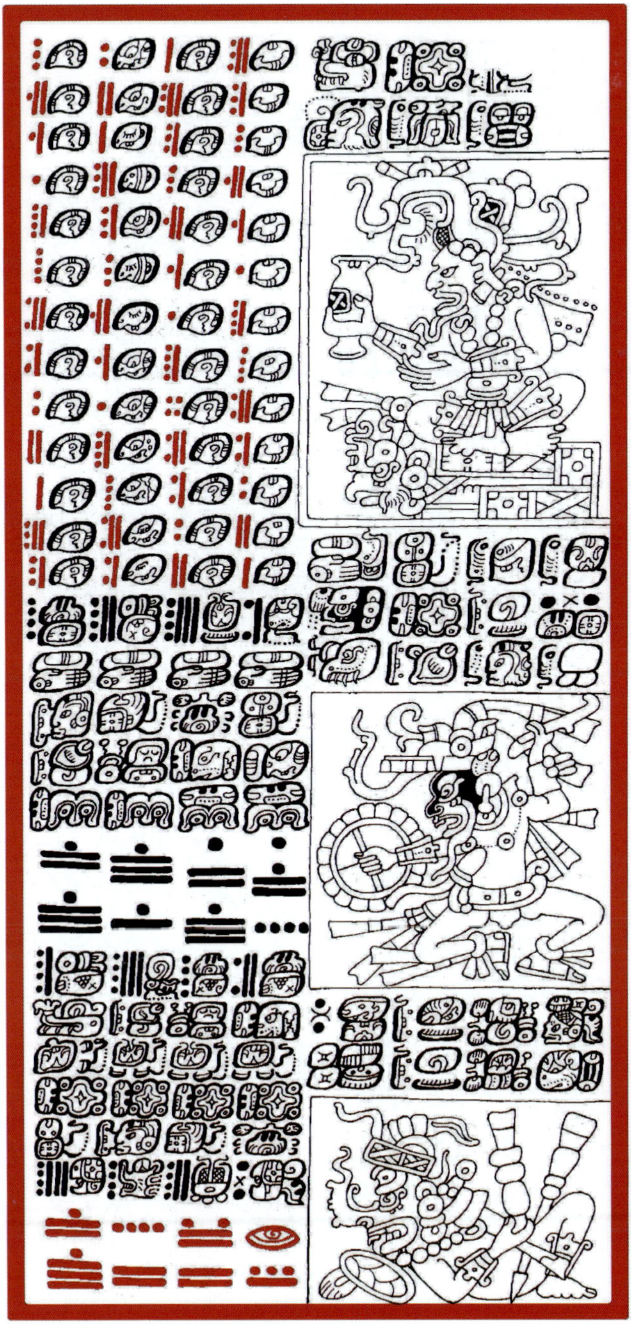

Seite 46 des Dresdener Mayacodex

Seite 47 des Dresdener Mayacodex

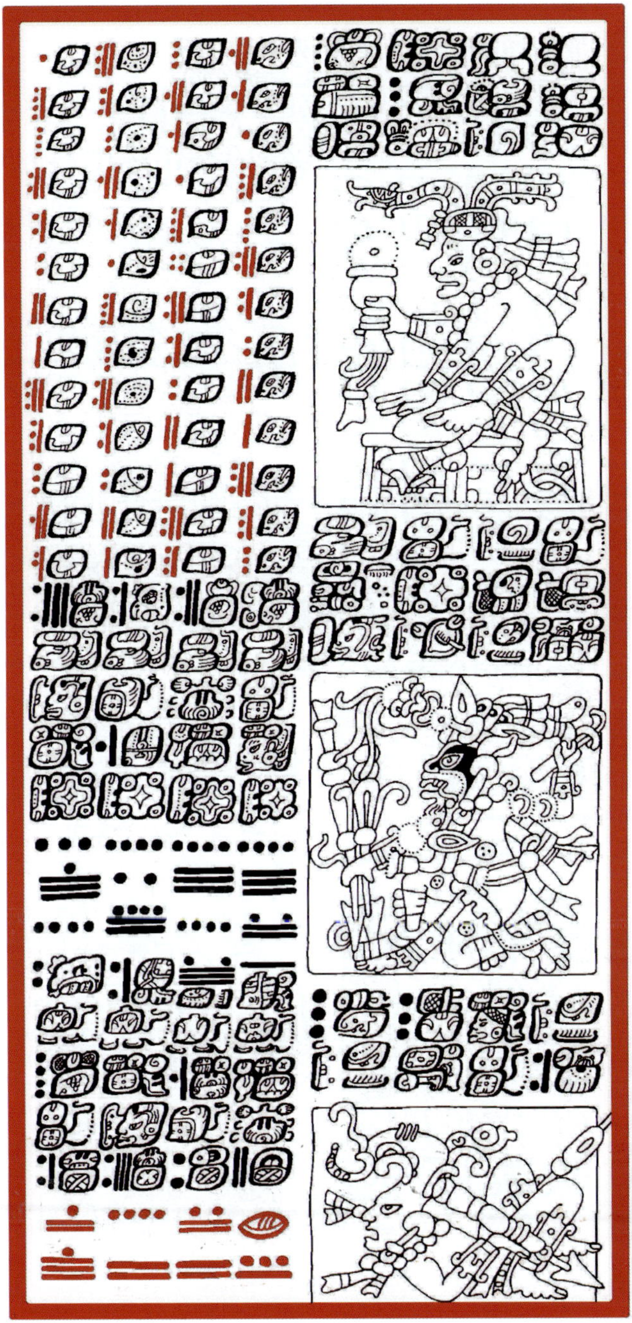

Seite 48 des Dresdener Mayacodex

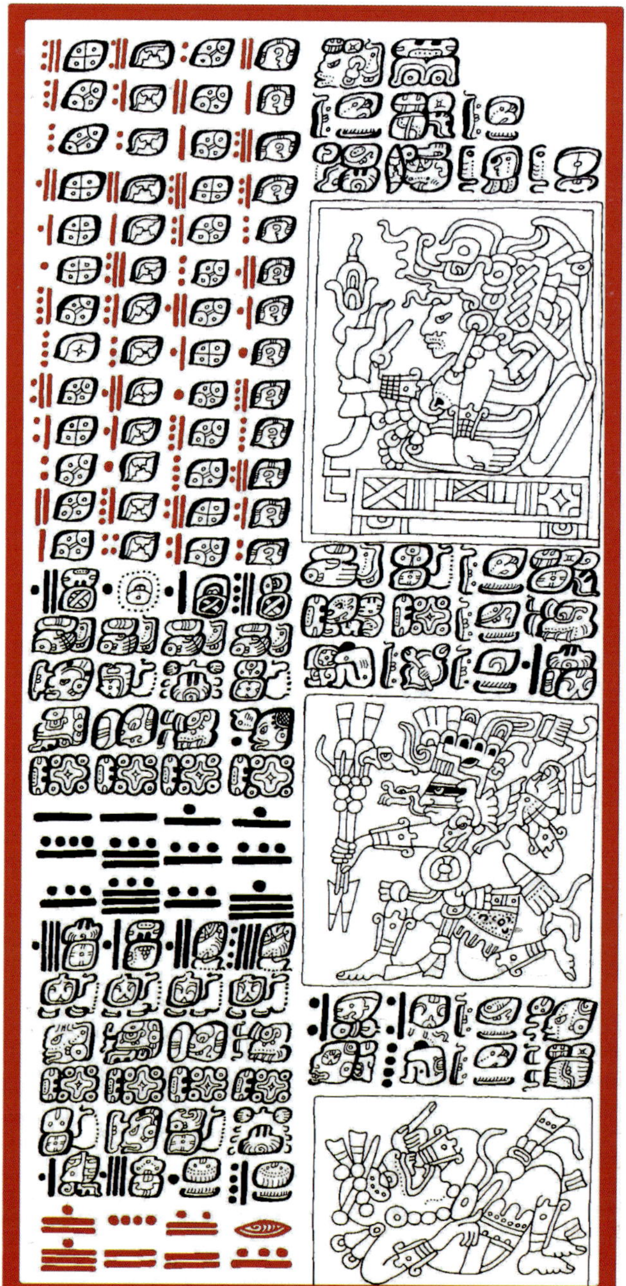

Seite 49 des Dresdener Mayacodex

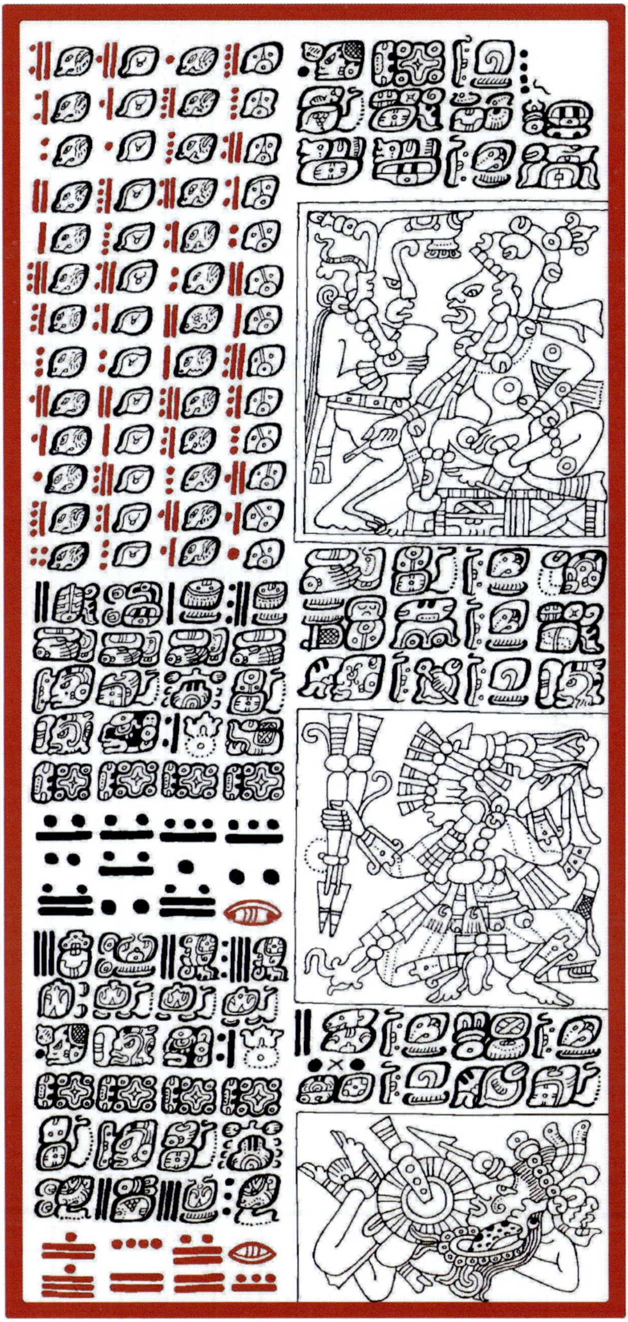

Seite 50 des Dresdener Mayacodex

	Seite 46				Seite 47				Seite 48				Seite 49				Seite 50			
	A	**B**	**C**	**D**	**E**	**F**	**G**	**H**	**I**	**J**	**K**	**L**	**M**	**N**	**O**	**P**	**Q**	**R**	**S**	**T**
Z1	3	2	5	13	2	1	4	12	1	13	3	11	13	12	2	10	12	11	1	9
Z2	11	10	13	8	10	9	12	7	9	8	11	6	8	7	10	5	7	6	9	4
Z3	6	5	8	3	5	4	7	2	4	3	6	1	3	2	5	13	2	1	4	12
Z4	1	13	3	11	13	12	2	10	12	11	1	9	11	10	13	8	10	9	12	7
Z5	9	8	11	6	8	7	10	5	7	6	9	4	6	5	8	3	5	4	7	2
Z6	4	3	6	1	3	2	5	13	2	1	4	12	1	13	3	11	13	12	2	10
Z7	12	11	1	9	11	10	13	8	10	9	12	7	9	8	11	6	8	7	10	5
Z8	7	6	9	4	6	5	8	3	5	4	7	2	4	3	6	1	3	2	5	13
Z9	2	1	4	12	1	13	3	11	13	12	2	10	12	11	1	9	11	10	13	8
Z10	10	9	12	7	9	8	11	6	8	7	10	5	7	6	9	4	6	5	8	3
Z11	5	4	7	2	4	3	6	1	3	2	5	**13**	2	1	4	12	1	13	3	11
Z12	13	12	2	10	12	11	**1**	**9**	11	10	13	8	10	9	12	7	9	8	11	6
Z13	8	7	10	**5**	7	6	9	4	6	5	8	3	5	4	7	2	4	3	6	**1**
Z14	*Cib*	*Cimi*	*Cib*	***Kan***	*Ahau*	*Oc*	***Ahau***	***Lam***	*Kan*	*Ix*	*Kan*	***Eb***	*Lam*	*Etz*	*Lam*	*Cib*	*Eb*	*Ik*	*Eb*	***Ahau***
Z15	4 Yaxk	14 Zac	19 Zec	**7 Xul**	3 Cum	8 Zotz	18 Pax	6 Kayab	17 Yax	7 Muan	12 Chen	0 Yax	11 Zip	1 Mol	6 Uo	14 Uo	10 Kank	0 Uay	5 Mac	**13 Mac**
Z16	9 Zac	19 Muan	4 Yax	12 Yax	3 Zotz	13 Mol	**18 Uo**	**6 Zip**	2 Muan	7 Pop	17 Mac	**5 Kank**	16 Yaxk	6 Ceh	11 Xul	19 Xul	15 Cum	0 Zec	10 Kay	**18 Kayab**
Z17	19 Kay	4 Zotz	14 Pax	2 Kay	13 Yax	3 Mua	8 Chen	16 Chen	7 Zip	17 Yaxk	2 Uo	10 Uo	6 Kank	16 Cum	1 Mac	9 Mac	0 YK	10 Zac	15 Zec	**3 Xul**
Z18	0 11 16	0 16 6	1 10 16	1 11 4	2 5 0	2 9 10	3 4 0	3 4 8	3 16 4	4 2 14	4 15 4	4 15 12	5 9 8	5 13 18	6 8 8	6 8 16	7 2 12	7 7 2	8 1 12	**8 2 0**
Z19	11 16	4 10	12 10	0 8	11 16	4 10	12 10	0 8	11 16	4 10	12 10	0 8	11 16	4 10	12 10	0 8	11 16	4 10	12 10	**0 8**

Die Maya beschreiben also hier die Venus als Morgenstern für 236 Tage, in oberer Konjunktion für 90 Tage, als Abendstern für 250 Tage, und in unterer Konjunktion (wenn die Venus zwischen Erde und Sonne steht) für 8 Tage.

Genau. Das sind also die Grundlagen der Venustafel. Ich danke, dass jeder Mayaforscher, der irgendeine Korrelation vorgeschlagen hat, diese Grundlagen auch versteht und akzeptiert. Hier gibt es noch kein Problem. Das Problem geht bei der Frage los, welchen LongCount-Daten diese Kalenderrunden, z.B. 1 Ajaw 18 K´ayab entsprechen. Nun gibt es vor der Venustabelle eine Seite, Seite 24, die ursprünglich vor der Venustabelle stand. An dieser Stelle ist der Codex zerrissen, und wurde von Ernst Förstemann offensichtlich falsch nummeriert. Diese Seite 24 ist gewissermaßen eine Gebrauchsanleitung. Fangen wir mit der einfachen Sache an: diese Seite gibt uns Vielfache von je 5 Venusjahren. Es sind Vielfache von 5, 10, 15, 20, 25, 30, 35, 40, 45, 50, 55, 60, 65 (= 2 CR), 130 (= 4 CR), 195 (= 6 CR) und 260 Venusjahren (= 8 CR) dargestellt. Die 65 Venusjahre entsprechen zum Beispiel 2 Kalenderrunden (CR), also 2 mal 18980 Tagen, also 37960 Tagen, oder in Mayaschreibweise 5.5.8.0. Das nennt man auch den Großen Venuszyklus. Bis hierher dürfte es auch keine Probleme geben. Diese Vielfachen erlauben es dem Mayapriester, die Venustafel in Vergangenheit oder Zukunft zu transferieren.

Warte mal. Bei so großen Zeiträumen muss sich doch der Rundungsfehler bemerkbar machen, schließlich rechnen die Maya ja nur mit ganzen Tagen.

Das ist eine gute Beobachtung. Tatsächlich liegt der Fehler nach 65 Venusumläufen bereits bei 65 × 0,08 = 5,2 Tagen. Nach 8 Kalenderrunden wären es schon 4 × 5,2 = 20,8 Tage Fehler. Wir werden gleich auf diese Problematik zurückkommen. Nun haben wir auf der gleichen Seite 24 noch folgende Angaben: unten links sehen wir das Nulldatum 4 Ahau 8 Cumku, daneben die Distanzzahl 9.9.16.0.0. sowie das Datum 9.9.9.16.0. 1 Ahau 18 Kayab.

Halt! Diese Zahl 9.9.16.0.0. kenne ich doch! Das ist doch die Superzahl, die ein Vielfaches von allen wichtigen Kalenderzyklen ist!

Richtig. Diese haben wir schon im Kapitel 7 kennengelernt. Über dem Nulldatum sehen wir die eingepackte Zahl 6.2.0., eine sogenannte Ringzahl. Das heißt, dass sie vom Datum 0.0.0.0.0. 4 Ahau 8 Cumku abgezogen werden muss. Das ergibt das Datum 12.19.13.16.0. 1 Ahau 18 Kayab. Wenn wir dann die Distanzzahl 9.9.16.0.0. addieren, ergibt sich das Datum 9.9.9.16.0. 1 Ahau 18 Kayab.

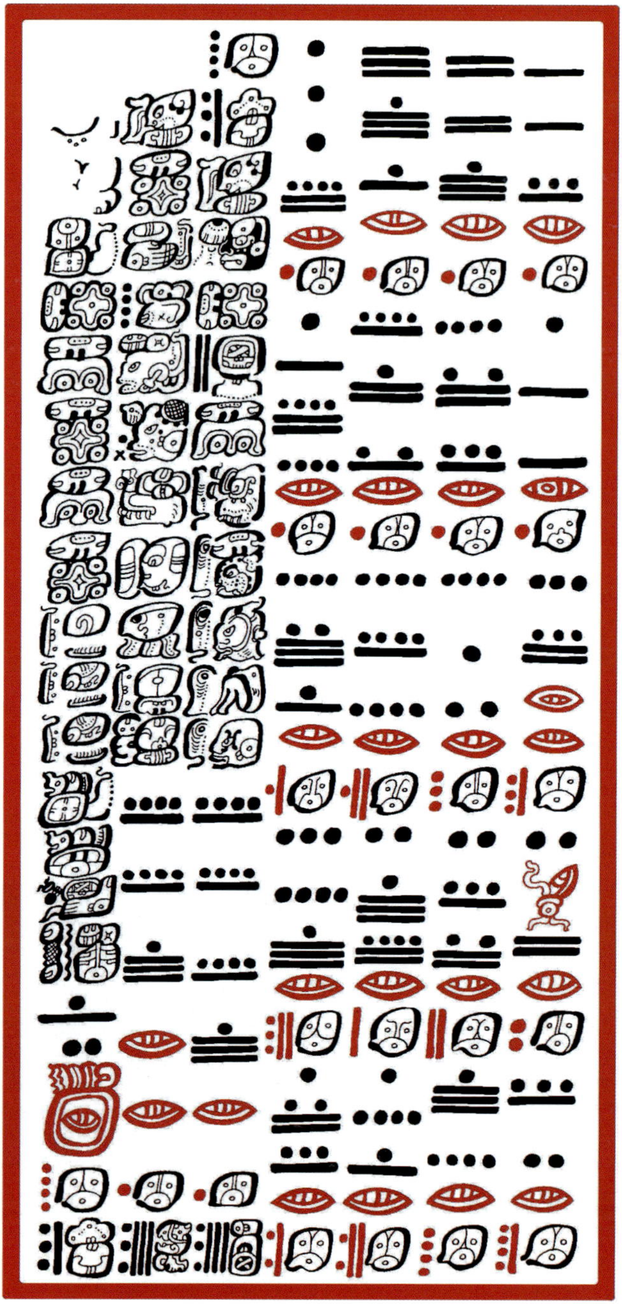

Seite 24 des Dresdner Mayacodex

<table>
<tr><td>1 Ahau</td><td>18 Kayab</td><td>4 Ahau</td><td rowspan="4">260 VJ
(8 CR)
(151840)

1
1
1
14
0
1 Ahau</td><td rowspan="4">195 VJ
(6CR)
(113880)

15
16
6
0
1 Ahau</td><td rowspan="4">130 VJ
(4CR)
(75920)

10
10
16
0
1 Ahau</td><td rowspan="4">65 VJ
(2CR)
(37960)

5
5
8
0
1 Ahau</td></tr>
<tr><td>?</td><td>er schreitet ein</td><td>8 Cumku</td></tr>
<tr><td>?</td><td>Venus</td><td>er schreitet ein</td></tr>
<tr><td>im Osten</td><td>es erschien</td><td>Schütze 46</td></tr>
<tr><td>Venus</td><td>Regent 48</td><td>Venus</td><td rowspan="4">10 CR –
8 (VJ+1)
(185120)

1
5
14
4
0
1 Ahau</td><td rowspan="4">4 CR –
12(VJ+1)
(68900)

9
11
7
0
1 Ahau</td><td rowspan="4">2 CR –
8(VJ+1)
(33280)

4
12
8
0
1 Ahau</td><td rowspan="4">?

(9100)

1
5
5
0
1 Ahau</td></tr>
<tr><td>Venus</td><td>Regent 49</td><td>Schütze 47</td></tr>
<tr><td>Venus</td><td>Regent 50</td><td>Venus</td></tr>
<tr><td>Venus</td><td>Regent 46</td><td>Opfer 46</td></tr>
<tr><td>Venus</td><td>Regent 47</td><td>Opfer 47</td><td rowspan="4">60 VJ
(35040)

4
17
6
0
1 Ahau</td><td rowspan="4">55 VJ
(32120)

4
9
4
0
1 Ahau</td><td rowspan="4">50 VJ
(29200)

4
1
2
0
1 Ahau</td><td rowspan="4">45 VJ
(26280)

3
13
0
0
1 Ahau</td></tr>
<tr><td>Unglück</td><td>?</td><td>Opfer 48</td></tr>
<tr><td>Unglück</td><td>?</td><td>Opfer 49</td></tr>
<tr><td>Unglück</td><td>?</td><td>Opfer 50</td></tr>
<tr><td>?</td><td rowspan="5">2340 VJ
72 CR
(1366560)

9
9
16
0
0</td><td rowspan="5">Datum

9
9
9
16
0</td><td rowspan="4">40 VJ
(23360)

3
4
16
0
1 Ahau</td><td rowspan="4">35 VJ
(20440)

2
16
14
0
1 Ahau</td><td rowspan="4">30 VJ
(17520)

2
8
12
0
1 Ahau</td><td rowspan="4">25 VJ
(14600)

2
0
10
0
1 Ahau</td></tr>
<tr><td>?</td></tr>
<tr><td>?</td></tr>
<tr><td>?</td></tr>
<tr><td>minus
6
2
0</td><td rowspan="3">20 VJ
(11680)

1
12
8
0
7 Ahau</td><td rowspan="3">15 VJ
(8760)

1
4
6
0
12 Ahau</td><td rowspan="3">10 VJ
(5840)

16
4
0
4 Ahau</td><td rowspan="3">5 VJ
(2920)

8
2
0
9 Ahau</td></tr>
<tr><td>4 Ahau</td><td>1 Ahau</td><td>1 Ahau</td></tr>
<tr><td>8 Cumku</td><td>18 Kayab</td><td>18 Uo</td></tr>
</table>

Seite 24 des Dresdener Codex

Dieses Datum 9.9.9.16.0. 1 Ahau 18 Kayab sollte bekannt sein, denn es ist das gleiche Datum wie auf der letzten Spalte der Venustafel (Zeile 16, Spalte T). Zumindest die Kalenderrunde ist gleich. Hier nun geht der Streit unter den Mayaexperten los.

Kommen wir jetzt zum interessanten Teil?

Ich denke schon. Bis jetzt hatte ich nur die Grundlagen dargestellt. Es geht also darum, welchen LC-Daten alle diese Venusdaten entsprechen. Die meisten Mayaforscher würden nun sagen, dass die Tafel nicht ab dem Datum 9.9.9.16.0. benutzt wurde, sondern dass dieses Datum nur ein Ausgangsdatum ist, also ein Referenzdatum. Zu diesem Datum muss man Vielfache von Großen Venusrunden addieren, um in die aktuelle Zeit des Mayapriesters zu gelangen. Deswegen wurden auch die Vielfachen der Venusjahre aufgeschrieben. Wenn man die größte Zahl addiert, die 1.1.1.14.0., dann kommt man zum Datum 10.10.11.12.0. 1 Ahau 18 Kayab. Das wäre schon ein realistischeres Datum. Denn das frühere Datum 9.9.9.16.0. 1 Ahau 18 Kayab fällt stilistisch gesehen nicht in die Zeit des Einflusses der Tolteken. Das kann man mit Sicherheit behaupten, unabhängig von jeder Korrelation. Wenn wir uns die Mayainschriften mit Daten um diese Zeit anschauen, dann ist kein Toltekeneinfluss erkennbar. Das ist also unabhängig von der gewählten Korrelation. Das Datum 10.10.11.12.0. dagegen fällt in diese Zeit.

Aber was hat die Venustafel mit den Tolteken zu tun?

Ganz einfach: Es tauchen toltekische Namen für die Venusgötter auf, zum Beispiel der Ce Acatl Tonalli (Cacatunal) oder der Tlahuizcalpantecuhtli (Tlavizical) oder der Xiuhtecuhtli (Chac Xivitek). Diese Namen sind zwar mit Mayahieroglyphen phonetisch geschrieben, aber sind eindeutig toltekischen Ursprungs.

Das Datum 10.10.11.12.0. 1 Ahau 18 Kayab steht nun bei „es erscheint im Osten der Große Stern“. Das müsste also ein Tag sein, an dem die Venus als Morgenstern aufgeht!

Genau, das meine ich. Das können wir mit sehr großer Sicherheit annehmen. Jeder sinnvolle Korrelationsvorschlag müsste das berücksichtigen. Wir können also die Korrelationen daraufhin testen, oder genauso gut können wir das Datum 11.0.3.1.0. 1 Ahau 13 Mac wählen, was den Vorteil hat, dass es ein aktuelleres Datum ist.

Jetzt komme ich nicht mehr mit. Wie kommst Du denn nun wieder auf dieses letztgenannte Datum?

Das werde ich dir gleich zeigen.

Und auf diese Distanzzahl muss ich auch noch mal zurückkommen. Sie ist ja sehr groß gewesen. Da sie ein Vielfaches von 584 war, nicht von 583,92, ergibt sich ja hier ein großer Fehler, nämlich satte 20,8 Tage!

Richtig. Deswegen können also nicht beide Daten 1 Ahau 18 Kayab exakte Daten für den Aufgang als Morgenstern sein. Das vorhin als „Anfangs- oder Referenzdatum“ bezeichnete erste Datum 9.9.9.16.0. kann nicht auf den Aufgang fallen.

Warum gerade dieses Datum nicht.

Na, weil das Datum 10.10.11.12.0. ein Aufgangsdatum sein muss, da es ja in der Venustabelle auftaucht, nämlich in der Spalte, wo geschrieben steht „es erscheint im Osten der Große Stern".

Was schließt Du daraus?

Das Datum 9.9.9.16.0. müsste nun, wenn wir den aufgelaufenen Rundungsfehler berücksichtigen, etwa 20 Tage vor dem Aufgang als Morgenstern liegen. Das entspricht einem Tag, an dem die Venus noch Abendstern war.

Übrigens kann man vermuten, dass dieses Datum vielleicht eine andere astronomische Bedeutung gehabt hat. Sobald wir die richtige Korrelation abgeleitet haben, können wir das ja prüfen.

Da bin ich aber gespannt. Der für uns interessante Teil auf der Seite 24 sind nun vier seltsame Zahlen, die keine Vielfachen von Venusjahren sind! Denn wir sehen hier noch 4 Spalten, eingefügt zwischen 60 und 65 Venusjahren, mit den Zahlen 1.5.5.0., 4.12.8.0., 9.11.7.0. und 1.5.14.4.0. Die letzteren drei Zahlen sind eindeutig Korrekturzahlen. Nehmen wir mal die Zahl 4.12.8.0. Das sind 33280 Tage. Das wiederum sind zwei Kalenderrunden minus 8 mal 585 Tage.

Moment, meinst Du nicht 584 Tage?

Nein, 585 Tage! Rechne nach.

$2 \times 18980 - 8 \times 585 = 33280$. Stimmt!

Also ein Venusjahr plus einen extra Tag! Ich schreibe es mal um:

$$33280 = 2 \times 18980 - 8 \times (584 + 1) = 2 \times 18980 - 8 \times 584 - 8$$

Wir haben also hier 8 Tage weniger. Aber, diese Zahl 33280 ist genialerweise trotzdem ohne Rest durch 260 teilbar. Das bedeutet, wenn ich vom idealen Venustag 1 Ahau aus diese 33280 Tage abzähle, komme ich wieder zu einem Tag 1 Ahau!

Das muss eine Bedeutung haben.

Ja, und zwar dass der Mayapriester diese Zahl als Korrekturzahl benutzen kann. Nehmen wir an, die Priestergenerationen von Sternenguckern hat immer fleißig vom Ausgangsdatum 1 Ahau 18 Kayab aus gezählt. So hat auch der aktuelle Priester diese geniale Tabelle von seinem Vorgänger übernommen. Von den Notizen im Codex weiß er, dass vor hundertsechzig Jahren der Große Stern genau am Tag 1 Ahau 18 Kayab aufging. Nach 160 Jahren stellt er nun fest, dass die Venus am prophezeiten Tag 9 Lamat 6 Zip gar nicht aufgeht, sondern schon vor 8 Tagen aufgegangen war. Vor 40 Jahren, als er noch Sternenguckerlehrling war, waren es erst 6 Tage, aber inzwischen sind es schon 8 Tage. Irgendwie stört es ihn nun, dass seine altehrwürdige Tabelle nicht mehr ganz so präzise funktioniert. Nun denkt er sich aber: „Jetzt ist das komplette Venusjahr von 8.2.0. Tagen noch gar nicht rum, ich bin noch nicht am Ende der Tabelle, aber wenn heute der Tag 9 Lamat ist, und die Venus ist schon vor 8 Tagen aufgegangen, dann traf das ja genau auf den idealen Tag 1 Ahau. Das Problem ist nur, dass vor 8 Tagen der Große Stern in der Unterwelt verschwinden sollte, stattdessen ist er aber schon wieder aufgegangen. Was wäre nun, wenn ich sage, vor 8 Tagen war eben der genaue Venusaufgang, und ich fange eben mit einem neuen Venusjahr an, das 8 Tage vor dem Venusjahr beginnt, das ich eigentlich rechnen müsste?"

Klar, er bemerkt die Verschiebung. Und er reagiert darauf …

Ja, der Priester beschließt also, von seinem aktuellen Tag 9 Lamat 6 Zip aus (er befindet sich also an einem Tag, der in der Tabelle der Spalte H entspricht) 8 Tage zurückzuzählen, und dieses Datum, das wäre dann 1 Ahau 18 Uo, als Basisdatum zu benutzen. Deswegen kopiert er die Venustabelle und fügt nun außer dem traditionellen Basisdatum 1 Ahau 18 Kayab eine neue Zeile ein, die in der ganz rechten Spalte (T) die Monatsposition 18 Uo besitzt, rechnet alle anderen Positionen aus und schreibt sie in die neue Zeile.

Aber in der Venustafel sehe ich rechts keinen Tag 1 Ahau 18 Uo!

Gut, aber schau mal in der Gebrauchsanleitung nach! Da findest Du unter dem LongCount 9.9.9.16.0. (1 Ahau 18 Kayab) die Kalenderrunde 1 Ahau 18 Uo! Das zeigt, dass sie diese Kalenderrunde als Basisdatum auf jeden Fall in Erwägung gezogen haben. Ich bin mir sicher, dass es irgendwann einen Codex gab, der eine Zeile hatte, die mit 18 Uo endete.

Das klingt zumindest glaubwürdig. So ein Codex ist ja für die Mayaprieser nichts anderes als für uns damals der Rechenschieber. Da dieses Teil zunehmend ungenauer rechnete, musste eben eine Neueichung vorgenommen werden.

Genau, Herr Mathematiker. Und ich habe deswegen hier mal diese 18-Uo-Zeile rekonstruiert und als Zeile 20 mit in die folgende Tabelle eingefügt.

Aber hilft diese Flickschusterei wirklich?

Nun schau dir mal den Tag 5 Kan 17 Mac in Spalte D an. Nehmen wir an, seinem Enkel passiert vielleicht knapp hundert Jahre später das gleiche. Er ist am Tag 5 Kan 17 Mac. Der Fehler ist jetzt erst 4 Tage groß. Die Venus geht also 4 Tage eher als geplant auf. Wenn er nun 4 Tage zurückrechnet, kommt er auf den Tag 1 Ahau 13 Mac. Wenn er dieses Datum als Basisdatum nimmt, und dementsprechend eine neue Zeile schreibt, dann kann man für die nächsten hundert Jahre den Aufgang der Venus wieder gut vorhersagen.

Beeindruckend, das kann sich ja ewig so fortführen lassen. Die Schreiber führen für dieses Problem Schalttage ein.

Na gut, das Wort „Schalttag" darf man jetzt nicht missverstehen. Ich würde es eine „Korrektur" nennen oder „Korrekturtag".

Und sieh mal, hier ist tatsächlich dieser Tag 13 Mac! In Spalte T, Zeile 15.

Genau. Nun schaue mal wieder in die Spalte D. In der Zeile 15 haben wir das Datum 5 Kan 7 Xul. Wenn sich 100 Jahre später, d. h. nach 35620 Tagen bzw. 2 CR – 4 × 584 – 4 Tagen, wieder 4 Tage Fehler akkumuliert haben, kann der Priester vom Tag 5 Kan 7 Xul wieder 4 Tage zurückzählen und kommt auf das Basisdatum 1 Ahau 3 Xul.

Jawohl! Wieder ein Treffer! Ist auch in Spalte T enthalten, in Zeile 17!

Also, was schließen wir nun aus all dem?

Zuerst einmal ist klar, dass die Mayapriester auf jeden Fall Korrekturrechnungen durchgeführt haben. Das ist einmal allein dadurch zu erkennen, dass sie in der Gebrauchsanleitung Zahlen aufschreiben, die Korrekturen von 8 oder 12 Tagen ermöglichen, und vor allem auch dadurch, dass in der Venustafel 3 verschiedene Basisdaten auftauchen.

Genau. Übrigens machen sie auch Korrekturen mit 4 Tagen, wie wir gesehen haben. Diese Zahl ist impliziert in den beiden Zahlen 9.11.7.0 und 4.12.8.0. Wenn wir die Differenz bilden, ergibt sich 4.18.17.0. Das entspricht 35620 Tagen. Das sind 2 Kalenderrunden minus 4 × 584 – 4 Tage.

Ja, außerdem können wir ableiten, dass die aktuelle Basis für die Zeit, als der Dresdener Codex geschrieben wurde, das Datum 1 Ahau 13 Mac war, denn sie werden ja nicht umsonst genau diese Zeile unter die Tage geschrieben haben.

Das würde ich auch sagen.

	Seite 46				Seite 47				Seite 48				Seite 49				Seite 50			
	A	**B**	**C**	**D**	**E**	**F**	**G**	**H**	**I**	**J**	**K**	**L**	**M**	**N**	**O**	**P**	**Q**	**R**	**S**	**T**
Z1	3	2	5	13	2	1	4	12	1	13	3	11	13	12	2	10	12	11	1	
Z2	11	10	13	8	10	9	12	7	9	8	11	6	8	7	10	5	7	6	9	4
Z3	6	5	8	3	5	4	7	2	4	3	6	1	3	2	5	13	2	1	4	12
Z4	1	13	3	11	13	12	2	10	12	11	1	9	11	10	13	8	10	9	12	7
Z5	9	8	11	6	8	7	10	5	7	6	9	4	6	5	8	3	5	4	7	2
Z6	4	3	6	1	3	2	5	13	2	1	4	12	1	13	3	11	13	12	2	10
Z7	12	11	1	9	11	10	13	8	10	9	12	7	9	8	11	6	8	7	10	5
Z8	7	6	9	4	6	5	8	3	5	4	7	2	4	3	6	1	3	2	5	13
Z9	2	1	4	12	1	13	3	11	13	12	2	10	12	11	1	9	11	10	13	8
Z10	10	9	12	7	9	8	11	6	8	7	10	5	7	6	9	4	6	5	8	3
Z11	5	4	7	2	4	3	6	1	3	2	5	**13**	2	1	4	12	1	13	3	11
Z12	13	12	2	10	12	11	**1**	**9**	11	10	13	8	10	9	12	7	9	8	11	6
Z13	8	7	10	**5**	7	6	9	4	6	5	8	3	5	4	7	2	4	3	6	**1**
Z14	*Cib*	*Cimi*	*Cib*	***Kan***	*Ahau*	*Oc*	***Ahau***	***Lam***	*Kan*	*Ix*	*Kan*	***Eb***	*Lam*	*Etz*	*Lam*	*Cib*	*Eb*	*Ik*	*Eb*	***Ahau***
Z15	4 Yaxk	14 Zac	19 Zec	**7 Xul**	3 Cum	8 Zotz	18 Pax	6 Kayab	17 Yax	7 Muan	12 Chen	0 Yax	11 Zip	1 Mol	6 Uo	14 Uo	10 Kank	0 Uay	5 Mac	**13 Mac**
Z16	9 Zac	19 Muan	4 Yax	12 Yax	3 Zotz	13 Mol	**18 Uo**	**6 Zip**	2 Muan	7 Pop	17 Mac	**5 Kank**	16 Yaxk	6 Ceh	11 Xul	19 Xul	15 Cum	0 Zec	10 Kay	**18 Kayab**
Z17	19 Kay	4 Zotz	14 Pax	2 Kay	13 Yax	3 Mua	8 Chen	16 Chen	7 Zip	17 Yaxk	2 Uo	10 Uo	6 Kank	16 Cum	1 Mac	9 Mac	0 YK	10 Zac	15 Zec	**3 Xul**
Z18	0 11 16	0 16 6	1 10 16	1 11 4	2 5 0	2 9 10	3 4 0	3 4 8	3 16 4	4 2 14	4 15 4	4 15 12	5 9 8	5 13 18	6 8 8	6 8 16	7 2 12	7 7 2	8 1 12	8 2 0
Z19	11 16	4 10	12 10	0 8	11 16	4 10	12 10	0 8	11 16	4 10	12 10	0 8	11 16	4 10	12 10	0 8	11 16	4 10	12 10	0 8
Z20	14 Kank	4 Uay	9 Mac	**17 Mac**	8 Yaxk	18 Zac	3 Xul	11 Xul	7 Cum	12 Zotz	2 Kay	10 Kay	1 Zac	11 Mua	16 Chen	4 Yax	15 Zip	5 Mol	10 Uo	**18 Uo**

Venustafel mit hypothetischem 1 Ahau 18 Uo-Datum als Basisdatum in Zeile 20

Dann kann man vermuten, dass das Basisdatum von 1 Ahau 18 Uo schon längere Zeit zurückliegt, weil es in der Tabelle nicht mehr erscheint.

Das ist möglich. An dieser Stelle wäre ich aber vorsichtig. Wir sehen ja, dass es schon mindestens 3 Korrekturmöglichkeiten gibt. Außerdem gibt es verschiedene Daten, wo man diese Korrekturen ansetzen kann. Vielleicht haben sie irgendwann vom Tag 13 Eb 5 Kankin aus während des Basisdatums 1 Ahau 18 Kayab diese 12 Tage nach hinten korrigiert, um so auf das Datum 1 Ahau 13 Mac zu kommen. Da gibt es also viele Möglichkeiten.

Es würde ja nun darauf ankommen, wie groß der Fehler ist. Das können wir ja ausrechen mit meinem Astroprogramm.

Das ist mir ja klar, dass es Dir schon längst wieder in den Fingern kribbelt. Aber vergiss nicht, warum wir diese Untersuchung hier gemacht haben: Wir wollten ja die Korrelationen untersuchen! Wenn wir nun von einer Korrelation ausgehen, damit rechnen, und diese Korrelation bestätigen, dann drehen wir uns ja nur im Kreise! Und das ist eben der springende Punkt! Ich kann Dir hier schon sagen, dass das eben für viele Korrelationsvorschläge funktioniert. Deswegen müssen wir uns im Moment auf das konzentrieren, was unabhängig von der gewählten Korrelation abgeleitet werden kann. Und das ist eben die einzig sinnvolle Schlussfolgerung: Dass das Datum 9.9.9.16.0. 1 Ahau 18 Kayab kein Aufgangsdatum der Venus ist, wohl aber das Datum 10.10.11.12.0. 1 Ahau 18 Kayab. Von diesem Datum aus ist alles weitere nicht 100%ig beweisbar, aber es scheint sehr wahrscheinlich zu sein, dass folgende Rechenoperationen stattgefunden haben:

	13.0.0.0.0.	*4 Ahau*	*8 Cumku*	
–	*6.2.0.*			
⇒	*12.19.13.16.0.*	*1 Ahau*	*18 Kayab*	
+	*9.9.16.0.0.*			
⇒	*9.9.9.16.0.*	*1 Ahau*	*18 Kayab*	
+	*1.1.1.14.0.*			
⇒	*10.10.11.12.0.*	*1 Ahau*	*18 Kayab*	
+	*4.12.8.0.*			
⇒	*10.15.4.2.0.*	*1 Ahau*	*18 Uo*	*(9 Lamat 6 Zip – 8 Tage)*
+	*4.18.17.0.*			
⇒	*11.0.3.1.0.*	*1 Ahau*	*13 Mac*	*(5 Kan 17 Mac – 4 Tage)*
+	*4.18.17.0.*			
⇒	*11.5.2.0.0.*	*1 Ahau*	*3 Xul*	*(5 Kan 7 Xul – 4 Tage)*

Prima, jetzt habe ich etwas zu prüfen für mein Astroprogramm!

Du weißt ja die Korrelation noch gar nicht! Aber jetzt weißt Du, woher das Datum 11.0.3.1.0. 1 Ahau 13 Mac stammt. Ungefähr um diesen Zeitpunkt herum hat man wohl die aktuelle Venustabelle verfasst. Deswegen werden wir alle Korrelationen auf dieses Datum hin prüfen. Also, hier kann man noch ergänzen, dass die Korrekturen von 4 und 8 Tagen, also von 5 Kan 4 Tage zurück, und von 9 Lamat 8 Tage zurück, offensichtlich am häufigsten sind.

Ist ja logisch. Warum sollten sie warten bis sich große Fehler anhäufen?

Witzig ist, dass es dafür ganz konkrete Anhaltspunkte im Hieroglyphentext der Einleitungstafel gibt.

Jetzt bin ich aber gespannt!

In der Venustabelle haben wir links je vier Spalten, und rechts je 3 Bilder. Oben ist der Venusregent gezeigt, der also ein Jahr lang regiert, darunter ist ein anderer Venusgott als Schütze mit Speeren gezeigt, denn die Maya glauben ja, dass der Venusgott 1 Ahau ein Unterweltsgott und ein Kriegsgott ist. Das letzte Bild zeigt das Opfer. Nun schau in die Tafel 24. Fällt Dir da etwas auf?

Moment mal. Wie ist denn die Leserichtung bei 3 Spalten?

Das wäre die Doppelspalte zuerst, danach die dritte Spalte.

Also, mit fällt auf, dass die Regenten nicht in der richtigen Reihenfolge stehen. Anstatt von Regent Seite 46 bis Regent Seite 50, erscheinen sie in der Reihenfolge 48, 49, 50, 46 und 47. Dann sind außerdem nur 2 Schützen erwähnt: Schütze 46 und Schütze 47. Aber die Opfer sind komplett.

Ganz genau. Ein Detail möchte ich noch ergänzen: Vor dem Schützen 46 erscheint das Wort „yoc", was „er tritt ein / er schreitet ein" bedeutet. Also, das heißt, die Schützen auf Seite 46 und 47 schreiten ein. Sie erwischen aber alle Opfer. Die Regenten herrschen in der Reihenfolge 48, 49, 50, 46 und 47. Mit der Seite 47 ist die Tabelle in diesem Fall zu Ende, weil der Regent von Seite 47 einschreitet. Nun schaue, welche Daten wir auf Seite 46 und 47 haben!

Auf Seite 46 befindet sich das Datum 5 Kan, für die 4-Tage-Korrektur, und auf Seite 47 ist das Datum 9 Lamat für die 8-Tage-Korrektur!

Genau. Hier bei 9 Lamat schreitet der Venusschütze bereits ein, anstatt später, wie ursprünglich geplant! Dann ist in diesem Fall die Tabelle zu Ende. Aber eine neue wird beginnen, und keines der Opfer wird den Venusschützen entkommen können!

Super! Das ist schon beeindruckend, welche Geheimnisse man 6 kleinen Seiten eines 1000 Jahre alten Hieroglyphenbuches entlocken kann!

Jetzt brauch´ ich aber erst mal eine Pause. Wir sind ja den Lesern noch das Jupiterdatum schuldig! Das machen wir morgen, im nächsten Kapitel!

Erst einmal: Salud!

Gedenken wir mit diesem Schluck der außerordentlichen Leistungen der Mayasternengucker! Ich frage mich, ob ihnen richtig bewusst war, wie genial ihre Gedanken waren...

Vor allem sind ihr Fleiß und ihre Ausdauer bemerkenswert! Heute muss ja immer alles schnell, schnell gehen!

Der Tag **Kib** bedeutet Kerze, Wachs, symbolisiert Erleuchtung. Dieses Zeichen ist ein Symbol der Nacht und der Überlegung. Wenn die Sonne untergeht, kommt der Moment der Besinnlichkeit und des Studiums. Die unter diesem Zeichen geborene Person schätzt die Erfahrung. Sie ist gebildet und kreativ, aber bisweilen gefürchtet, da sie ihre geheimsten Gedanken nicht offenbart.

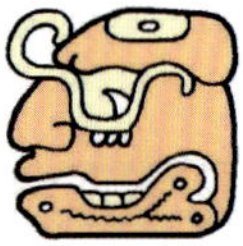
17

Das Korrelationsproblem - Teil 3: Im Banne des Zeptergottes

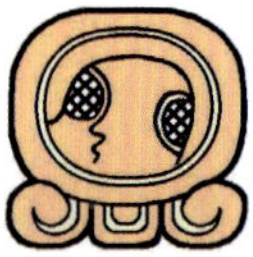
Kaban

Wir sind dann noch Erklärungen zu jener Anforderung an die Korrelationen schuldig, die etwas mit dem Planeten Jupiter zu tun hat.

Richtig.

Erstmal deute ich mal kurz an, wie ich die Bewertung in der Jupiterspalte der Tabellen des vorigen Kapitels zuordnen konnte: Ausgehend davon, dass die Tempelweihe der Gruppe der Kreuztempel in Palenque am Tag 9.12.18.5.16. 2 Kib 14 Mol an einem Tag stattfand, wo sich Jupiter an einem stationären Punkt befand, habe ich dieses Datum mithilfe aller Korrelationszahlkandidaten umgerechnet und nachgesehen, ob tatsächlich ein stationärer Punkt in der Nähe lag.

Zeige mal ein paar Werte.

Das hatte ich gerade vor. Hier ist sind die Daten:

Korrelation	Tempelweihe (greg.)	Tempelweihe (jul.)	Jup. stat. Punkte (jul.)	Differenz d	Bewertung
19. Hoc 2	3. 5. 671	30. 4. 671	AUG 22, 671	d > 30	𝋠
20. Hoc 1	14.12. 674	11.12. 674	NOV 28, 674	d < 20	𝋢
21. Kau	8.11. 687	5.11. 687	APR 03, 687	d > 30	𝋠
22. Call	27. 5. 689	24. 5. 689	JUN 03, 689	d < 20	𝋢
23. Suc	22. 7. 689	19. 7. 689	JUN 03, 689	d > 30	𝋠
24. Goo	18. 7. 690	15. 7. 690	JUL 05, 690	d < 20	𝋢
25. Mar..z	19. 7. 690	16. 7. 690	JUL 05, 690	d < 20	𝋢
26. Tho 2	21. 7. 690	18. 7. 690	JUL 05, 690	d < 20	𝋢
27. Bey	22. 7. 690	19. 7. 690	JUL 05, 690	d < 20	𝋢
28. Lou 1	23. 7. 690	20. 7. 690	JUL 05, 690	d < 20	𝋢
29. Lou 2	24. 7. 690	21. 7. 690	JUL 05, 690	d < 20	𝋢
30. Cald	21. 8. 690	18. 8. 690	JUL 05, 690	d > 30	𝋠
31. Coo	4. 9. 694	1. 9. 694	JUL 27, 694	d > 30	𝋠
32. Muk	3. 1. 702	30.12. 701	MAR 09, 702	d > 30	𝋠
33. Pog 1	12. 6. 702	8. 6. 702	JUL 10, 702	d > 30	𝋠
34. Scho 1	4. 11. 717	31.10. 717	OCT 26, 717	d < 20	𝋢
35. Hoc 5	15. 5. 759	11. 5. 759	APR 29, 759	d < 20	𝋢
36. Scho 2	28.11. 776	24.11. 776	OCT 15, 776	d > 30	𝋠
37. Pog 2	26. 6. 794	22. 6. 794	APR 11, 794	d > 30	𝋠
38. Böh	14. 7. 794	10. 7. 794	APR 11, 794	d > 30	𝋠

Ich sehe, Du zeigst uns die goldene Mitte, wo auch die vorgeschlagenen Korrelationen am dichtesten liegen.

Ja, sie liegen hier ziemlich dicht. Allerdings wäre es aus meiner Sicht nicht besonders sinnvoll als Paradebeispiele die Randbereiche zu benutzen. Der erste Wert würde für die Tempelweihe das Jahr 170 liefern und die letzten acht Werte liegen nach dem Jahr 1000. Dafür musste ich in meinem Programm den Bereich für die einzugebende Korrelationszahl erweitern.

Es gibt tatsächlich sehr viele Fakten, die diese Randwerte ausschließen. Außerdem sieht es für das Jupiterkriterium dort sowieso nicht gut aus. Mal abgesehen von dem zufälligen Treffer für den letzten Korrelationsvorschlag, gemäß dem die Tempelweihe erst im Jahr 1314 begangen wurde!

Jens, das Jupiter-Kriterium ist allerdings nur sinnvoll, wenn Du begründen kannst, dass das Datum der Tempelweihe unbedingt auf einen stationären Punkt des Jupiters fallen muss. Da werden viele Leser einwenden, dass diese Anforderung an den Haaren herbeigezogen ist oder auf der Annahme einer bestimmten Korrelation beruht!

Diese Einwände kann ich leicht entkräften. Alle wichtigen Lebensdaten von Chan Bahlum (Jaguar-Schlange), die in den Inschriften von Palenque erwähnt werden, sind stets soweit voneinander entfernt, dass sie Vielfache der synodischen Umlaufzeit des Jupiters von 399 Tagen darstellen. Das kann ja kein Zufall sein. Eine einzige Distanzzahl könnte Zufall sein, aber nicht sechs Distanzzahlen!

Und diese Distanzzahlen sind selbstverständlich absolut korrelationsunabhängig.

Genau. Und was den stationären Punkt anbelangt, so ist das verständlich, denn wenn alle Daten des Herrschers mit Jupiter zu tun haben, und er feiert die wichtigste Tempelweihe seines Lebens, dann können wir erwarten, dass man einen speziellen Punkt des Planeten dafür auswählt. Und der einzige Punkt, der sich bei einem äußeren Planeten bemerkbar macht, ist eben der stationäre Punkt. Wenn der Planet plötzlich nicht weiterwandert, sondern stehen bleibt und sogar eine gewisse Zeit lang zurückwandert, war das sicher für die Mayaastrologen etwas Besonderes.

Natürlich, wenn der neben Venus auffälligste Planet sich gelegentlich überlegt, die Richtung zu wechseln, drängt sich doch eine astrologische Bedeutung auf.

Was heißt hier gelegentlich? Da steckt doch ein Rhythmus dahinter.

Richtig, es liegt ziemlich genau ein Jahr und ein Monat zwischen den Zeitpunkten, wo Jupiter für vier Monate rückläufig wird. Er wechselt also zweimal im Jahr seine Richtung. Rückläufig ist er gerade in der Zeit, wo ihn die Erde auf ihrer weiter innen liegenden Bahn überholt und er sich deshalb bezüglich des quasi unendlich weit entfernten Sternenhintergrundes scheinbar rückwärts bewegt.

Aber man hat keine Chance, durch Beobachten den Richtungswechsel taggenau mitzukriegen. Deshalb haben wir die vielleicht großzügig erscheinenden Toleranzen zugelassen.

Wodurch wiederum die Wahrscheinlichkeit zwei Punkte zu bekommen bei ca. 1/5 liegt. Nun verrate uns doch aber endlich mal, was da für eine Tempelweihe stattfand.

Mit „Tempelweihe" meine ich hier die Einweihung der drei Tempel der so genannten Kreuzgruppe. Dazu gehören der Tempel der Sonne, der Tempel des Kreuzes und der Tempel des Blattkreuzes. Den Tempel der Sonne kann ich Dir hier präsentieren.

Das war der Tag meiner Sommerexpedition 2010 als ich früh mit dem Personal in die Ruinen hineinging und trotz gebrochener Hand tagebuchschreibenderweise auf Dich bis 8.30 Uhr gewartet habe.

Was ist das Besondere an diesen Tempeln?

Diese Tempel stellen zum einen Meisterwerke der Mayaarchitektur dar, zum anderen sind die Texte sehr wichtig, denn sie beschreiben die Geburt der wichtigsten Götter, die Erscheinung von drei Planetengöttern am Himmel am Tage der Tempelweihe und die Krönung des Herrschers Jaguar-Schlange (Chan Baluhm). Aus guten Gründen denken wir entgegen dem Mainstream, dass er sich Jaguar-Schlange nannte.

Führe am besten mal alle Daten von Chan Bahlum tabellarisch auf.

Okay, hier hast Du die Tabelle. Lass Dich nicht verwirren, wenn ich zwei Daten mit einfüge, die natürlich nicht planbar waren, nämlich Geburt und Tod von Chan Bahlum. Diese sollen uns zum Vergleich dienen. Es bietet sich auch an, die 819-Tage-Stationen mit in die Tabelle aufzunehmen. Dies sind Datumsangaben, die sich auf den Zeptergott beziehen. Sie sagen aus, wann sich der Zeptergott in einer der vier Himmelsrichtungen befand. Die ersten beiden Angaben zur 819-Tage-Station befinden sich im Sonnentempel.

Klar, das sollte uns bewusst sein, wir arbeiten hier mit Inschriftendaten, d. h. wir greifen auf eine historische, zuverlässige Quelle zurück.

Ereignis	**Datum**	**Differenz**	**Vielfaches**	**Umlaufzeit**
erste 819-Tage-Station	1.6.14.11.2. 1 Ik´ 10 Sek			
		82593	207 × 399	399
zweite 819-Tage-Station	1.18.4.0.15. 5 Men 13 Xa´ax			
		1093791	keines	
Geburt von Chan Bahlum	9.10.2.6.6. 2 Kimi 19 Sots´			
		2217	keines	
Bestimmung zum Thronerben	9.10.8.9.3. 9 Ak´bal 6 Xul			
		15547	39 × 399 – 14	398,64
Krönung	9.12.11.12.10. 8 Ok 3 K´ayab			
		1592	4 × 399 – 4	398
819-Tage-Station	9.12.16.2.2. 1 Ik´ 10 Sek			
		794	2 × 399 – 4	397
Tempelweihe der Kreuzgruppe	9.12.18.5.16. 2 Kib 14 Mol			
		4380	11 × 399 – 9	398,18
Jahrestag der Tempelweihe	9.13.10.8.16. 1 Kib 14 Mol			
		1204	3 × 399 + 7	401,33
Reinkarnation	9.13.13.15.0. 9 Ajaw 3 K´ank´in			

Tod	9.13.10.1.5. 6 Chikchan 3 Poop		
		151	keines
Jahrestag der Tempelweihe	9.13.10.8.16. 1 Kib 14 Mol		

Tod	9.13.10.1.5. 6 Chikchan 3 Poop		
		1355	keines
Reinkarnation	9.13.13.15.0. 9 Ajaw 3 K´ank´in		

Was soll denn diese seltsame Zahl 819 ausdrücken?

Auf den ersten „mathematischen" Blick handelt es sich hier um das Produkt der heiligen Maya-Ziffern 7, 9 und 13. Wir werden dann noch sehen, wie diese Zahl mit den Planeten verknüpft werden kann. An dieser Stelle soll noch erwähnt werden, dass die Erfindung dieser 819-Tage-Zählung in die Zeit des Chan Bahlum fällt. Er hatte also die Wahl zu entscheiden, auf welches Datum er den Beginn dieser Rechnung ansetzt.

Gut, schauen wir uns erstmal das Ergebnis an: Eine Distanzzahl ist exakt ein ganzzahliges Vielfaches der synodischen Umlaufzeit des Jupiter von 399 Tagen. Weitere fünf Daten liegen sehr nahe an dieser Umlaufzeit. Der Durchschnitt dieser fünf Distanzzahlen beträgt 398,6 Tage. Das ist erstaunlich nahe an der tatsächlichen Umlaufzeit des Jupiters von 398,7 Tagen. Dass es nicht genaue Vielfache von 399 Tagen sind ist klar, weil den Daten historische Aufzeichnungen von Beobachtungsdaten zugrunde liegen.

Richtig, es handelt sich nicht um idealisierte Daten, wie wir sie in den Tabellen der Codices finden. An dieser Stelle möchte ich noch einmal den Unterschied betonen, denn es überrascht mich immer wieder, wie sehr die Angelegenheit der Mayaastronomie selbst von Experten missverstanden wird. Genau aus diesem Grund gibt es dann diese unsinnigen Vorschläge von neuen Korrelationen. Ich nenne Dir mal ein praktisches Beispiel. Irgendwo im Internet hatte ich einen Kommentar zur Venus gelesen und dieser lautete ungefähr so: „Also, die Mayaschamanen haben immer geschaut, wann die Venus als Morgenstern und Abendstern aufgeht und untergeht. Das hat der Schamane aufgeschrieben. Diesen Codex hat er seinem Nachfolger weitergegeben, und der hat weiter beobachtet, die Daten geprüft und korrigiert, und das Ergebnis im Dresdener Codex aufgeschrieben."

Das stimmt offensichtlich nicht, denn die Daten wurden doch aufbereitet bzw. angepasst!

Eben. Zum Teil stimmt es natürlich, denn es ist ja klar, dass die Maya Beobachtungen durchgeführt haben, selbstverständlich über einen langen Zeitraum. Es ist auch klar, dass sie diese Daten notiert haben.

Falsch ist aber, dass das Endergebnis dieser Beobachtungsdaten im Dresdener Codex zu finden sei, denn hier handelt es sich eindeutig nicht um die exakten Beobachtungsdaten, sondern um eine idealisierte Tafel.

Eben. Die fünf Tafeln beschreiben 65 Venusjahre. Das sind 104 Jahre. Nun wäre ja in Wirklichkeit die Länge der einzelnen Phasen ungleich lang. Deswegen müssten sie den Beginn jeder Phase auch mit Monatsangabe schreiben, vielleicht sogar das vollständige LongCount-Datum. Das würde natürlich sehr viel mehr als nur 5 oder 6 Seiten im Codex einnehmen. Sie können ja unmöglich jedes Mal eine Dauer als Morgenstern von exakt 236 Tagen beobachtet haben. Nur dadurch, dass sie hier immer den gleichen Wert annehmen, können sie im Dresdener Codex so platzsparend schreiben, denn so fallen alle Tage immer auf dieselbe Monatsangabe.

Ja, offensichtlich muss es da Schwankungen geben. Noch offensichtlicher ist das übrigens bei der Zeitdauer der unteren Konjunktion der Venus, die die Maya immer mit 8 Tagen angeben, während dieser Wert tatsächlich extrem schwankt. Das kann ein Tag sein, oder es können auch mal zwei Wochen sein, je nachdem wie die Venusbahn gerade aussieht. Auch die Länge des Venusjahres ist ja nicht immer 584 Tage, sondern kann zwischen 580 und 588 Tagen schwanken.

Wir haben hier also eine Idealisierung, wenn die Maya im Dresdener Codex immer die gleichen Längen angeben. Aber wir haben noch eine zweite Komponente der Idealisierung, denn diese Länge von 236 Tagen entspricht ja ebenso wenig dem Durchschnittswert für die Sichtbarkeit als Morgenstern, schließlich wären das ein paar Tage mehr. Hier ist der Wert aber von den Maya zurechtgestutzt worden, damit er genau acht Mondmonatslängen entspricht. Dann haben wir noch eine weitere Einschränkung, denn das Venusjahr musste immer mit dem Tag 1 Ajaw beginnen.

Das sind letztendlich einige Zwänge, das heißt die Astronomie wird gewissermaßen zum Opfer der Astrologie!

Das könnte man so sehen. Man muss auf jeden Fall verstehen, dass die Mayasternengucker sehr an diesen idealisierten Werten interessiert waren und die Genauigkeit also nicht vorrangig war. Wenn man das bei der Korrelationssuche vergisst, kann man schnell auf Abwege geraten. Wir müssen uns also immer vor Augen halten, dass der Mayasternengucker in ersten Linie ein Astrologe war und erst in zweiter Linie ein Astronom.

Wie bekommen wir nun heraus, welche Daten eher den wahren Beobachtungen entsprechen und welche nicht?

Da muss man eben den gesunden Menschenverstand benutzen. Wenn es aktuelle Angaben in Steleninschriften sind, dann ist es wahrscheinlicher, dass sie mit den Beobachtungen übereinstimmen. Wenn es Rückrechnungen sind, wie die ersten beiden Daten in unserer Tabelle, die ja zur Zeit des Jaguar-Schlange schon 3000 Jahre zurücklagen, egal welche Korrelation wir benutzen, dann würde ich keinen Pfifferling darauf geben, dass diese Daten auf einen stationären Punkt des Jupiters fallen. Besonders vorsichtig muss man natürlich mit einem Codex sein, der ausschließlich idealisierte Werte enthält. Da kann also unmöglich jeder Wert einem genauen Beobachtungswert entsprechen. Wenn man also dann Korrelationen zurückweist, weil nicht alle Werte exakt sind, dann sollte man damit sehr vorsichtig sein.

Nun müssen ja einige Werte trotzdem stimmen bzw. müssen verlässlicher sein als andere.

Ja, sicher. Bei der Venustafel zum Beispiel würde ich überlegen, welche Phase wichtiger ist. Das ist hier eindeutig der Aufgang der Venus als Morgenstern. Dagegen würde ich erwarten, dass vor allem die Daten für den Beginn der Phase der oberen Konjunktion eher ziemlich danebenliegen, vor allem wegen der Manipulation der Dauer dieser Phase zugunsten des Mondkalenders.

Wie siehst Du nun das Ergebnis unserer Tabelle?

Die Distanzzahlen der wichtigsten Ereignisse im Leben des Jaguar-Schlange von Palenque sind eindeutig Vielfache der Umlaufzeit des Jupiters. Der erhaltene Wert von 398,6 Tagen Umlaufzeit ist ein sehr gutes Ergebnis. Besonders wichtig ist, dass die Distanz zwischen den beiden zurückgerechneten Daten ein exaktes Vielfaches von 399 Tagen ist, denn genau hier würde ich einen idealisierten Wert erwarten, keinen angenäherten Wert. Besonders wichtig ist aber auch der Wert von 39 Jupiterjahren.

Warum das?

Die 39 Jupiterjahre entsprechen exakt dem kleinsten gemeinsamen Vielfachen von 399 und 819. Das ist also genau die auf der 819-Tage-Rechnung beruhende Jupiterformel:

$$39 \times 399 = 19 \times 819 = 15561 = 3^2 \times 7 \times 13 \times 19 = 2.3.4.1.$$

Hier hast Du gleich noch die entsprechende Saturnformel:

$$13 \times 378 = 6 \times 819 = 4914 = 2 \times 3^3 \times 7 \times 13 = 13.11.14.$$

An dieser Stelle sehen wir also, dass die 819-Tage-Rechnung für Jupiter und Saturn entwickelt wurde, vor allem aber für den Jupiter, denn der Beginn der 819-Tage-Rechnung wurde ja mit der Jupiterumlaufzeit gekoppelt.

Deswegen nehmen wir ja auch an, dass der Zeptergott K´awiil den Jupiter darstellt, denn der wird ja immer in der 819-Tage-Rechnung erwähnt. Ein anderer Grund ist der, dass in den Tempeln der Kreuzgruppe der Jaguar-Schlange immer den K´awiil in den Händen hält und von diesem Herrscher wissen wir ja nun mit Sicherheit, dass er sehr am Jupiter interessiert war.

Nun kann man ja jeden Planeten mit der 819-Tage-Rechnung in Verbindung setzen. Vielleicht sollten wir die Formeln der anderen Planeten mit angeben.

Gut. So sieht die Venusformel aus:

$$819 \times 584 = 584 \times 819 = 2^3 \times 3^2 \times 7 \times 13 \times 73 = 478296 = 3.6.8.10.16.$$

Das ist offensichtlich nicht sehr praktisch. Die bisher benutzte Venusformel auf Sonnenbasis ist da offenbar viel eleganter:

$$5 \times 584 = 8 \times 365 = 2^3 \times 5 \times 73 = 2920 = 8.2.0.$$

Nun folgt die Marsformel:

$$21 \times 780 = 20 \times 819 = 2^2 \times 3^2 \times 7 \times 5 \times 13 = 16380 = 2.5.9.0.$$

Ich bin jetzt etwas überrascht. Man kann also die 819-Tage-Rechnung auch sehr gut benutzen, um die Umlaufzeiten des Mars zu kontrollieren.

Mich überrascht, dass Du überrascht bist. Klar kann man die Umlaufzeiten kontrollieren. Letztlich muss das auch für den Merkur funktionieren:

$$819 \times 116 = 116 \times 819 = 2^2 \times 3^2 \times 7 \times 13 \times 29 = 95004 = 13.3.16.4.$$

Aber hier passt es nicht so gut, es sei denn, man nimmt einen Schönheitsfehler von einem Tag Abweichung in Kauf, d.h. wenn man mit 117 Tagen statt mit 116 Tagen rechnet.

Das haben die Maya mitunter gemacht. Wir wissen zum Beispiel, dass sie manchmal auch mit 364 Tagen statt 365 Tagen rechnen. Eric Thompson nannte diese 364 Tage das „Computing Year". Diese 364 Tage sind das Produkt von 13 und 28, wodurch diese Tageszahl für den Mondkalender attraktiv wird.

$$7 \times 117 = 1 \times 819 = 3^2 \times 7 \times 13 = 819 = 2.4.19.$$

Die 819-Tage-Rechnung dient also dem Mayapriester zur Kontrolle von Jupiter, Saturn und Mars, eventuell auch für den Merkur. Damit hatten es die Kalenderpriester endlich geschafft, den Umlauf aller wichtigen Himmelskörper zu beschreiben. Jetzt sollten wir vielleicht noch ein Beispiel für die 819-Tage-Rechnung abbilden!

Das haben wir in Kapitel 10 bereits getan. Dort hatten wir die Inschrift mit dem Geburtsdatum von Vogel-Jaguar von Yaxchilán. Sein Geburtsdatum war 9.13.17.12.10. 8 Ok 13 Ya´ax. Auf der zweiten Steinplatte, in den Spalten E und F, haben wir den Text zur 819-Tage-Rechnung:

E1: vor 17 K´in und 1 Winal
F1: und vor einem Tun
E2: am Tag 1 Been
F2: 1 Ch´een
E3: befand sich
F3: im Osten
E4: der rote Gott
E5: der Zeptergott

Das soll uns hier reichen. Die Distanzzahlen werden immer zurückgerechnet.

	9. 13. 17. 12. 10.
–	*1. 1. 17.*
=	*9. 13. 16. 10. 13.*

Nun rechne ich mit Deinem Programm nach: Dazu gehört die Kalenderrunde 1 Been 1 Ch´een.

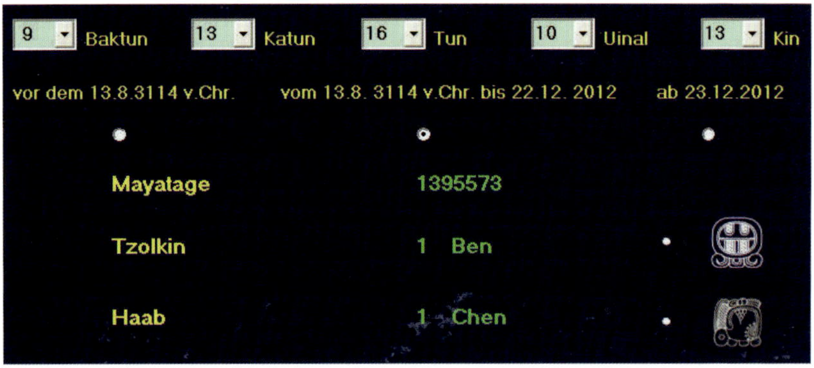

Stimmt.

Jetzt werde ich noch mal prüfen, ob die Distanz vom Datum 9.12.16.2.2. 1 Ik´ 10 Sek zum Datum 9.13.16.10.13. 1 Been 1 Ch´een tatsächlich ein ganzzahliges Vielfaches von 819 ist.

$$\begin{array}{rl} & 9.\ 13.\ 16.\ 10.\ 13. \\ - & 9.\ 12.\ 16.\ 2.\ 2. \\ \hline = & 0.\ 1.\ 0.\ 8.\ 11. \end{array}$$

Das sind 7371 Tage. Und 7371 Tage sind 9 × 819 Tage. Stimmt auch.

Diese Inschrift besteht aus drei Tafeln. Ich zeige sie manchmal den Touristen in Yaxchilán, wenn sie sich dafür interessieren. Denn dort sind noch die Originale. Wenn Du auf der großen Plaza stehst, zur großen Stele schaust und den Berg im Rücken hast, dann hast Du schräg nach links hin etwas erhöht einen Tempel. Links vor Dir liegt dann das steinerne Krokodil.

Krokodil, das klingt gefährlich und erinnert mich an Cobá, wo Du das kaum fünf Meter entfernte Krokodil mit Steinen zum Bewegen bringen wolltest, während ich filmte.

Eine Skulptur eines Jaguars gibt es rechts von der Stele. Ja, das ist sowieso ein magischer Ort, richtig im Dschungel gelegen. Gefällt jedem. Nur für die Hieroglyphen begeistert sich eben nicht jeder. Aber die Geburtsglyphe zeige ich immer sowie den Namen des Vogel-Jaguar. Das reicht den meisten.

Sie wissen nicht, was sie verpassen!

Oh, da könnte ich viel erzählen, aber wir müssen ja beim Thema bleiben.

Apropos Thema: Was haben wir hinsichtlich des Korrelationsproblems in diesem Kapitel gezeigt?

Zur Bedeutung der Venus für die Korrelationsfestlegung kommt die Bedeutung des Jupiters hinzu, wobei wir ausführlich geklärt haben, dass die diesbezüglichen historischen Inschrif-

tendaten präziser sind als die idealisierten Codex-Datenreihen für die Venus. Weiterhin haben wir in diesem Zusammenhang die 819-Tage-Zählung erörtert.

Also ein weiteres Indiz für die Genialität der Maya-Mathematiker.

Ja, aber vor allem sollte jedem klar geworden sein, dass wir durch die Inschriften des Königs Jaguar-Schlange von Palenque wissen, dass der Zeptergott untrennbar mit dem Planeten Jupiter verbunden ist.

An dieser Stelle möchte ich noch einmal auf die spannenden Xultún-Zahlen eingehen.

Was soll diese Inschrift mit dem Zeptergott von Palenque zu tun haben?

Eher mit der 819-Tage-Zählung. Wie schon erklärt gibt es dieses kleinste gemeinsame Vielfache der Kalenderzyklen und der Planetenzyklen für Mars, Venus und Merkur.

Ja, da war diese Zahl, die ich mir nicht so genau gemerkt habe. Die hat doch aber mit der 819-Tage-Zählung nichts zu tun.

Eben, die 2.7.9.0.0 bzw. in unserem Zahlensystem die 341.640, hätte alle die in Kapitel 7 genannten Zahlen als Teiler. Die 819 brauchen wir zusätzlich.

Jetzt geht diese Rechnerei wieder los. Sage uns so kurz wie möglich, was Du wieder berechnet haben willst.

Wollen wir zusätzlich zu den Planetenumlaufzeiten usw. die Palenque-Lieblingszahl auch als Teiler unterbringen, vergrößert sich das kgV auf 2.391.480. Als Datum scheint diese Zahl 16.12.3.0.0 unbrauchbar zu sein, passt leider nicht in die Mayazeit. Aber die Hälfte passt und entspricht der ersten Xultún-Zahl 8.6.1.9.0! Das ist im gregorianischen Kalender der 10.6.161. Übrigens gehört das erste im Dresdner Codex verwendete Datum zum Jahr 176.

Wirklich? Soll die erste Xultún-Zahl auch wieder so ein mathematisches Konstrukt sein? Das beeindruckt mich sehr. Dennoch begeistern mich die kalenderrelevanten Aussagen im Poopol Wuuj viel mehr, weil sie so poetisch und philosophisch und nicht trocken mathematisch sind.

Der Tag **Kaban** bedeutet Erde. Die unter diesem Zeichen geborene Person steht mit beiden Beinen fest auf der Erde. Sie hat ein gutes Urteilsvermögen. Sie ist klug, ein guter Händler und auch ein Heiler. Sie zeigt auch Kreativität.

18

Das Korrelationsproblem - Teil 4: Im Rachen des Jaguars

Ets´nab

Im Kapitel 16 hatten wir unsere interessante Kriterien-Tabelle. Was ergibt nun der Vergleich der vorgeschlagenen Korrelationen?

Ich sehe, dass sehr viele Kandidaten auf der Strecke geblieben sind. Manche schneiden so schlecht ab, dass man sich fragt, wie es sich die Autoren überhaupt wagen konnten, solche Vorschläge zu unterbreiten.

Egal. Diese Tabelle aller Korrelationsvorschläge, die alle relevanten Kriterien enthält, führt uns jedenfalls zu dem unweigerlichen Schluss, dass das Nulldatum irgendwo auf den August 3114 vor Christus fallen muss. Hier noch einmal der betreffende Tabellenausschnitt:

	JDN	greg. v.C.	jul. v.C.	RC	CB	Ox	La	MA	SF	V	Ju	ND
Hochleitner 2	577264	23.05.3133	18.06.3133	●	0	●	0	0	0	0	0	0
Hochleitner 1	578585	04.01.3129	30.01.3129	●●	0	●	0	●●	●●	0	●●	0
Kaulins	583297	28.11.3117	24.12.3117	●●	0	0	0	0	0	0	0	0
Calleman	583863	17.06.3115	13.07.3115	●●	●	●●	0	0	0	0	●●	0
Suchtelen	583919	12.08.3115	07.09.3115	●●	●	●	0	0	0	0	0	●●
Goodman	584280	09.08.3114	04.09.3114	●●	●●	●●	●●	0	0	●●	●●	0
Martinez	584281	10.08.3114	05.09.3114	●●	●●	●●	●●	0	0	●●	●●	0
Thompson 2	584283	11.08.3114	06.09.3114	●●	●●	●●	●●	●	●	●●	●●	●
Beyer	584284	12.08.3114	07.09.3114	●●	●●	●●	●●	●●	●●	●●	●●	●●
Lounsbury 1	584285	13.08.3114	08.09.3114	●●	●●	●●	●●	●●	●●	●●	●●	●●
Lounsbury 2	584286	14.08.3114	09.09.3114	●●	●●	●●	●●	●●	●●	●●	●●	●●
Calderon	584314	11.09.3114	07.10.3114	●●	●●	●●	●	●●	0	0	0	0
Cook	585789	25.09.3110	21.10.3110	●●	0	0	0	●	0	0	0	●
Mukerji	588466	23.01.3102	18.02.3102	●●	0	0	0	0	0	0	0	0
Pogo 1	588626	02.07.3102	28.07.3102	●●	0	●	0	●●	●●	0	0	0
Schove 1	594250	25.11.3087	20.12.3087	●●	0	0	0	0	0	0	●●	0
Hochleitner 5	609417	04.06.3045	29.06.3045	●	0	0	0	●●	●	0	●●	0
Schove 2	615824	19.12.3028	13.01.3027	0	0	0	0	●●	●●	●	0	0
Pogo 2	622243	17.07.3010	11.08.3010	0	0	●	●●	0	0	●●	0	0

Nur hier liegt eine so deutliche Häufung von „Volltreffern" vor, dass man tatsächlich zu keinem anderen Schluss kommen darf (vgl. gesamte Tabelle Kapitel 16).

Um weiter zu präzisieren, wollen wir mal großzügig nicht nur die drei punktemäßig führenden, sondern fünf Tage näher untersuchen: den 10., 11., 12., 13. und 14. August 3114 vor Christus.

Nun müsste ja die Korrelationsfrage leicht durch ganz spezifische Ereignisse lösbar sein, wie zum Beispiel Finsternisse. Bei den stationären Punkten des

Jupiters müssen wir ja recht große Fehlerbereiche von mehreren Tagen zulassen, selbst bei der Venus sind es noch ein paar Tage. Aber bei Finsternissen wäre das auf den Tag genau.

Ja, das ist prinzipiell richtig. Leider haben wir nur zwei eindeutige Finsternisangaben in klassischen Inschriften. Das Problem bei beiden ist, dass sie aus spezifischen Gründen nicht ganz verlässlich sind.

Das sollten wir uns mal anschauen.

Ja, natürlich. Da haben wir einmal die Stele 3 von Santa Elena Poco Uinic. Sie verzeichnet für den Tag ***9.17.19.13.16. 5 Kib 14 Ch´en eine totale Sonnenfinsternis****. Rechts habe ich die entsprechende Glyphe, die in dieser Inschrift auftaucht, noch einmal gezeichnet. Wenn wir davon ausgehen, dass das Nulldatum im August 3114 v.Chr. liegt, dann muss das Datum dieser Stele dem Juli 790 entsprechen.*

Da gibt es nur eine Finsternis, die dafür in Frage kommt: Das ist die totale Sonnenfinsternis vom 20. Juli 790 gregorianisch (bzw. am 16. Juli julianisch), die um 11 Uhr 50 bis 15 Uhr Ortszeit an diesem Ort sichtbar war.

Wenn wir nun vom 20. Juli 790 (greg.) genau 9.17.19.13.16. Tage zurückzählen, ergibt sich als Nulldatum der 14. August 3114 vor Christus. Das ist die Rechnung dazu, um es noch mal zu demonstrieren: Die Mayazahl 9.17.19.13.16. entspricht unabhängig von jeder Korrelation 1425516 Tagen. Die Zahl der julianischen Tage, die seit dem 1.1. 4713 vor Christus bis zum 20. Juli 790 gregorianisch (oder bis zum 16. Juli 790 julianisch) auch unabhängig vom Mayakalender vergangen sind, beträgt 2009802. Die Differenz ergibt die Korrelationskonstante 584286. Diese Zahl entspricht dem ***Nulldatum 14. August 3114 vor Christus****.*

Lass mich mal nachrechen. Wenn ich in meinem Programm die Korrelationskonstante 584286 eingebe, und dann das LongCount-Datum umrechne, ergibt sich dieses hier:

Der Leser kann jetzt schnell nachrechnen, welche Korrelationskonstante ich hier eingegeben habe:

Julianische Tage	–	Mayatage	=	Korrelationskonstante
2009802	–	1425516	=	584286

Sauber und nachvollziehbar gerechnet. Aber worin liegt hier nun das Problem?

Viele erwähnen zwar diese Finsternis, aber niemand macht sich die Mühe, das Datum im Kontext anzuschauen. Die Stele 3 von Santa Elena Poco Uinic enthält vier Daten, die in die Lebenszeit des Herrschers Yax Balam „Neuer Jaguar" fallen:

9.16.15.10.16.	*2 Kib*	*14 Kej*		*Geburt*
9.17.11.14.16.	*5 Kib*	*14 Kej*		*Krönung*
9.17.19.13.16.	*5 Kib*	*14 Ch'en*		*Finsternis*
9.18. 0. 0. 0.	*11 Ajaw*	*18 Mak*		*Katun-Ende*

Nun nehme ich an, dass Dir an den Daten etwas auffällt.

Ja, allerdings! Man sieht, dass Geburt, Krönung und Finsternis alle auf den gleichen Tag fallen, auf den Tag Kib. Das Finsternisdatum fällt sogar auf das gleiche Datum im Heiligen Kalender, auf **5 Kib**. Bei Geburt und Krönung war auch die Monatsposition genau die gleiche. Auch der Monatskoeffizient wiederholt sich hier, die 14. Ein perfekter Zufall! Das Datum der Sonnenfinsternis legitimiert in perfekter Weise das Ansehen dieses Herrn „Neuer Jaguar" als Herrscher göttlichen Geschlechts, denn er demonstriert ja die direkte Kontrolle über den Sonnengott!

Perfekter Zufall? Nur mal angenommen, die Finsternis wäre knapp neben diesem Datum. Wäre die Versuchung nicht groß, den „kleinen Fehler der Natur" zu korrigieren?

Willst Du, als einer der größten Mayafans, den ich kenne, die Mayakönige zu gemeinen Lügnern stempeln?

„Gemeine Lügner" wäre übertrieben, aber „geschickte Manipulatoren" muss man schon in Betracht ziehen. Ich will nur betonen, dass man sich bei dieser Inschrift aus gutem Grund nicht genau auf das Datum verlassen kann!

Okay, wir müssen also damit rechnen, dass das Datum der Finsternis möglicherweise an diesen Tag angepasst wurde. Es ist also sehr gut möglich, dass die Finsternis einen oder zwei Tage später stattfand oder meinetwegen auch früher. Völlig erfunden kann die Finsternis sicherlich nicht sein. Sie passte nur **eventuell nicht genau zum seinem heiligen Tag Kib**. Die Astronomie ist hier möglicherweise wieder ein Opfer der Astrologie geworden. Dass dies sein kann, hat der geneigte Leser verstanden. Es wird allerdings auch Leser geben, die hier Manipulationsgelüste unsererseits unterstellen werden.

Nun, damit müssen wir leben. Aber vielleicht tun wir dem Herrscher „Neuer Jaguar" hier auch unrecht. Denn es ist ja nach wie vor möglich, dass die Finsternis genau an diesem Tag stattfand.

Klar. Aber egal, wann die Finsternis nun war, wir können uns nicht hundertprozentig auf die Inschrift verlassen, da wir die Möglichkeit der Verfälschung einfach nicht ausschließen können.

Aus dem gleichen Grund können wir auch das zweite Datum mit einer Sonnenfinsternis auf einer Mayastele nicht als echten Beweis für irgendeine Korrelation ansehen. Die Abbildung stellt das Datum 9.17.0.0.0. der Stele E von Quiriguá dar mit dieser einmaligen Hieroglyphe, die die Sonnenscheibe im Rachen des Jaguars zeigt.

Die einzige Finsternis, die hier für unsere 5 Kandidaten in Frage kommt, ist die Finsternis vom 24. Januar 771, gregorianisch, bzw. 20. Januar julianisch, die von 13 Uhr 25 bis 15 Uhr 10 Ortszeit sichtbar war. Dem würde das **Nulldatum 13. August** entsprechen.

Da die Finsternis aber genau auf ein K´atun-Ende fällt, ist es denkbar, dass die Finsternis einen oder zwei Tage vorher oder später stattfand. Und damit sind unsere Optionen hinsichtlich der Finsternisdaten auf Mayastelen leider schon erschöpft, denn bisher hat man nur diese zwei gefunden.

Darum werden wir uns mal die Finsternisdaten des Dresdener Codex für jeden der 5 möglichen Nulltage anschauen. Das sollte das Thema wirklich hinreichend beleuchten. Hier noch mal eine Übersicht für diese 5 Tage:

	JDN	Nulltag greg.	Nulltag jul.	endet greg.
Martínez 2	584282	10.08.3114 v.Chr.	05.09.3114 v.Chr.	20.12.2012
Thompson 2	**584283**	**11.08.3114 v.Chr.**	**06.09.3114 v.Chr.**	**21.12.2012**
Beyer	584284	12.08.3114 v.Chr.	07.09.3114 v.Chr.	22.12.2012
Lounsbury 1	**584285**	**13.08.3114 v.Chr.**	**08.09.3114 v.Chr.**	**23.12.2012**
Lounsbury 2	584286	14.08.3114 v.Chr.	09.09.3114 v.Chr.	24.12.2012

Auf den Seiten 51 bis 58 des Dresdener Codex tauchen die Symbole für Sonnenfinsternis und Mondfinsternis auf, neben Daten und Zahlenreihen.

Ich möchte hier mal mit erwähnen, dass derartige Betrachtungen zu den Datenreihen im Dresdener Codex bereits sehr oft angestellt wurden, so dass man sehr viel Referenzmaterial zur Verfügung hat. Einfach mal googeln, dann findet man einiges. Die Übersetzung der Glyphen stellt kein Problem dar. Lediglich die Interpretation des für die gesamte Untersuchung fundamentalen Startdatums der Finsternisreihe, welches im folgenden Schriftzug enthalten ist. Jens, übersetze uns das bitte mal!

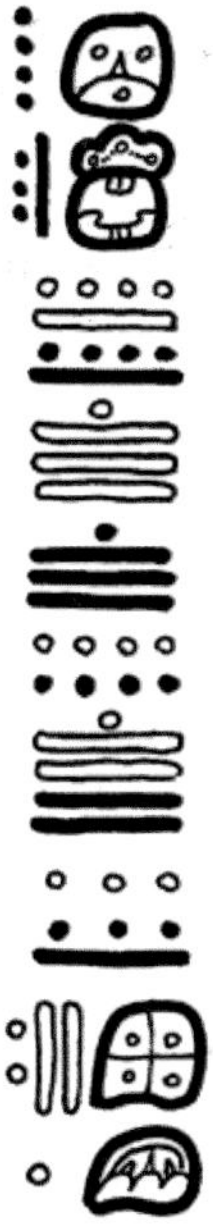

4 Ajaw

8 Kumk´u

Das Startdatum der Reihe sowie alle weiteren Daten bilden wir hier ab.

Es folgen 2 ineinander geschriebene LongCount-Daten:

9.16.4.11.3 (weiß) und

***9.16.4.10.8** (schwarz)*

Darunter folgen 12 Lamat und 1 Ak´bal.

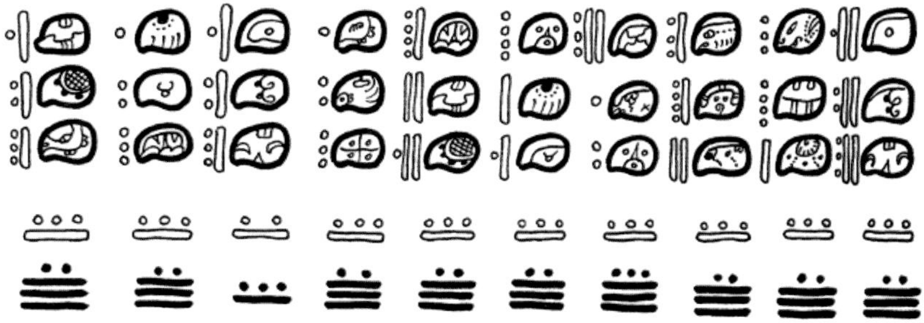

8.17 8.17 7.8 8.17 8.17 8.17 8.18 8.17 8.17 8.17

8.17	=	177	Das sind Distanzzahlen bis zur jeweils nächsten Sonnenfinsternis.
8.18	=	178	
7.8	=	148	

9.16.5.1.5
9.16.5.10.2
9.16.5.17.10

} Die daraus erzeugten LongCounts sollen die nächsten Finsternisdaten sein, die sich durch sukzessive Addition der Distanzzahlen zum Startdatum ergeben.

Wir führen alle 69 Daten auf. Wir werden logischerweise immer mit dem mittleren Datum rechnen, denn das Datum darüber und darunter entspricht ja nur dem Tag davor und danach, was schon einmal deutlich macht, dass die Maya hier einen Fehler von plus minus einem Tag von vornherein eingeplant hatten. In der Tabelle werden wir kleine und große Finsternissymbole verwenden. Wo eine Sonnenfinsternis stattfand, die nicht im Mayagebiet sichtbar war, schreiben wir ein kleines Sonnenfinsternissymbol. Und für die Fälle, wo eine Sonnenfinsternis war, die auch im Mayagebiet sichtbar war, schreiben wir ein großes Sonnenfinsternissymbol.

Da fällt mir noch ein, dass wir hier ein Interpretationsproblem haben.

Was meinst Du?

Na, denke mal an die Venusdaten und die Jupiterdaten. Da hatten wir ja die Diskussion idealisierte Daten versus Beobachtungsdaten. In der Venustafel war es offensichtlich. Dort finden wir idealisierte Daten vor. Bei den Jupiterdaten war es auch eindeutig. Hier handelte es sich um vereinzelte Daten in historischen Inschriften, von den Rückrechnungen abgesehen, also um Beobachtungsdaten. Aber was können wir bei den Finsternisdaten erwarten? Da gibt es ja keine festgelegten Distanzzahlen, sondern diese variieren.

Ich deute die Codex-Daten mal folgendermaßen: Es handelt sich um eine Prognosereihe, sonst hätten die Maya immer nur einen Tag aufgeschrieben und nicht jeweils drei aufeinanderfolgende Tage. Ich glaube dennoch auch, dass die Daten auf Grundlage einer alten Beobachtungsreihe aufgestellt wurden. Letztere wurde eben als Vorhersage in die Zukunft projiziert. Dass die Distanzzahlen dabei nicht immer zu Treffern führen, ist der Tatsache geschuldet, dass es sich hierbei eigentlich um gebrochene Zahlen handelt, die zudem von weiteren Bedingungen abhängen. Langfristig kompensieren sich die Fehler immer wieder, so dass ein gewisser Anteil Treffer zu erwarten ist, aber nur unter der Voraussetzung, dass meine Prognosereihe an einem geeigneten Tag startet.

Diese Treffer- und Fehler-Angelegenheit hast Du bereits in „Don Eric und die Maya" ausführlichlich erörtert.

Ja, sogar mit einer gut begründeten Behauptung aus welcher Zeit die hier als Prognosereihe verwendeten Werte stammen können. [Roha06a] Nochmal: Das Startdatum ist wesentlich. Für unser Anliegen reicht es aus, nachzusehen, welche Korrelation am besten abschneidet und wie deutlich dieses Ergebnis ist.

Ja, stimmt auch wieder. Also los!

Nicht erschrecken, es reicht, die Distanzzahlen zu erkennen, d. h. 8.17 usw.

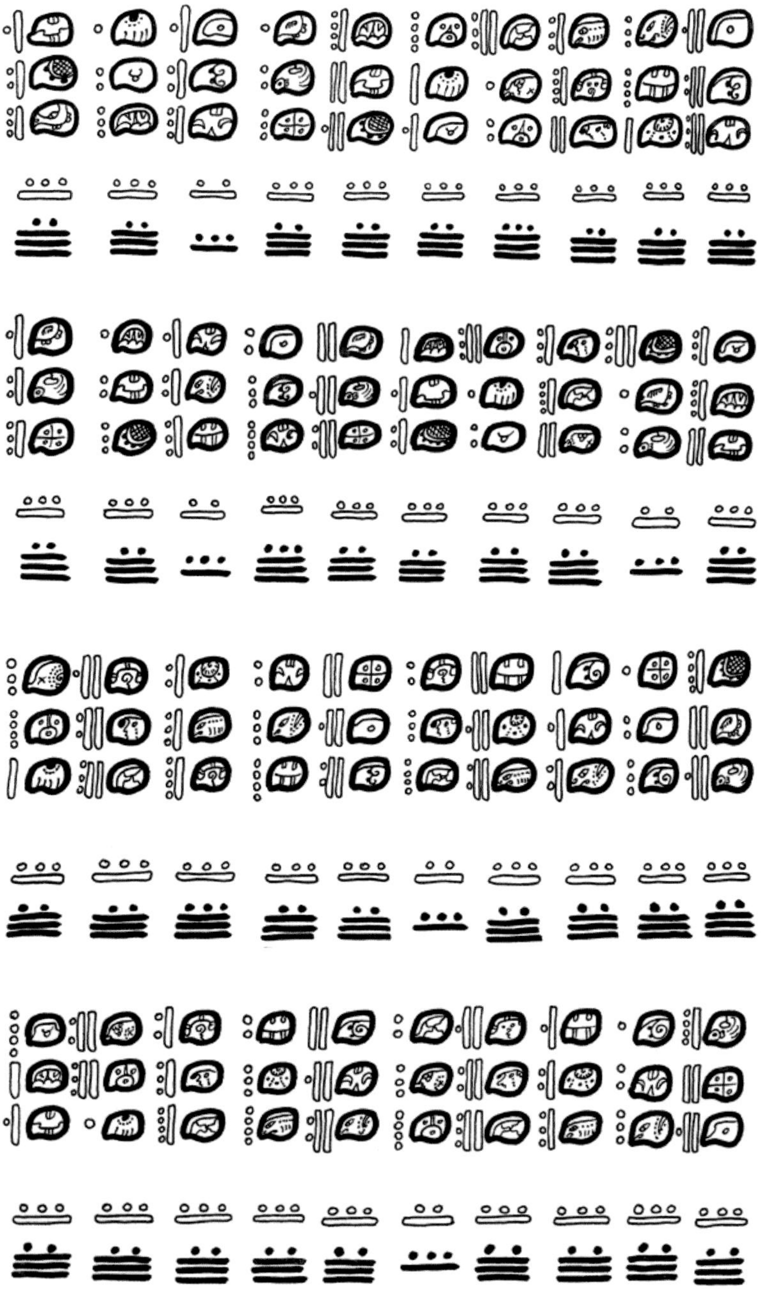

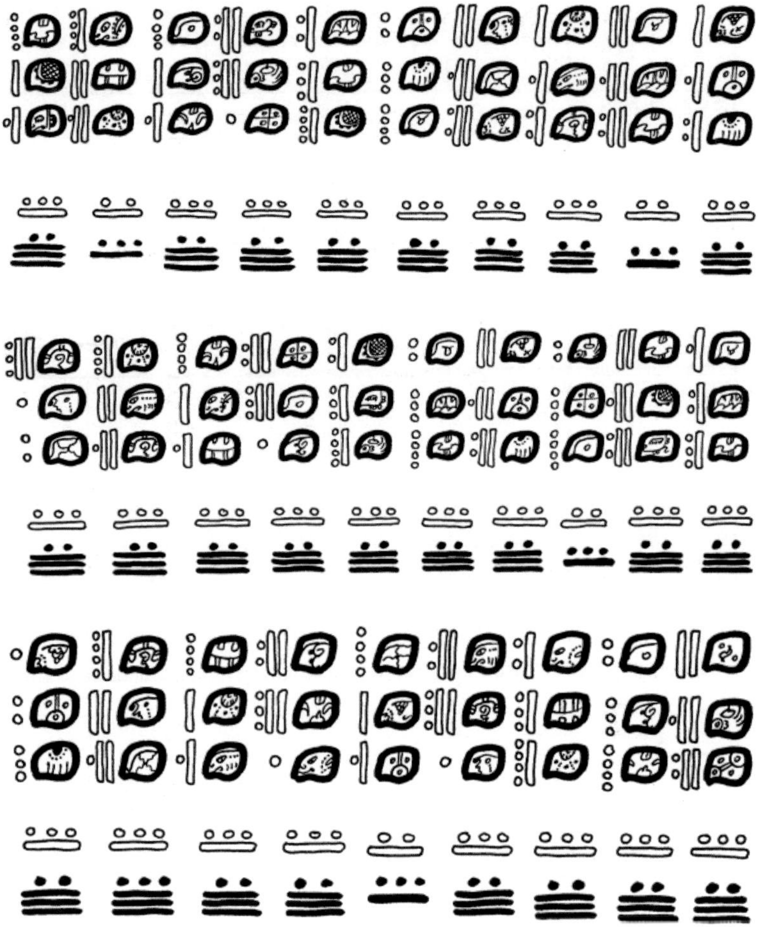

Wie versprochen, verbasteln wir nun diese Distanzzahlen.

Was heißt hier verbasteln? Das musst Du schon genauer erklären.

In der folgenden Tabelle haben wir ausgehend vom Basisdatum alle sich durch schrittweises Anfügen der Distanzzahlen ergebenden Daten ermittelt und in Abhängigkeit von der Korrelation auf das Eintreten von Finsternissen untersucht.

Oder einfach gesagt, wir sehen nach, zu welchem Nulldatum die Finsternisprognosen am besten passen.

	Datum der mittleren Reihe	**10.08.**	**11.08.**	**12.08.**	**13.08.**	**14.08.**
	9.16.4.10.8. 12 Lamat 1 Muwan	9. Nov 755	10. Nov 755	11. Nov 755	12. Nov 755	13. Nov 755
+ 177	9.16.5.1.5. 7 Chikchan 13 Sek	4. Mai	5. Mai	6. Mai 756	7. Mai 	8. Mai
+ 177	9.16.5.10.2. 2 Ik´ 10 K´ank´in	28. Okt	29. Okt	30. Okt 756	31. Okt	1. Nov 
+ 148	9.16.5.17.10. 7 Ok 13 Sip	25. März	26. März	27. März 757	28. März	29. März
+ 177	9.16.6.8.7. 2 Manik´ 10 Keej	18. Sep	19. Sep	20. Sep 757	21. Sept	22. Sep
+ 177	9.16.6.17.4 10 K´an 2 Sip	14. März	15. März	16. März 758	17. März	18. März
+ 177	9.16.7.8.1. 5 Imix 19 Sak	7. Sep	8. Sep	9. Sep 758	10. Sept	11. Sep
+ 178	9.16.7.16.19. 1 Kawak 12 Wo	4. März	5. März	6. März 759	7. März 	8. März
+ 177	9.16.8.7.16. 9 Kib 9 Sak	28. Aug	29. Aug	30. Aug 759	31. Aug	1. Sep
+ 177	9.16.8.16.13. 4 Ben 1 Wo	21. Feb	22. Feb	23. Feb 760	24. Feb	25. Feb 
+ 177	9.16.9.7.10. 12 Ok 18 Ya´ax	16. Aug	17. Aug	18. Aug 760	19. Aug 	20. Aug
+ 177	9.16.9.16.7. 7 Manik´ 10 Poop	9. Feb	10. Feb	11. Feb 761	12. Febr	13. Feb 
+ 177	9.16.10.7.4. 2 K´an 7 Ya´ax	5. Aug	6. Aug	7. Aug 761	8. Aug 	9. Aug

+ 148	9.16.10.14.12. 7 Eb 15 K´ayab	31. Dez 761	1. Jan 762	2. Jan	3. Jan	4. Jan
+ 178	9.16.11.5.10. 3 Ok 8 Mol	27. Juni	28. Juni	29. Juni 762	30. Juni	1. Juli
+ 177	9.16.11.14.7. 11 Men 5 K´ayab	21. Dez	22. Dez	23. Dez 762	24. Dez	25. Dez
+ 177	9.16.12.5.4. 6 K´an 17 Yaxk´in	16. Juni	17. Juni	18. Juni 763	19. Juni 	20. Juni
+ 177	9.16.12.14.1. 1 Imix 14 Pax	10. Dez	11. Dez	12. Dez 763	13. Dez 	14. Dez
+ 177	9.16.13.4.18. 9 Ets´nab 6 Yaxk´in	4. Juni	5. Juni	6. Juni 764	7. Juni	8. Juni 
+ 148	9.16.13.12.6. 1 Kimi 14 K´ank´in	30. Okt	31. Okt	1. Nov 764	2. Nov	3. Nov
+ 177	9.16.14.3.3. 9 Ak´bal 6 Sek	25. April	26. April	27. April 765	28. April	29. April
+ 177	9.16.14.12.0. 4 Ajaw 3 K´ank´in	19. Okt	20. Okt	21. Okt 765	22. Okt	23. Okt
+ 177	9.16.15.2.17. 12 Kaban 15 Sots´	14. April	15. April	16. April 766	17. April	18. April
+ 178	9.16.15.11.15. 8 Men 13 Mak	9. Okt	10. Okt	11. Okt 766	12. Okt	13. Okt
+ 177	9.16.16.2.12. 3 Eb 5 Sots´	4. April	5. April	6. April 767	7. April 	8. April
+ 177	9.16.16.11.9. 11 Muluk 2 Mak	28. Nov	29. Nov	30. Nov 767	1. Okt	2. Okt
+ 148	9.16.17.0.17. 3 Kaban 5 Wo	23. Feb	24. Feb	25. Feb 768	26. Feb	27. Feb

+ 177	9.16.17.9.14. 11 Hix 2 Sak	18. Aug	19. Aug	20. Aug 768	21. Aug	22. Aug
+ 177	9.16.18.0.11. 6 Chuwen 14 Poop	11. Feb	12. Feb	13. Feb 769	14. Feb	15. Feb
+ 178	9.16.18.9.9. 2 Muluk 12 Ya´ax	8. Aug	9. Aug	10. Aug 769	11. Aug	12. Aug
+ 177	9.16.19.0.6. 10 Kimi 4 Poop	1. Feb	2. Feb	3. Feb 770	4. Feb	5. Feb
+ 177	9.16.19.9.3. 5 Ak´bal 1 Ya´ax	28. Juli	29. Juli	30. Juli 770	31. Juli 	1. Aug
+ 177	9.17.0.0.0. 13 Ajaw 18 Kumk´u	21. Jan	22. Jan	23. Jan 771	24. Jan 	25. Jan
+ 177	9.17.0.8.17. 8 Kaban 10 Ch´een	17. Juli	18. Juli	19. Juli 771	20. Juli 	21. Juli
+ 177	9.17.0.17.14. 3 Hix 7 Kumk´u	10. Jan	11. Jan	12. Jan 772	13. Jan 	14. Jan
+ 177	9.17.1.8.11. 11 Chuwen 19 Mol	5. Juli	6. Juli	7. Juli 772	8. Juli	9. Juli 
+ 148	9.17.1.15.19. 3 Kawak 7 Pax	30. Nov	1. Dez	2. Dez 772	3. Dez	4. Dez
+ 178	9.17.2.6.17. 12 Kaban 0 Yaxk´in	27. Mai	28. Mai	29. Mai 773	30. Mai	31. Mai
+ 177	9.17.2.15.14. 7 Hix 17 Muwan	20. Nov	21. Nov	22. Nov 773	23. Nov	24. Nov
+ 177	9.17.3.6.11. 2 Chuwen 9 Xul	16. Mai	17. Mai	18. Mai 774	19. Mai 	20. Mai
+ 177	9.17.3.15.8. 10 Lamat 6 Muwan	9. Nov	10. Nov	11. Nov 774	12. Nov 	13. Nov

+ 177	9.17.4.6.5. 5 Chikchan 18 Sek	5. Mai	6. Mai	7. Mai 775	8. Mai 	9. Mai
+ 148	9.17.4.13.13. 10 Been 6 Mak	30. Sep	1. Okt	2. Okt 775	3. Okt	4. Okt
+ 177	9.17.5.4.10. 5 Ok 18 Sip	25. März	26. März	27. März 776	28. März	29. März
+ 177	9.17.5.13.7. 13 Manik´ 15 Keej	18. Sep	19. Sep	20. Sep 776	21. Sep	22. Sep
+ 177	9.17.6.4.4. 8 K´an 7 Sip	14. März	15. März	16. März 777	17. März 	18. März
+ 177	9.17.6.13.1. 3 Imix 4 Keej	7. Sep	8. Sep	9. Sep 777	10. Sep	11. Sep
+ 177	9.17.7.3.18. 11 Ets´nab 16 Wo	3. März	4. März	5. März 778	6. März	7. März 
+ 177	9.17.7.12.15. 6 Men 13 Sak	27. Aug	28. Aug	29. Aug 778	30. Aug 	31. Aug
+ 148	9.17.8.2.3. 11 Ak´bal 1 Wayeb	22. Jan	23. Jan	24. Jan 779	25. Jan	26. Jan
+ 177	9.17.8.11.0. 6 Ajaw 13 Ch´een	18. Juli	19. Juli	20. Juli 779	21. Juli	22. Juli
+ 177	9.17.9.1.17. 1 Kaban 10 Kumk´u	11. Jan	12. Jan	13. Jan 780	14. Jan	15. Jan
+ 178	9.17.9.10.15. 10 Men 3 Ch´een	7. Juli	8. Juli	9. Juli 780	10. Juli	11. Juli
+ 177	9.17.10.1.12. 5 Eb 0 Kumk´u	31. Dez 780	1. Jan	2. Jan 781	3. Jan	4. Jan
+ 177	9.17.10.10.9. 13 Muluk 12 Mol	26. Juni	27. Juni	28. Juni 781	29. Juni	30. Juni 

+ 177	9.17.11.1.6. 8 Kimi 9 K´ayab	20. Dez	21. Dez	22. Dez 781	23. Dez 	24. Dez
+ 177	9.17.11.10.3. 3 Ak´bal 1 Mol	15. Juni	16. Juni	17. Juni 782	18. Juni	19. Juni 
+ 177	9.17.12.1.0. 11 Ajaw 18 Pax	9. Dez	10. Dez	11. Dez 782	12. Dez	13. Dez 
+ 148	9.17.12.8.8. 3 Lamat 1 Xul	6. Mai	7. Mai	8. Mai 783	9. Mai	10. Mai
+ 177	9.17.12.17.5. 11 Chikchan 18 K´ank´in	30. Okt	31. Okt	1. Nov 783	2. Nov	3. Nov
+ 178	9.17.13.8.3. 7 Ak´bal 11 Sek	25. April	26. April	27. April 784	28. April	29. April
+ 177	9.17.13.17.0. 2 Ajaw 8 K´ank´in	19. Okt	20. Okt	21. Okt 784	22. Okt	23. Okt
+ 177	9.17.14.7.17. 10 Kaban 0 Sek	14. April	15. April	16. April 785	17. April 	18. April
+ 177	9.17.14.16.14. 5 Hix 17 Mak	8. Okt	9. Okt	10. Okt 785	11. Okt 	12. Okt
+ 177	9.17.15.7.11 13 Chuwen 9 Sots´	3. April	4. April	5. April 786	6. April	7. April 
+ 148	9.17.15.14.19. 5 Kawak 17 Sak	29. Aug	30. Aug	31. Aug 786	1. Sep	2. Sep
+ 177	9.17.16.5.16. 13 Kib 9 Wo	22. Feb	23. Feb	24. Feb 787	25. Feb	26. Feb
+ 177	9.17.16.14.13. 8 Been 6 Sak	18. Aug	19. Aug	20. Aug 787	21. Aug	22. Aug
+ 177	9.17.17.5.10. 3 Ok 18 Poop	11. Feb	12. Feb	13. Feb 788	14. Feb	15. Feb

+ 177	9.17.17.14.7. 11 Manik´ 15 Ya´ax	6. Aug	7. Aug	8. Aug 788	9. Aug	10. Aug 

Das Resultat ist sehr deutlich, meine ich. Die Korrelationsvorschläge, die das Nulldatum auf den 10., 11. und 12. August 3114 vor Christus ansetzen, sind für die Zeit des Dresdener Codex unmöglich. Nur der 13. oder 14. August ist möglich. **Für den 13. August erhalten wir 19 Sonnenfinsternisse, für den 14. August sind es 11 Finsternisse, für den 10., 11. und 12. August sind es null Finsternisse.** *Warum oft keiner der prognostizierten Tage zu einer Finsternis führt, wurde von Dir in „Don Eric und die Maya" begründet. [Roha06b]*

Interessanterweise bestätigt unser Ergebnis aus den Tabellendaten die beiden anderen Finsternisdaten von Quiriguá und Santa Elena Poco Uinic, die ja auch das Nulldatum 13. oder 14. August ergeben.

Damit sieht es für alle Anhänger der Korrelation 11. August sehr schlecht aus.

Das meine ich auch. Jetzt möchte ich gern noch einmal auf die beiden Finsternisse zurückkommen. Wir sollten uns einmal genau anschauen, ab wann der neue Tag gezählt wurde. Ich erinnere mich, gelesen zu haben, dass bei den Maya der neue Tag schon Mittag beginnt. Einige meinen aber erst abends, also bei Sonnenuntergang.

Tatsächlich gibt es Berichte aus der Kolonialzeit, wo die Spanier beobachtet hatten, dass die Mayafrauen in Guatemala ihren Kindern, die nachmittags zur Welt kamen, nicht den Heiligennamen des gleichen Tages gaben, sondern den des nächsten Tages. Aber trotz allem wissen wir ja nicht mit Sicherheit, dass der neue Tag ab Mittag, also 12 Uhr gezählt wurde. Aber sicher ist wohl, dass sie nicht mit Mitternacht oder Sonnenaufgang anfingen, den neuen Tag zu zählen.

Am besten schauen wir uns das mal in einem Diagramm an.

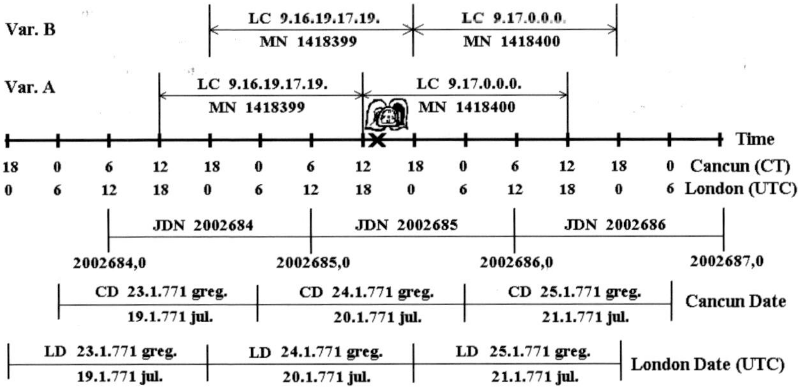

Wenn es in Cancun Mitternacht ist, ist es 6 Uhr in London. Wenn es 12 Uhr, also Mittag, in London ist, dann beginnt der Julianische Tag. Für den Beginn des antiken Mayatages nehmen wir 2 Varianten an: Variante A entspricht dem Beginn des neuen Tages zur Mittagszeit. Variante B entspricht dem Beginn zu Sonnenuntergang, etwa 18 Uhr. Die Sonnenfinsternis fand am 20.1.771 im julianischen bzw. am 24. Januar 771 im gregorianischen Kalender statt. Ab Mittag Weltzeit diesen Tages beginnt die Julian Day Number 2002685. Die Inschrift verzeichnet die Sonnenfinsternis für den LC-Tag 9.17.0.0.0. Das entspricht Maya Number (MN) 1418400. Die Differenz ist: 584285. Das ist die Korrelationszahl, von manchen auch als „Ajaw-Konstante“ bezeichnet.

$$2002685 - 1418400 = 584285$$

Bei Variante A fällt die Sonnenfinsternis auf LC 9.17.0.0.0. Bei Variante B beginnt der LC-Tag 9.17.0.0.0. erst ab 18 Uhr Ortszeit am 24.1.771 gregorianisch. Die Finsternis ging aber nur bis 15 Uhr. Das war noch der LC-Tag 9.16.19.17.19., also die MN 1418399.

$$2002685 - 1418399 = 584286$$

Wie sieht es nun für die andere Sonnenfinsternis aus?

Schauen wir mal!

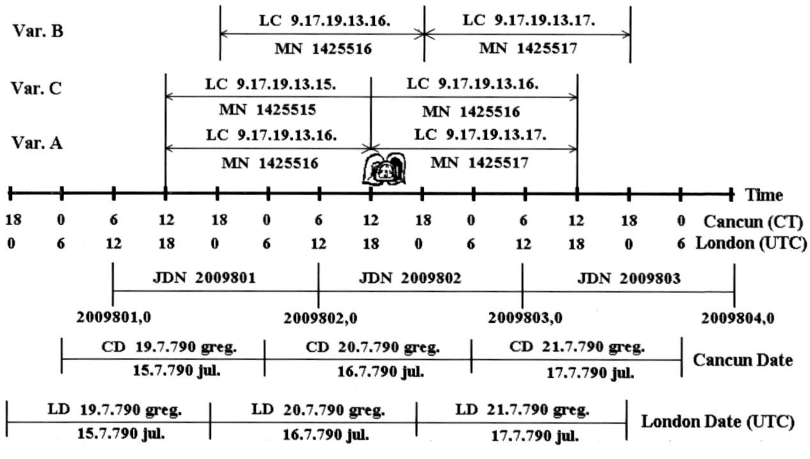

Hier haben wir eine Variante mehr. Das liegt daran, dass die Sonnenfinsternis schon um 11 Uhr 50 Ortszeit in Santa Elena Poco Uinic sichtbar war. Wir wissen also nicht, ob der Mayaschreiber die Finsternis dem Tagesende oder dem Tagesanfang zuordnete. Auf jeden Fall hat er sie dem LC-Tag 9.17.19.13.16. zugeordnet. Variante A entspricht wie oben dem Tagesanfang zur Mittagszeit, und der Sonnenfinsternis am Ende des Tages, d.h. dem Mayapriester wäre es wichtig gewesen zu betonen, dass die Finsternis kurz vor der Mittagszeit stattfand. Variante B entspricht wie oben dem Anfang des

Tages zu Sonnenuntergang. Dann war die Finsternis auf jeden Fall am LC-Tag 9.17.19.13.16. Variante C entspricht dem Beginn des Mayatages zur Mittagszeit wie bei Variante A, aber die Finsternis hätte der Mayapriester zum neuen Tag gerechnet, da sie die meiste Zeit lang am neuen Tag zu sehen war.

Variante A:	2009801	-	1425516	=	584285
Variante B:	2009801	-	1425516	=	584285
Variante C:	2009801	-	1425515	=	584286

Die Varianten A und B führen zur Korrelationskonstante 584285, die Variante C aber zur Konstante 584286.

Das finde ich schon erstaunlich. Es ist also möglich, die beiden auf den Stelen erwähnten Sonnenfinsternisse unter einen Hut zu kriegen. Aber dann muss der antike Mayatag auf jeden Fall mittags begonnen haben.

Richtig. Falls man annimmt, dass der Mayatag abends begann, dann liegen diese beiden Inschriften auf jeden Fall im Widerspruch.

Am besten schauen wir uns das Diagramm noch für das Nulldatum an.

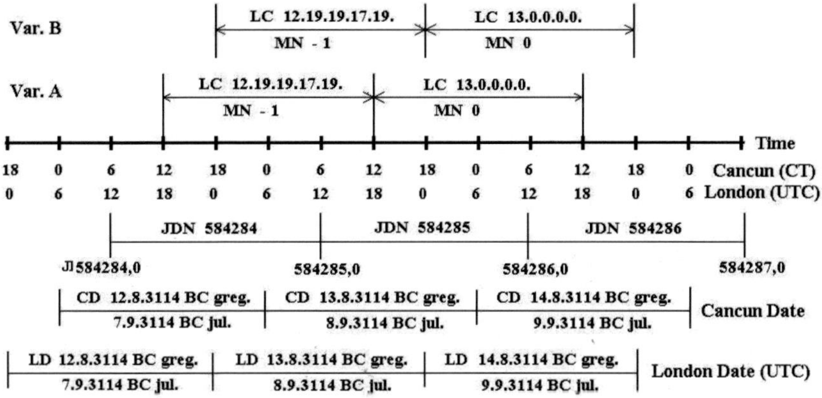

Vorausgesetzt, die Angaben auf den Stelen von Quiriguá und Santa Elena wären korrekt, dann müsste der Mayatag auf jeden Fall zur Mittagszeit begonnen haben und der Nulltag 13.0.0.0.0. 4 Ajaw 8 Kumk´u würde der Julian Day Number 584285,25 entsprechen. Im gregorianischen Kalender begänne er am 13.8.3114 vor Christus um 12 Uhr Ortszeit und um 18 Uhr Weltzeit und würde am 14. August um 11 Uhr 59 Ortszeit bzw. um 17 Uhr 59 Weltzeit enden. Im julianischen Kalender begänne er am 8.9.3114 vor Christus um 12 Uhr Ortszeit und um 18 Uhr Weltzeit und würde am 9. September um 11 Uhr 59 Ortszeit bzw. um 17 Uhr 59 Weltzeit enden.

Gut. Soweit unser vorläufiges Ergebnis. Wir hatten ja schon bemerkt, dass diese beiden Inschriften möglicherweise nicht ganz verlässlich sein könnten. Aber trotzdem mussten wir diese Untersuchung an dieser Stelle machen, damit jedem klar ist, wie die verschiedenen Tagesanfänge sich zueinander verhalten. Denn diese sind ja unabhängig von der richtigen Korrelation. Jetzt sieht man, dass der Nulltag die meiste Zeit auf den nächsten Tag fällt, wie hier z.B. auf den 14.8. gregorianisch, auch wenn der Nulltag am 13.8. beginnen würde.

Das bedeutet, wenn wir verschiedene Ereignisse untersuchen, ***müssen wir in Zukunft auch auf die Uhrzeit achten****!*

Aber schade, dass es nur zwei Sonnenfinsternisdaten auf den Stelen gibt. Wie sieht es denn eigentlich mit Mondfinsternissen aus? Gibt es da gar nichts?

Die uns bekannte Glyphe für Mondfinsternis hat man noch nicht in Steininschriften entdeckt. Aber in einem Artikel schreibt Nikolai Grube, dass es möglicherweise eine Aufzeichnung einer Mondfinsternis in Palenque gibt.

Aber ohne die Hieroglyphe für Mondfinsternis? In welcher Inschrift denn? Wie kommt er denn darauf?

Die Inschrift ist eingemeißelt in die Hieroglyphentreppe im Palast von Palenque. Diese erwähnt die Geburt des Pakal, seine Krönung sowie die Zerstörung von Palenque durch einen König von Calakmul. Dann kommt diese Stelle hier, weiterhin werden Gefangene erwähnt, und schließlich kommt diese Kalenderrunde von 7 Chuwen 4 Ch´een, die auf jeden Fall zum LongCount 9.11.6.16.11. gehört.

Ich schau mal nach: Ja, wenn die Korrelation 13.8.3114 vor Christus richtig wäre, würde 9.11.6.16.11. 7 Chuwen 4 Ch´een genau dem 7. August 659 julianisch oder dem 10. August gregorianisch entsprechen. Genau an diesem Tag, besser gesagt, in dieser Nacht, war im Mayaland eine partielle Mondfinsternis zu sehen, die etwa drei Viertel des Mondes bedeckte, und zwar von abends um 9 bis in den nächsten Morgen um 2. Im Kernschatten war der Mond von 22 Uhr 15 bis 0 Uhr 55 Ortszeit. Das sieht ja sehr gut aus.

Aber die Glyphe für die Mondfinsternis ist nicht da.

Dafür aber die Mondformel!

Welche Mondformel?

Na, schau mal die zweite Glyphe an, das Bäumchen mit den Mayazahlen!

Das ist doch nur Dekoration.

Die Zahl 6.11.12. entspricht genau 2392 Tagen. Geteilt durch 81 ergibt sie eine Monatslänge von 29,530864 Tagen!

Oh, wie wunderbar. Das kommt mir bekannt vor! Das ist doch die Mondformel von Palenque!

Vor allem kommt sie dem genauen Wert von 29,53088 sehr nahe. Aber der Witz ist, dass man auf den gleichen Wert von 29,530864 kommt, wenn man vom großen Zyklus von 13 Baktun, was ja 1872000 Tage sind, alle Kalenderrunden abzieht, und die verbleibende Restzahl von 11960 Tagen durch 405 Lunationen teilt!

$$11960 \div 405 = 29{,}530864$$

Wie ich sehe, bist Du heute wieder mal in Hochform! Wenn wir doch nur beweisen könnten, dass es kein Zufall ist, sondern dass der Text auch die Finsternis beschreibt!

Das ist ja nun Dein Metier. Was sagt denn der Text? Ist da nichts Derartiges herrauszulesen?

Na gut. Die erste Glyphe kennen wir. Das ist iwal pasaj*, was „und dann passierte" bedeutet. Danach kommt das Possesivpronomen* u*, was „er" oder „sein" bedeutet. Darauf folgt dieses seltsame verbundene Gesicht, von dem mir bisher kein Epigraphist sagen konnte, was es bedeutet und dann diese „Mondzahl". In einem bisher unveröffentlichten Manuskript über die Petenkriege in der Frühklassik, das mir Nikolai 1994 gab, schreibt er: „The number tree has been read as* an*, but we do not know the value of the blindfolding eye or the verb in front."[SchGru] Das Verb hat man wie gesagt inzwischen entziffert.*

Also fehlt nur noch die Entzifferung für den verbundenen Mann. Es muss ja etwas mit Finsternis zu tun haben.

*Ich würde sagen, es muss ein Wort sein, was auf –*an *oder* -a´an *endet. Das sieht nach einem Partizip aus.*

Überlege noch mal, wie die Maya eine Mondfinsternis beschreiben!

Die Frauen sagen, die Mondgöttin ist krank, weil sie schmutzig ist. Deswegen stellen einige Mayafrauen eine Schüssel mit Wasser heraus, damit sich die Mondgöttin das Gesicht waschen kann. Oder ein Jaguar frisst ein Stück vom Mond, oder die Ameisen schneiden ein Stück heraus. Aber ich weiß nicht, wie uns das weiterhilft.

Moment, hast Du Gesicht gesagt?

Ja, und?

Na, ein Gesicht haben wir ja schon mal!

Aber von einem Mann. Aber das ergibt ja Sinn, denn laut Poopol Wuuj ist ja der Vollmond männlich, nur die anderen Mondphasen sind weiblich!

Genau! Das Gesicht könnte vielleicht auch einer Frau gehören, wer weiss. Und nun ist das Gesicht beschmutzt oder verdunkelt! Oder verbunden!

Verbunden! Das ist es! Also wie ein Blinder! Her mit dem Wörterbuch: hier ist es: tupa´an u wich k´in, *das heißt „blind ist das Gesicht der Sonne".*

Nur hier ist eben der Mond gemeint!

Also muss der Text heißen: iwal pasaj u tupa´an – *„dann geschah es, dass er blind wurde"! Die phonetische Lesung für den Mann mit dem verbundenen Gesicht muss also* tup *sein! Und der Nummernbaum liefert das Suffix* –a´an*! Der Text geht dann weiter mit Num Bahlum Lakam Chaak, was „der gewaltige Jaguar, der große Chaak", bedeutet. Das ist der Name eines Schutzgottes! Das ergibt durchaus Sinn, denn der im nachfolgenden Text genannte König von Tikal, ein Verbündeter von Palenque, verliert offenbar diesen Schutzgott, weil er gefangengenommen wird.*

Nun passt ja alles zusammen! Das Mondfinsternisdatum von Palenque bestätigt perfekt die Korrelation vom 13. August.

Eine hervorragende analytische Leistung!

Der Tag **Ets'nab** bedeutet Feuerstein. Der bearbeitete Stein ist ein Zeichen der Kultur, des Studiums und der genauen Analyse. Die unter diesem Zeichen geborene Person zeigt einen scharfen Verstand. Sie versteht die Dinge. Diese Person ist intelligent und gebildet.

19

Das Korrelationsproblem - Teil 5 oder Der Reigen der Himmelsgötter

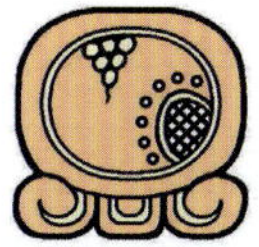

Kawak

Vielleicht solltest Du noch einmal die Julianische Zählung erklären, die man ja nicht mit dem Julianischen Kalender verwechseln darf.

Also, diese Zählung wurde im 16. Jahrhundert von Joseph Justus Scaliger erfunden, und zu Ehren seines Vaters, Julius Scaliger, als Julian Day Number System bezeichnet. Sie wird von den Astronomen benutzt, um alle Daten gut untereinander vergleichen zu können. Da die Astronomen ja vor allem nachts beobachten, wurde der Beginn eines JDN-Tages auf die Mittagszeit gelegt, so dass sich nicht nachts während einer Beobachtung das Datum ändert. Die JDN-Zählung beginnt mit 0,0 um 12 Uhr Weltzeit am Mittag des 1. Januar 4713 vor Christus im Julianischen Kalender. Dieser erste Tag wäre der Tag 0. An dieser Stelle sollte man beachten, dass Oppolzer in seinem „Canon der Finsternisse“ den Wert immer aufrundet. Das bedeutet, er würde den ersten Tag als JDN 1 bezeichnen. Definiert ist die Julian Day Number aber als die Zahl der vergangenen Tage. Der Wert muss also abgerundet werden, wenn man die JDN als ganzzahlige Zahl schreiben will. So wird es heute von den Astronomen gehandhabt.

So machen es auch alle Mayanisten. Auf diesem System beruhen auch die Korrelationszahlen in unserer Tabelle in Kapitel 16.

Richtig. Wenn sich ein Ereignis also am Julianischen Tag 20026835,3 ereignet, so ist das der Tag 20026835.

Übrigens ist mir jetzt klar, warum die Maya den Tag ebenfalls mittags begannen. Die Scaliger-Zählung wurde vor allem für die Astronomen entworfen. Und das gleiche gilt ja für den Mayakalender, denn dieser wurde ja auch von und für die Kalenderpriester entworfen.

Das heißt, die Maya hatten schon 2000 Jahre vor Joseph Justus Scaliger die gleiche praktische Idee.

So ist es! Hier sollten wir noch einmal eine Tabelle einfügen, damit jeder weiß, welche Korrelation welchen Julianischen Tagen entspricht, denn es sind ja immer zwei JDNs die für jede Korrelation gelten. Mittags 12 Uhr Ortszeit im Mayaland entspricht also 18 Uhr Weltzeit.

	JDN	Nulltag greg.	Nulltag jul.
Martínez 2	584282,2500 bis 584283,2499	10.08.3114 v.Chr. 18 Uhr UTC	05.09.3114 v.Chr. 18 Uhr UTC
Thompson 2	**584283,2500 bis 584284,2499**	**11.08.3114 v.Chr. 18 Uhr UTC**	**06.09.3114 v.Chr. 18 Uhr UTC**
Beyer	584284,2500 bis 584285,2499	12.08.3114 v.Chr. 18 Uhr UTC	07.09.3114 v.Chr. 18 Uhr UTC
Lounsbury 1	**584285,2500 bis 584286,2499**	**13.08.3114 v.Chr. 18 Uhr UTC**	**08.09.3114 v.Chr. 18 Uhr UTC**
Lounsbury 2	584286,2500 bis 584287,2499	14.08.3114 v.Chr. 18 Uhr UTC	09.09.3114 v.Chr. 18 Uhr UTC

Und was werden wir jetzt tun?

Jetzt werden wir uns alle kritischen Daten anschauen! Das sind alles Daten welche Susan Milbrath in ihrem Buch „Star Gods of the Maya" als astronomisch signifikant bezeichnet. Diese Daten werden natürlich auch in anderen Büchern erwähnt.

Nun ist sie ja eine Verfechterin des Nulldatums 11.8. Da besteht möglicherweise die Gefahr, dass sie ein paar Daten ausgewählt hat, die nur ihrer Hypothese entsprechen.

Trotzdem stellen wir uns mutig dieser Herausforderung. Vor allem werden wir es besser bzw. genauer machen, denn wir werden keine wagen Beschreibungen geben, sondern ganz genau den entscheidenden Moment kennzeichnen. Das heißt, wir werden deutlich machen, warum genau dieser Tag und kein anderer für ein gegebenes Mayadatum in Frage kommt. Genau so, wie es Frau Milbrath leider nicht gemacht hat. Hier ist mal ein Beispiel: Für den Mayatag 9.12.11.5.18. 6 Etz´nab 11 Ya´ax schreibt sie, dass der Jupiter am ersten stationären Punkt ist und neben den Plejaden steht. Nun muss man wissen, dass sich der Jupiter sehr langsam bewegt. Für die Bewegung am ersten stationären Punkt kann man etwa eine Woche ansetzen, und neben den Plejaden steht der Jupiter ganz locker einen ganzen Monat lang.

Das würde also für jeden unserer fünf Korrelationskandidaten stimmen. Der Witz ist aber, dass wir wissen wollen, warum sie genau diesen Tag gewählt haben und keinen anderen.

Genau. Deswegen müssen wir schauen, welches Ereignis genau an diesem Tag war und warum nicht der Tag vorher oder nachher für diesen Mayatag bzw. diese Mayanacht in Frage kam. Wenn wir für dieses Mayadatum den Sternenhimmel untersuchen, dann stellen wir fest, dass am 28.8.683 jul. kurz vor Sonnenuntergang (JDN 1970763,49) Saturn und Merkur extrem nahe beieinander stehen. Zu beobachten wäre es am gleichen Tag vor Sonnenaufgang, als beide Planeten sehr nah beieinander standen. Am nächsten Tag vor Sonnenaufgang war der Merkur schon am Saturn vorbeigezogen. Es war für den Beobachter also klar, dass sich die exakte Konjunktion kurz vorher, nachts am 28.8.683 jul. ereignet hatte. Exakt war es am 28.8. um 18 Uhr 24 Ortszeit (JDN 1970763,51), allerdings unter der Horizontlinie.

Jetzt schauen wir mal, welchem europäischen Datum dieses Mayadatum entsprechen würde, je nachdem, welche Korrelation man benutzen würde:

Mayadatum 9.12.11.5.18. 6 Etz´nab 11 Ya´ax (MN 1386478)				
Datum bzgl. 10.8. gregor.: 28.8.683 julianisch: 25.8.683 JDN 1970760,25 bis 1970761,25	**Datum bzgl. 11.8.** gregor.: 29.8.683 julianisch: 26.8.683 JDN 1970761,25 bis 1970762,25	**Datum bzgl. 12.8.** gregor.: 30.8.683 julianisch: 27.8.683 JDN 1970762,25 bis 1970763,25	**Datum bzgl. 13.8.** gregor.: 31.8.683 julianisch: 28.8.683 JDN 1970763,25 bis 1970764,25	**Datum bzgl. 14.8.** gregor.: 1.9.683 julianisch: 29.8.683 JDN 1970764,25 bis 1970765,25

Von den fünf Korrelationsvorschlägen würde das Datum 13.8. bestätigt werden.

In diesem Fall zumindest. Und vorausgesetzt, dass es sich hier bei der Konjunktion von Saturn und Merkur um keinen Zufall handelt. Deswegen müssen wir eben viele Daten untersuchen, um eine statistisch signifikante Aussage machen zu können. Was hier an diesem Datum noch auffällt, ist die Position des Mondes: Am 28.8. war die Mondsichel am späten Nachmittag bereits gut sichtbar. Am Tag vorher war der Mond schon 10 Minuten nach der Sonne untergegangen, zu früh, um gesehen zu werden.

Also unterstützt auch der Mond für dieses Datum die Korrelation 13. August!

So werden wir jetzt alle Daten untersuchen, um genau die tagesspezifischen Ereignisse zu finden. Alle runden Daten, zum Beispiel 9.10.10.0.0. oder 9.10.15.0.0. oder 9.11.0.0.0. werden wir weglassen. Ebenso werde ich aus Platzgründen alle Daten weglassen, bei denen kein tagesspezifisches Ereignis feststellbar ist, wo z.B. nur Jupiter und Saturn monatelang nebeneinander stehen.

Links werde ich das gregorianische und julianische Datum schreiben, sowie die Julian Day Number, aus Platzgründen aber nur für die Korrelationen 11. und 13. August. Für die anderen Kandidaten ist das ja dann leicht ableitbar.

Hmm. Also, ein kleines Problem haben wir hier. Eher ein großes. Die komplette Auswertung der 64 Datumsangaben würde schon allein ein Buch füllen. Willst Du hier 64 Tabellen abbilden?

Natürlich nicht. Ich nenne sofort unser Untersuchungsergebnis, bevor wir exemplarisch und überzeugend einige Beispiele präsentieren.

Ob das taktisch klug ist, das Ergebnis zu verraten? Dann ist ja die Spannung raus.

Keine Angst. Wenn wir die Beispiele nur halb so spannend niederschreiben, wie unsere Diskussion darüber tatsächlich war, dann werden wir die Freunde der Mayaastronomie absolut begeistern.

Na dann verrate mal, zu welcher Erkenntnis uns die 64 Daten geführt haben.

63 von 64 Daten bestätigen die Korrelation vom 13. August, nur 4 von 64 passen zur Korrelation vom 11. August. Ebenfalls 4 Daten würden eine Korrelation vom 14.8. stützen und 7 eine vom 12.8. Die folgende Grafik veranschaulicht das Ergebnis. Dass die Summe der Treffer über 64 beträgt, liegt daran, dass wir meist nachtgenau aber nicht taggenau bezüglich des nachts wechselnden christlichen Datums sein konnten.

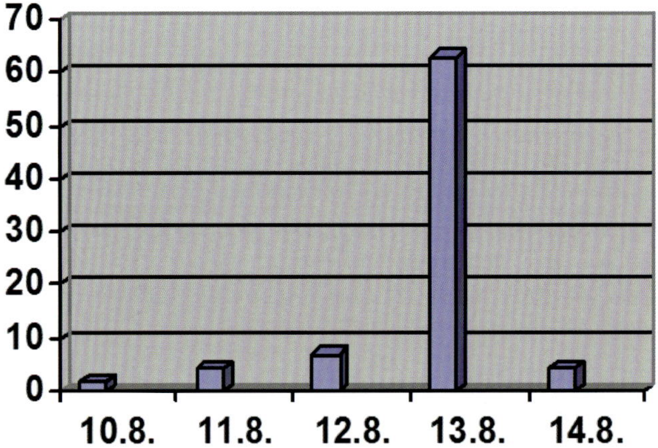

Das Ergebnis ist beeindruckend. Nun lege mal mit den überzeugenden Beispielen los. Der Leser sollte spätestens jetzt sehen, dass es keinen Grund mehr gibt, an der Korrelation vom 13. August 3114 vor Christus zu zweifeln. Was hältst Du von der Idee, einige untersuchte Maya-Daten in Tabellenform in den Anhang zu packen.

Darüber werde ich nachdenken. Ob im Anhang oder auf unserer Webseite, wir werden die Tabellen veröffentlichen. Nun beginne ich aber mit dem ersten Beispiel:

<table>
<tr><td colspan="2">Mayadatum
9.11.6.16.17. 13 Kaban 10 Ch´een (MN 1377697)
Pal, T Ins., Besuch aus Tikal</td><td rowspan="2">Genau in der Nacht vom 13. zum 14.8. 659 (julianisch) war der Mond am Jupiter vorbeigezogen. Etwa von 2 Uhr bis Sonnenaufgang standen Mond, Jupiter und die Plejaden fast im Zenit (JDN 1961682,947). Die Nacht vorher stand der Mond noch vor dem Jupiter. Fazit: unterstützt Korrelation 13.8.</td></tr>
<tr><td>Datum bzgl. 11.8. 3114 v. Chr.
gregor.: 14.8.659
julianisch: 11.8.659
JDN 1961680,25 bis 1961681,25</td><td>Datum bzgl. 13.8. 3114 v. Chr.
gregor.: 16.8.659
julianisch: 13.8.659
JDN 1961682,25 bis 1961683,25</td></tr>
</table>

Das bedeutet: Der Tempel der Inschriften verzeichnet einen diplomatischen Besuch für das **Maya-Datum 9.11.6.16.17. 13 Kaban 10 Ch´een**.

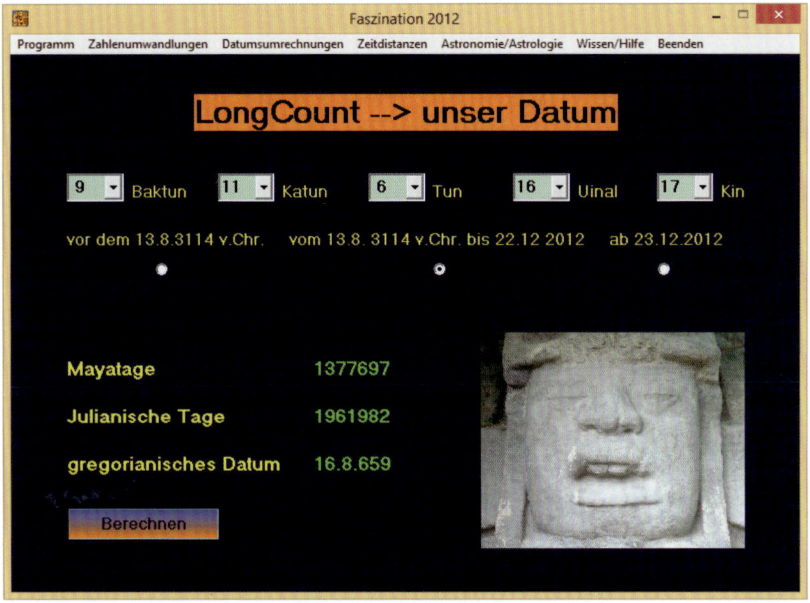

In meinem Kalenderprogramm lesen wir das gregorianische Datum 16. August 659 ab. Beim Umrechnen hat mein Programm die Korrelation verwendet, wo der Mayakalender am 13.8.3114 v. Chr. begann. Hätte ich die Korrelation vom 11.8.3114 v. Chr. für die Umrechnung verwendet, hätte mein Programm als Ergebnis den 14. August 659 ausgegeben.

Man muss sich konzentrieren, um die vielen August-Daten nicht durcheinander zu bringen.

Das gebe ich zu. Es kommt noch dicker. Wir brauchen ja zusätzlich noch die Tage im julianischen Kalender für unser Astronomieprogramm. Nach der Korrelation vom 13. August 3114 v. Chr. würde dieses Mayadatum 9.11.6.16.17. im julianischen Kalender witzigerweise auch dem 13. August 659 entsprechen. Wäre der Mayakalender am 11.8.3114 v. Chr. angelaufen, ergäbe sich für unser Mayadatum dann auch der 11. August 659 im julianischen Kalender.

Und jetzt greifen wir uns das Astro-Programm und gucken, ob es zum ersten oder zweiten julianischen Datum was Spektakuläres gab, um zu sehen, welche Korrelation hier zielführend ist.

Ja, wenn wir uns ansehen was in diesem Zeitraum am Himmel passierte, dann sieht man, dass in jener Nacht, die am 13. August 659 beginnt, etwa ab Mitternacht **Jupiter und Mond** nebeneinander stehen. Vergiss nicht, dass unser Mayadatum nachts nicht wechselt.

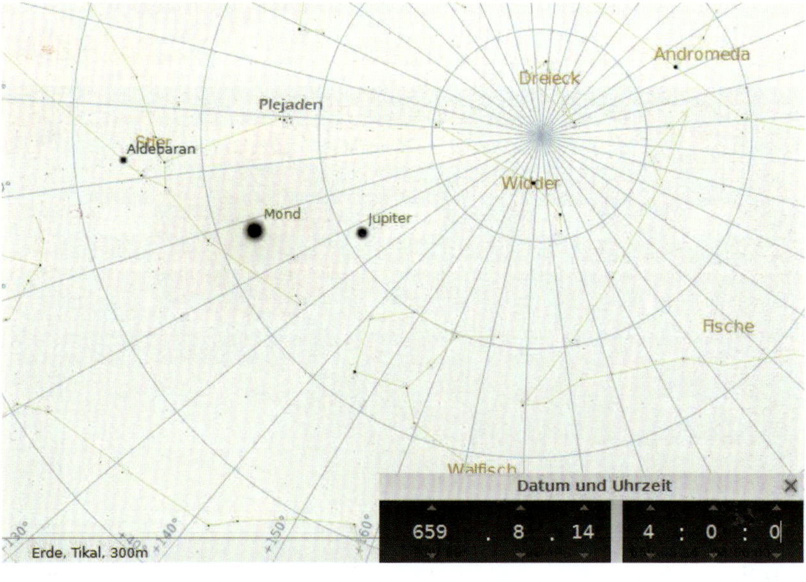

In der vorherigen Nacht stand der Mond noch rechts vor dem Jupiter. Jetzt aber ist er bereits vorbeigezogen. Entscheidend ist die Umlaufbewegung des Mondes von West nach Ost, die seine Position relativ zu den anderen Himmelskörpern ändert. Außerdem bilden Jupiter, Mond und die Plejaden etwa 3 Stunden nach Mitternacht ein schönes gleichseitiges Dreieck. Etwa ab 4 Uhr bis Sonnenaufgang stehen sie fast im Zenit. Nur die Korrelation vom 13. August 3114 v. Chr. ergibt hier einen Sinn. Zwei Nächte vorher, zum Datum, das sich nach der Korrelation vom 11. August ergibt, war der Mond noch weit vom Jupiter entfernt. Es gab kein weiteres interessantes Ereignis am Himmel zu sehen.

Vielleicht sollte man dem Leser zum Vergleich auch zeigen, wie das für die Korrelation 11. August aussah!

Na, von mir aus!

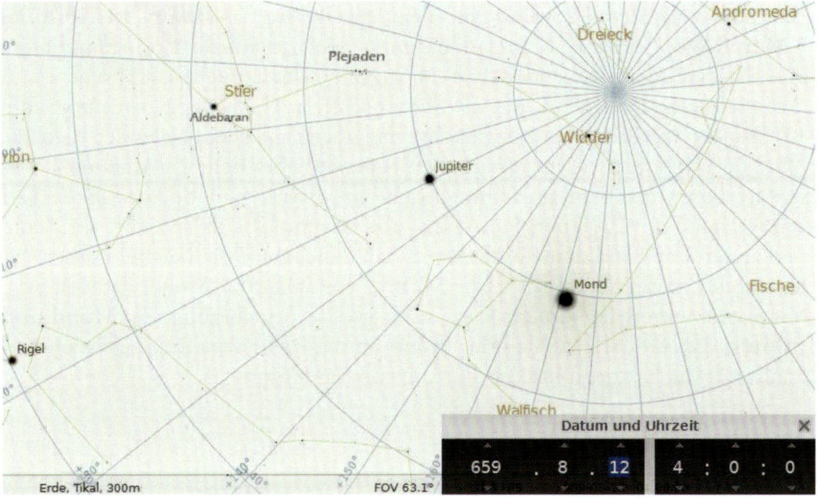

Der Mond steht 2 Tage früher eben noch weit vor dem Jupiter. Einen Tag später würde er wenigstens näher stehen:

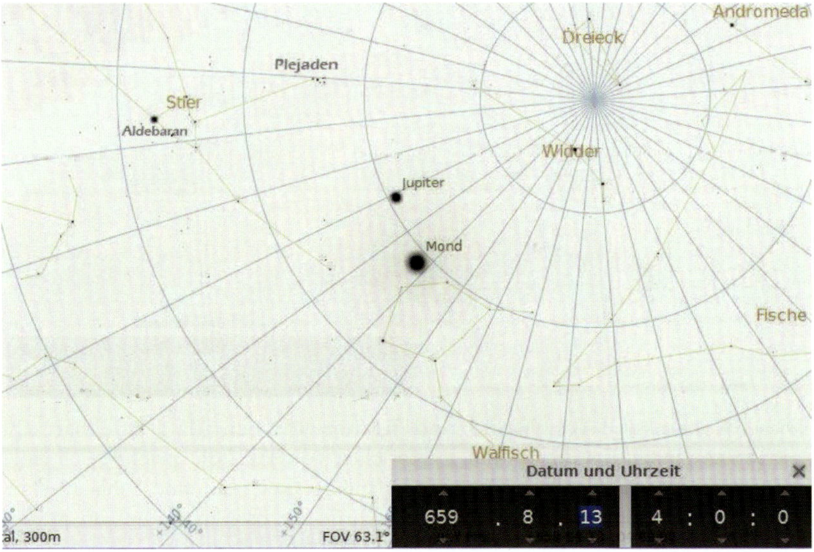

Aber wir werden das immer wieder sehen: Für die Maya war entscheidend, dass der Mond entweder gerade neben einem anderen Planeten steht oder, falls das nicht beobachtbar war wie in diesem Fall, gerade an ihm vorbei gezogen war.

Schauen wir uns mal weitere Beispiele an!

Ein Text in Calakmul erwähnt eine Tempelweihe für das Datum **9.11.10.10.15. 5 Men 8 Wo**. Nach der Korrelation vom 11. August würde dieses Mayadatum im gregorianischen Kalender dem 24. März 663 entsprechen, während es im julianischen Kalender auf den 21. März 663 fiele. Nach der Korrelation vom 13. August würde dieses Mayadatum im gregorianischen Kalender dem 26. März 663 entsprechen, im julianischen Kalender aber dem 23. März 663. Was war in diesen Nächten am Himmel sichtbar? Etwas ganz Spektakuläres: Der Jupiter stand am 23. März (julianisch) abends um 19 Uhr 46 exakt im Zenit, und außerdem stand der Mond extrem nah daneben! Zwei Nächte vorher war der Jupiter zwar auch (um 19 Uhr 54) im Zenit, aber der Mond war weit weg. Mit Sonnenuntergang am 23. März ist die größte Annäherung von **Mond und Jupiter**, danach entfernt sich der Mond immer mehr vom Jupiter. Auch hier ergibt nur die Korrelation vom 13. August wieder Sinn.

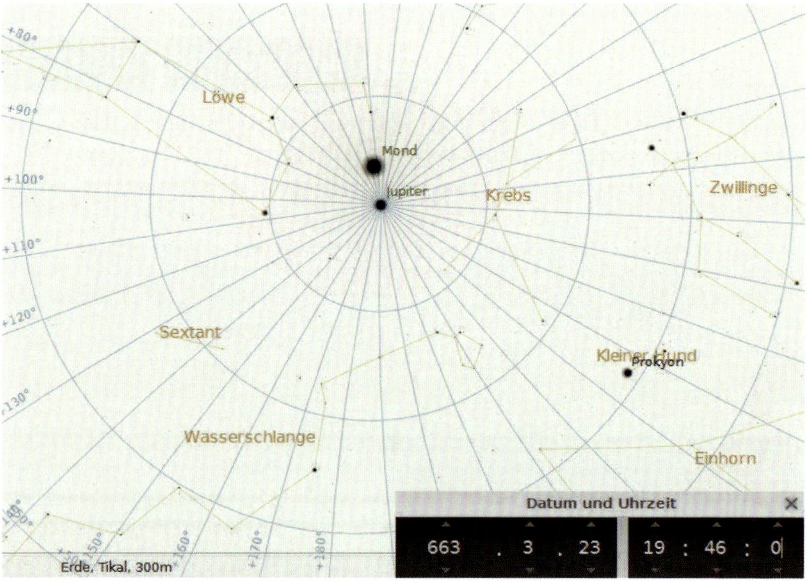

Diese Konjunktion von **Mond und Jupiter** war den Maya offenbar sehr wichtig. Auch ein Datum auf einem Knochen von Tikal entspricht solch einer Konjunktion. Am Tag **9.11.19.4.3. 6 Ak´bal 16 Sak** fand eine Schlacht statt. Nach der Korrelation vom 11. August würde dieses Mayadatum im julianischen Kalender auf den 23. September 671 fallen. Nach der Korrelation vom 13. August würde dieses Mayadatum julianischen Kalender dem 25. September 671 entsprechen. Das gregorianische Datum wäre 3 Tage später. Gegen 19:42 geht der Mond auf. Eine halbe Stunde später folgt der Jupiter. Beide Himmelskörper stehen sehr eng zusammen. Der Mond war gerade am Jupiter vorbei gezogen; am Vorabend stand er noch vor dem Jupiter. Die ganze Nacht durch wandern beide eng zusammen über dem Himmel, wobei sie nachts um 2 Uhr fast im Zenit stehen. Auch hier wird die Korrelation vom 13. August perfekt bestätigt.

Ein weiteres spektakuläres Ereignis fand am 8. Dezember 672 (julianisch) statt, um 21 Uhr. **Mond und Jupiter** stehen exakt nebeneinander, so nah, dass man das mit bloßem Auge kaum erkennen kann. Dieses Datum ergibt sich, wenn man das Datum **9.12.0.8.3. 4 Ak´bal 11 Muwan** von der Stufe 3 der Hieroglyphentreppe von Dos Pilas nach der Korrelation vom 13. August umrechnet. Nach der Korrelation vom 11. August müsste man den Sternenhimmel vom 6. Dezember untersuchen. Da war allerdings nichts los, der Mond war noch ewig weit weg vom Jupiter.

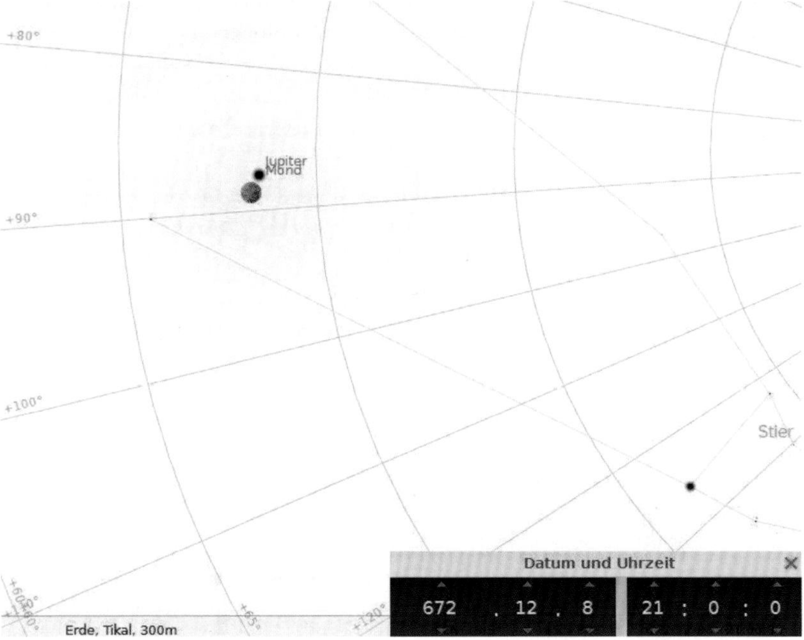

Eine weitere extrem nahe Annäherung von **Jupiter und Mond** gab es am 24. März 698 (julianisch) um 22 Uhr 52. In Dos Pilas fand eine Krönung statt am Tag **9.13.6.2.0. 11 Ajaw 18 Wo**. Nach der Korrelation vom 11. August würde dieses Datum auf den 22. März fallen, nach der Korrelation vom 13. August aber auf den 24. März, was mit dem Himmelsphänomen dann perfekt übereinstimmt. Das gregorianische Datum würde 3 Tage später liegen.

Auch das Panel 1 von Dumbarton Oaks mit dem Datum von **9.15.2.7.1. 7 Imix 4 K´ayab** entspricht einem Konjunktionsdatum von **Jupiter und Mond**, natürlich nur laut Korrelation 13. August – das wäre der 26. Dezember 733 (julianisch). In dieser Nacht näherte sich der Mond dem Jupiter immer mehr an. Die nächste Annäherung erfolgte in den darauffolgenden Morgenstunden.

Auch eine Krönung in Machaquilá fand zu einem solchen Himmelsereignis statt, denn das Datum **9.18.8.1.5. 4 Chikchan 3 Mak** fällt laut Korrelation 13. August auf den 20. September 798 (julianisch). Die Nächte zuvor gab es eine stetige Annäherung zwischen **Mond und Jupiter**. Erst an diesem Abend, ab Sonnenuntergang, sah man beide Himmelskörper am nächsten. Bis gegen 23 Uhr waren sie zu beobachten, dann verschwanden sie unter dem Horizont. Zu diesem Zeitpunkt war die größte Annäherung.

Eine weitere Krönung, diesmal in Uxmal, fällt ebenfalls auf das gleiche Ereignis: Im Nonnenkloster von Uxmal findet man das Datum **10.3.17.12.1. 5 Imix 19 K´ank´in**. Laut 13. August fällt es auf den 29. September 906 (julianisch). Exakt an diesem Abend ist die größte Annäherung zwischen **Jupiter und Mond**, was ab Sonnenuntergang sichtbar ist. In den folgenden Stunden entfernt sich der Mond wieder vom Jupiter. Zwei Nächte vorher ist nichts Interessantes am Himmel zu beobachten.

Nun ist das ja schon eine erdrückende Beweislast für die Korrelation vom 13. August und gegen jene vom 11. August. Und das nur mit Beispielen der Konjunktion von Mond und Jupiter! Aber da gibt es ja noch andere Konjunktionen.

So ist es. Wir sind noch lange nicht fertig. Es gibt noch viele schöne Beispiele. Alle wiederlegen die Korrelation vom 11. August so offensichtlich, dass ich mich frage, wie man jemals so eine Korrelation vorschlagen konnte.

Na gut, das werde ich Dir später verraten. Hat etwas mit der frühen Kolonialzeit zu tun, nicht mit Astronomie. Willst Du hier noch weitermachen?

Das kann ich tatsächlich noch lange. Einige spannende Beispiele sollen unser Fazit noch untermauern. Da wäre etwa die Konjunktion von **Mond und Saturn**. Eine recht spektakuläre Konjunktion gab es am 13. Dezember 677 (julianisch). Das gregorianische Datum wäre 3 Tage später. Der Saturn steht die ganze Nacht dicht neben dem Mond. Gegen 23 Uhr steht außerdem der Saturn exakt im Zenit. Und dieses Datum ergibt sich, wenn man das Maya-Datum einer Schlacht von Dos Pilas laut Korrelation vom 13. 8. umrechnet. Denn die Inschrift liest man **9.12.5.9.14. 2 Hiix 17 Muwan**. Zwei Nächte vorher war nichts Interessantes zu sehen. Und so sah das am Himmel aus:

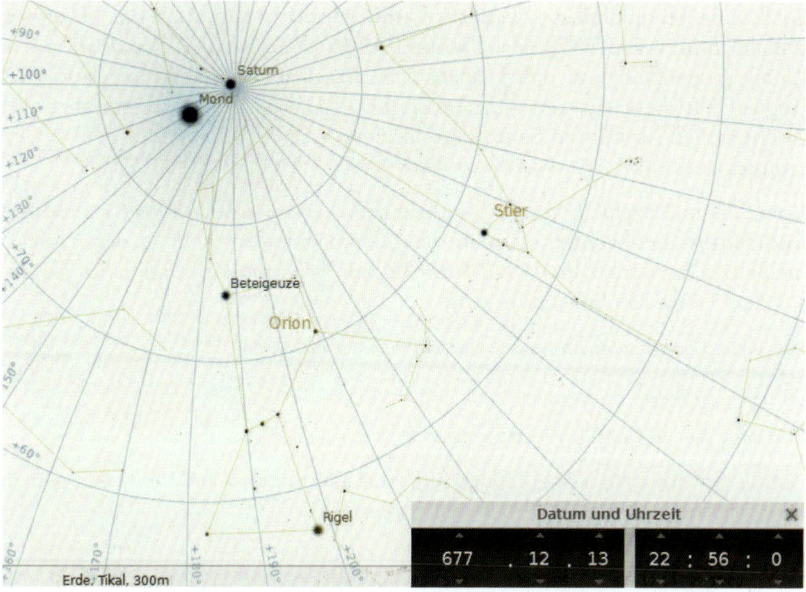

Oder schauen wir uns das Datum **9.14.14.13.16. 5 Kib 14 Yaxk´in** von Yaxchilán an, welches eine Tempelweihe erwähnt. Nach der Korrelation vom 11. August fällt das Datum auf den 19. Juni 726. Da war aber nichts los. Drei Tage vorher war eine Konjunktion von Mond und Jupiter, dann aber nichts. Nach der Korrelation 13. August fällt dieses Mayadatum auf den 21. Juni 726. Und genau in dieser Nacht konnte man die ganze Zeit die Konjunktion von **Mond und Saturn** beobachten. Die exakte Konjunktion erfolgte in den Morgenstunden gegen 4 Uhr.

Eine Inschrift im Lintel 3 in Tikal erwähnt eine Schlacht für das Datum **9.15.12.2.2. 11 Ik´ 15 Ch´een**. Das entspricht laut Korrelation 13. August dem 28. Juli 743 (julianisch). Genau an diesem Abend, nur bis etwa 20 Uhr 50 sichtbar, sieht man, dass der **Mond** gerade am **Saturn** vorbei gezogen ist. Auch hier ergibt die Korrelation 11. August keinen Sinn, denn 2 Tage vorher ist nichts Interessantes zu beobachten.

Eine weitere Schlacht erwähnt die Stele 5 von Tikal. Diesmal für **9.15.12.11.13. 7 Ben 1 Poop**. Das entspricht laut Korrelation 13. August dem 4. Februar 744 (julianisch). Genau in dieser Nacht sieht man die größte Annäherung von **Mond und Saturn**. Gegen 2 Uhr stehen sie dem Zenit recht nahe. Einen Tag später war der Mond schon weiter vom Saturn entfernt. Eine Woche vorher, am 27. Januar, war eine tolle Konjunktion von Mond, Jupiter und Mars zu sehen. Die Konjunktion nur von Jupiter und Mars fand dann vom 17. bis 19. Februar statt. Rechnet man das Mayadatum laut Korrelation 11. August um, ergibt sich der 2. Februar. In dieser Nacht passierte nichts Markantes.

Solch eine Konjunktion von **Saturn und Mond** hatten auch die Maya von Yaxchilán im Auge, als sie das Datum **9.15.16.1.6. 5 Kimi 19 Yaxk´in** in den Lintel 33 meißeln und dabei einen Tanz beschrieben. Laut Korrelation 13. August fällt dieses Datum auf den 21. Juni 747 (julianisch). Genau in dieser Nacht stehen Mond und Saturn am nächsten, was man bis 1 Uhr beobachten konnte.

Ebenfalls in Yaxchilán wurde offenbar eine weitere Konjunktion von **Mond und Saturn** beobachtet, als man das Datum einer Schlacht in den Lintel 8 meißelte. Das wäre **9.16.4.1.1. 7 Imix 14 Sek**, was laut Korrelation 13. August auf den 5. Mai 755 (julianisch) trifft.

Na, dieses Datum sollte Dir ja besonders bekannt vorkommen!

Ja? Warum denn?

Na, dann geh´ mal in Dein Wohnzimmer! Was hängt da an der Wand?

Ach ja! So das tolle Vogel-Jaguar-Bild, was Du mir mal auf Leinwand gemalt hast! Vielleicht solltest Du noch mal vorlesen!

Am Tag 7 Imix

14 Sek

wurde gefangen genommen

der Juwelen-Schädel.

Er ist der Gefangene

von Vogel-Jaguar,

König von Yaxchilán.

Am Tag 7 Imix 14 Sek nahm der König Vogel-Jaguar, König von Yaxchilán, den Juwelen-Schädel gefangen. Der Name Juwelen-Schädel erscheint auf dem Bein des Gefangenen. Der zweite Satz erwähnt die linke Person als Sahal, eine Art Gouverneur, und nennt ihn Wächter über einen anderen Gefangenen, dessen Name wieder auf seinem Bein erscheint. Dieser Sahal heißt K´an Tok´, Kostbares Messer.

Nun könnte jemand einwenden, dass es hier keine Lange Zählung gibt, nur eine Kalenderrunde, die sich alle 52 Jahre wiederholt.

Das erledigt sich schnell, wenn wir erwähnen, dass Vogel-Jaguar von 709 bis 772 lebte und 7 Imix 14 Sek zum Beispiel auf die Jahre 703, 755 oder 807 fällt. Nur das Datum von 755 fällt in seine Lebenszeit. Doch nun zeig mal wie der Himmel aussah im Moment dieser Schlacht!

Erst kurz nach Mitternacht gehen **Mond und Saturn** gleichzeitig auf. Um 1 Uhr sind beide schon gut zu sehen, gehen aber immer weiter auf. Eigentlich sind sie während der ganzen Nacht bis zum Sonnenaufgang gut zu beobachten. Ich füge hier mal mehrere Bilder ein, für 1 Uhr, 2 Uhr und 3 Uhr. Das Mayadatum gilt ja auch für die Zeit nach Mitternacht, unser Datum rückt hier natürlich um einen Tag weiter. Man erkennt hier noch einmal sehr gut, dass sich die relative Position von Mond zu Saturn im Verlaufe von nur 2 Stunden kaum ändert.

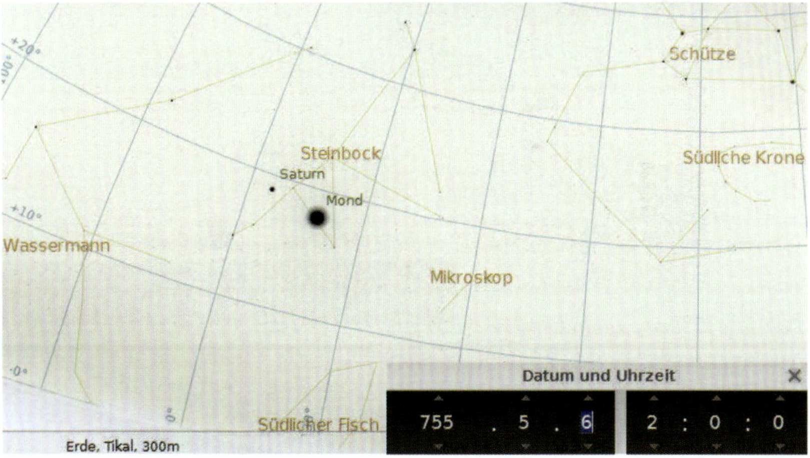

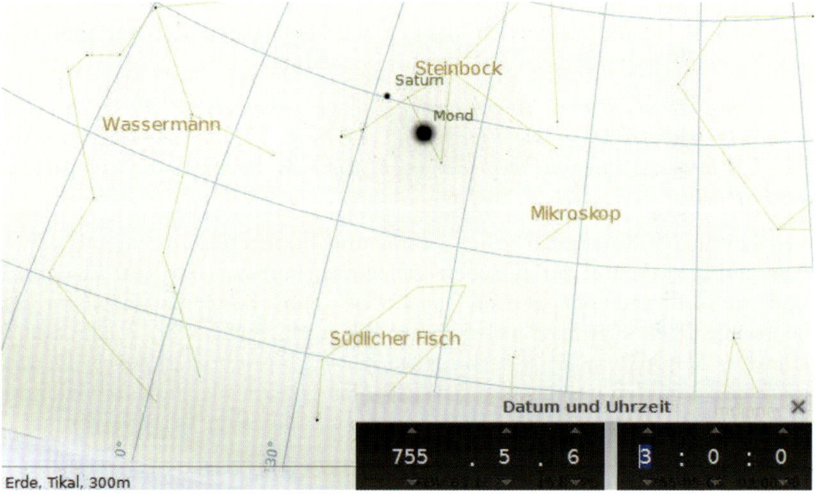

Und jetzt bring mal das Bild für 2 Tage vorher, denn das würde sich ja nach der Korrelation vom 11. August ergeben!

Da sieht man sofort, dass so eine falsche Korrelation meilenweit am Ziel vorbeischießt. Hier also der Himmelsanblick 2 Tage vorher zur gleichen Zeit, also 3 Uhr nachts:

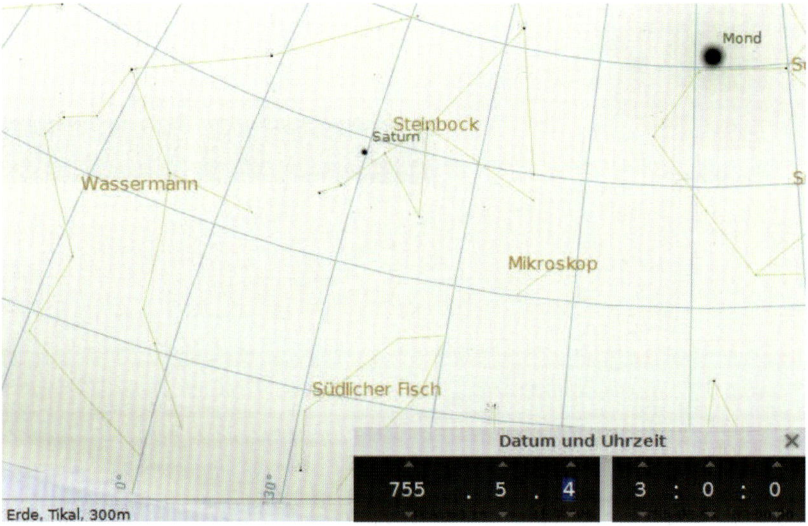

Noch deutlicher ist das folgende Beispiel: Die Stele 3 von Caracol erwähnt ein Ballspiel mit anschließender Opferung für den **Tag 9.9.14.3.5. 12 Chikchan 18 Sip**. Das wäre der 1. Mai 627 (julianisch) nach Korrelation 13. August sowie der 29. April nach Korrelation 11. August.

Gucken wir erst mal für die falsche Korrelation. So sah der Himmel aus:

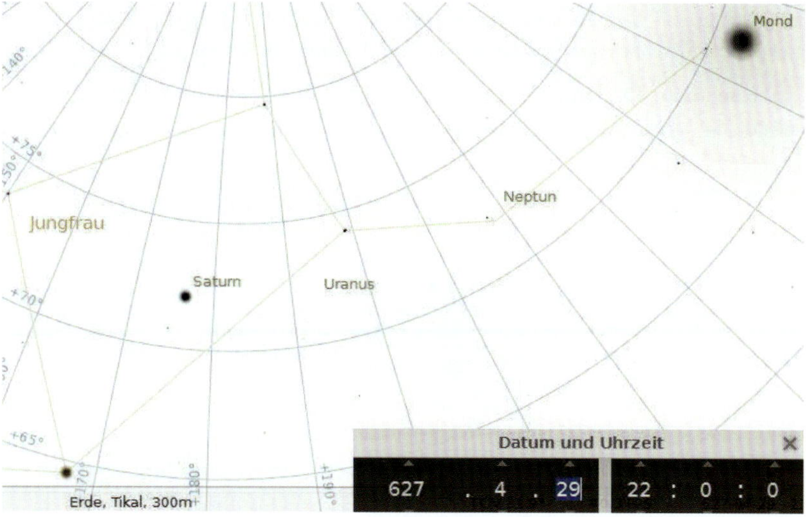

Eine Nacht später sah es so aus:

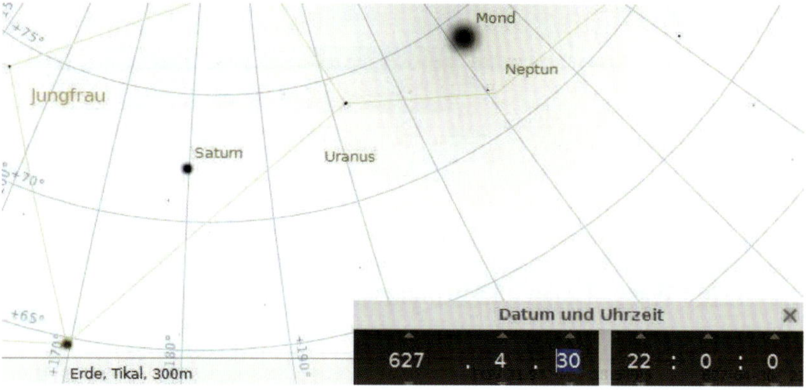

Und jetzt für unsere Korrelation!

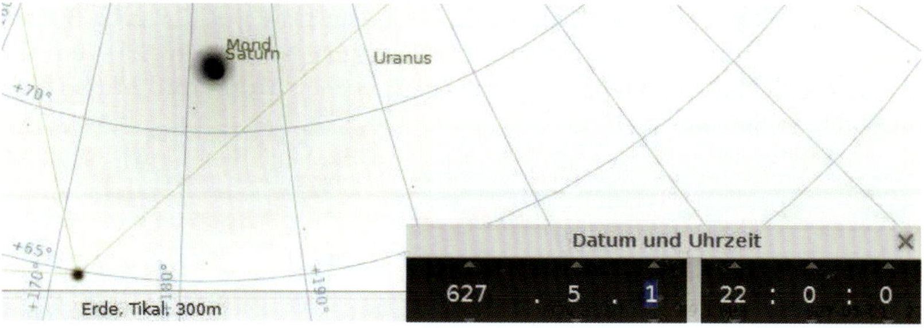

Bingo! Mond und Saturn genau zusammen! Besser kann es ja nicht kommen! Nun sind das ja schon viele Beispiele für Konjunktionen von Mond mit Jupiter oder Saturn. Gab es noch andere Konjunktionen, die von den antiken Maya beobachtet wurden?

Offensichtlich. Da haben wir noch Konjunktionen von Mond mit Mars zu bieten.

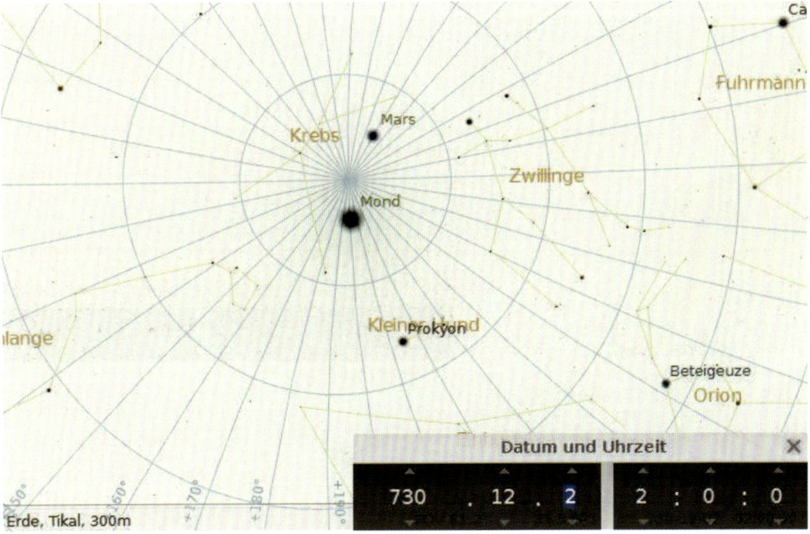

In der Nacht vom 1. zum 2. 12. 730 (julianisch) gab es ein schönes Spektakel zu sehen. Etwa ab 20 Uhr sah man **Mond und Mars** zusammen aufgehen, beide standen recht nahe beieinander. Es ist die Nacht der größten Annäherung. Nachts um 2 Uhr stehen beide im Zenit im Sternbild Krebs. Genau dieses Datum ergibt sich, wenn man das Weihedatum der Stele A von Copán, **9.14.19.5.0. 4 Ajaw 18 Muwan**, nach der Korrelation vom 13. August umrechnet. Nach der vom 11. August würde sich die Nacht vom 29. zum 30. November ergeben, als der Mond noch weit entfernt vom Mars war, im Sternbild Zwilling.

50 Jahre später wurde dieses Himmelspektakel wieder beobachtet und festgehalten auf dem Altar U von Copán, mit dem Datum **9.17.9.2.12. 3 Eb 0 Poop**. Das wäre laut Korrelation 13. August die Nacht vom 25. zum 26. Januar 780 (julianisch). Genau um Mitternacht stehen **Mond und Mars** genau im Zenit! So sah es aus:

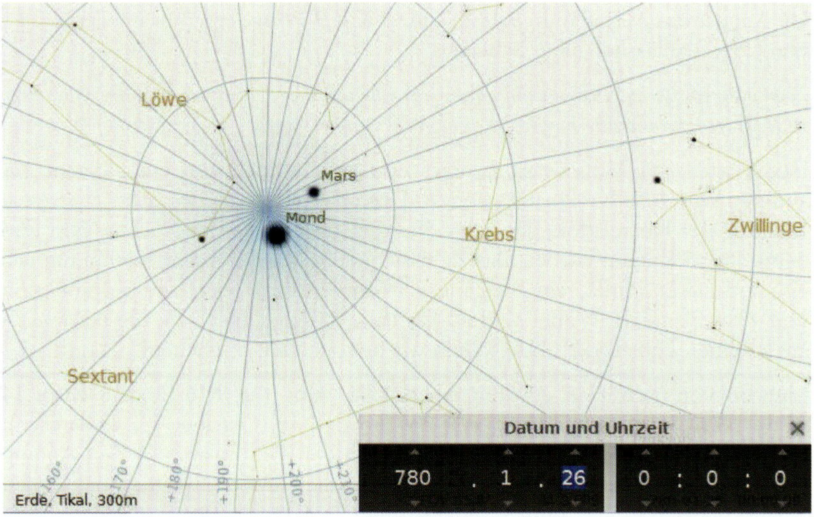

Vielleicht noch mal zum Vergleich das Bild 2 Nächte vorher?

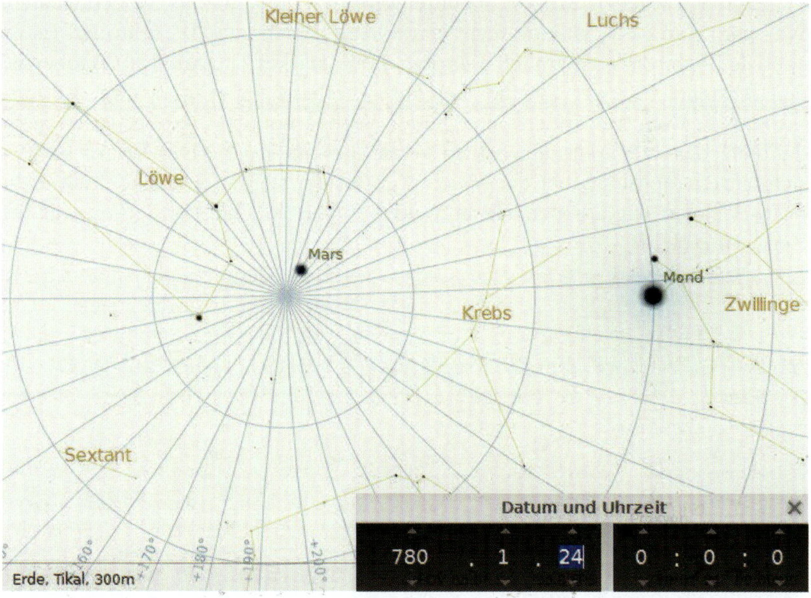

So sieht es für die Korrelation vom 11. August aus. Wieder eine Niete!

Noch einmal eine Konjunktion von **Mars und Mond** gab es in der Nacht vom 29. zum 30. Januar 799. Genau dieser Nacht entspricht laut Korrelation

13. August das Mayadatum **9.18.8.7.16. 5 Kib 9 Poop**, erwähnt im Tempel 11 von Copán anlässlich einer Schlacht.

Nun frage ich mich: Muss es denn immer eine Konjunktion des Mondes mit einem Planeten sein? Waren denn andere Ereignisse nicht genauso interessant?

Der Vorteil des Mondes ist ja, dass er relativ schnell von einer Nacht zur anderen seine relative Position ändert. Das erlaubt uns ja eben diese taggenaue Eichung der Korrelation, denn der Mond zieht nur in einer Nacht an ein und demselben Planeten vorbei. Das zieht sich nicht über mehrere Nächte hin wie ein stationärer Punkt, ein Aufgang als Morgenstern oder eine Konjunktion von zwei Planeten. Wobei ... Halt! Da habe ich eine Inschrift, die tatsächlich auf so einen Fall zutrifft! Das sollten wir uns genauer anschauen!

Lintel 6 von Yaxchilán erwähnt einen Tanz zum Tag **9.16.1.8.6. 8 Kimi 14 Mak**. Nach Korrelation 11. 8. fällt das auf den 10. Oktober 752 (julianisch), nach der Korrelation 13. 8. auf den 12. Oktober 752 (julianisch). Seit Anfang Oktober sieht man **Saturn und Mars** deutlich im Südwesthimmel. Jeden Abend gehen sie aber immer zeitiger unter, und beide Planeten nähern sich immer mehr an. In diesen Tagen, vom 10. bis 12. Oktober, gehen beide Planeten etwa gegen 21 Uhr 30 unter, sind also nur abends zu beobachten. Was man nun sieht, ist eine recht starke Annäherung am 10. Oktober. Es ist aber deutlich, dass sie am 11. Oktober noch stärker ist. Am 12. Oktober ist der Abstand fast der gleiche wie am Vorabend, aber der Mars ist eine Winzigkeit weitergewandert, also gerade vorbei; am 13. Oktober ist es recht deutlich, dass der Mars am Saturn vorbei gewandert ist. Der Saturn bewegt sich extrem langsam, aber der Mars aufgrund der starken Erdnähe doch recht flott. Schauen wir uns den Himmel vom 9. bis 14. Oktober 752 an, für die Zeit von 20 Uhr:

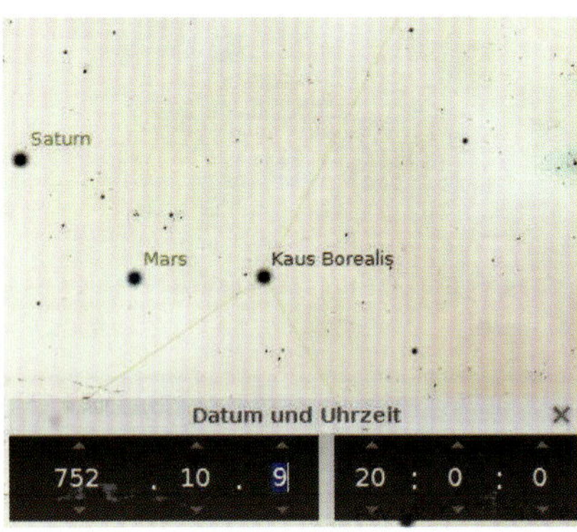

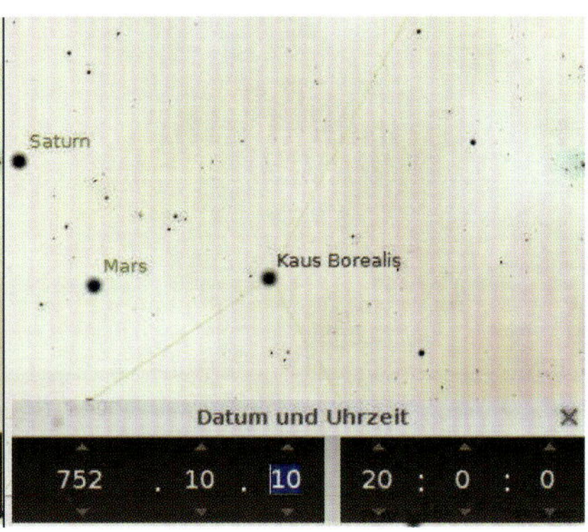

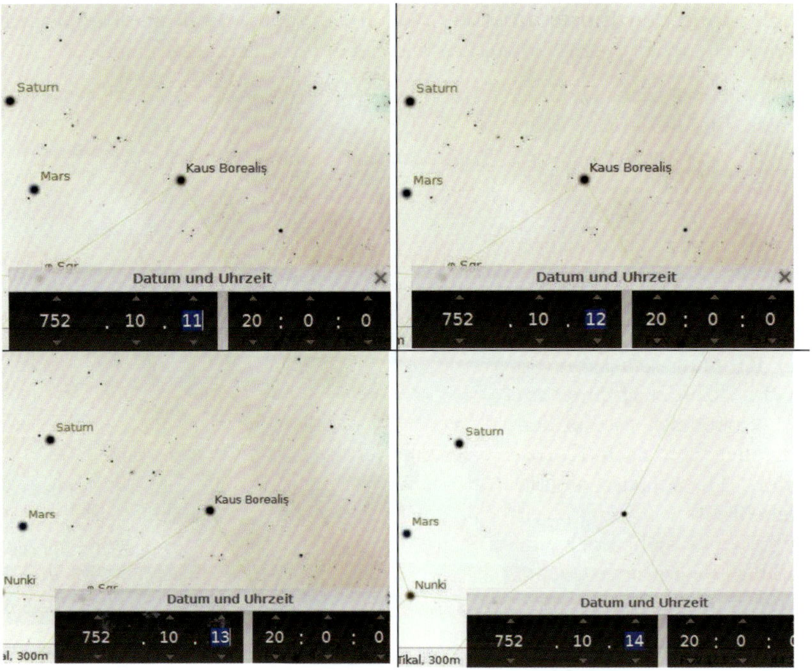

Da der Abstand zwischen beiden Planeten am 11. und 12. Oktober fast gleich groß ist, aber am 12. eine Winzigkeit mehr, würde ich erwarten, dass die Mayapriester gerade diesen Tag für ihr Ritual gewählt hätten. Und genau das ist der Fall nach Korrelation 13. August! Aber ich gebe zu, dass es nicht unseren überzeugendsten Beweisstücken gehört, eben wegen der relativ langsamen Planetenbewegung!

Aber es passt wieder und ist für mich ein guter Beweis für die Beobachtungspräzision der Mayapriester. Nun gibt es aber Fälle, wo der Mond nicht nur an einem, sondern an mehreren Planeten vorbei zieht. Das muss ja für die Maya besonders attraktiv gewesen sein.

Allerdings! Solch ein Ereignis haben die Maya von Quiriguá abgewartet, um Tiich´ Chan Yopaat zu krönen, den Nachfolger des berühmten K´ahk´ Tiliw Chan Yopaat, der den König von Copán enthaupten ließ. Das Krönungsdatum fällt auf den Tag **9.17.14.16.18. 9 Etz´nab 1 K´ank´in**. Nach Korrelation 13. August fällt das Datum auf den 11. Oktober 785 (julianisch). Ab Anfang Oktober 785 nähert sich die Venus immer mehr dem Jupiter an. Beide sind in den Abendstunden zu sehen, am besten gegen 19 Uhr. Am 9.10.785 jul. erscheint auch der Mond, der sich der Konjunktion von Venus und Jupiter immer mehr nähert. Am 10. Oktober steht der Mond noch näher, die Venus steht nun neben dem Jupiter. Erst am 11. Oktober haben **sowohl Venus als**

auch Mond den Jupiter überholt, wobei die Venus die gleiche Entfernung vom Jupiter hat wie am Vortag. Das war der entscheidende Moment.

Ich will mal den Himmel zeigen für die 3 Tage vom 9. bis 11. Oktober 785 jeweils für 19 Uhr. So sehen wir, dass der 9. Oktober, welcher der Korrelation vom 11. August entspricht, wieder einmal sehr daneben liegt und nicht das Datum der Krönung sein kann. So (rechts) sah der Himmel am 9. Oktober aus, also für den Tag, der sich nach Korrelation 11. August ergibt. Der Mond war noch weit weg, Venus steht noch vor Jupiter. Es ist noch nichts Interessantes passiert.

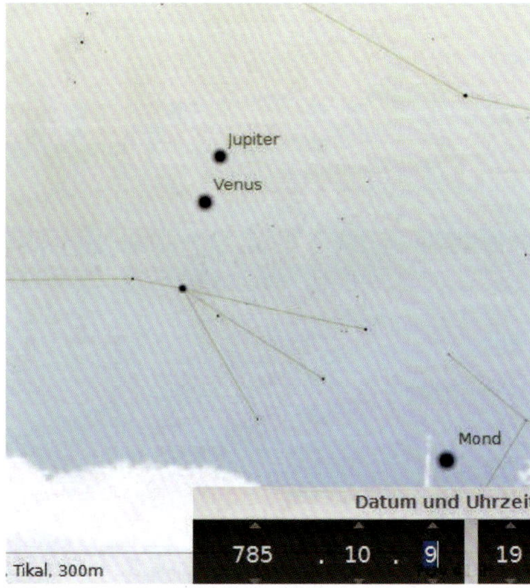

Spannender wird es eine Nacht später:

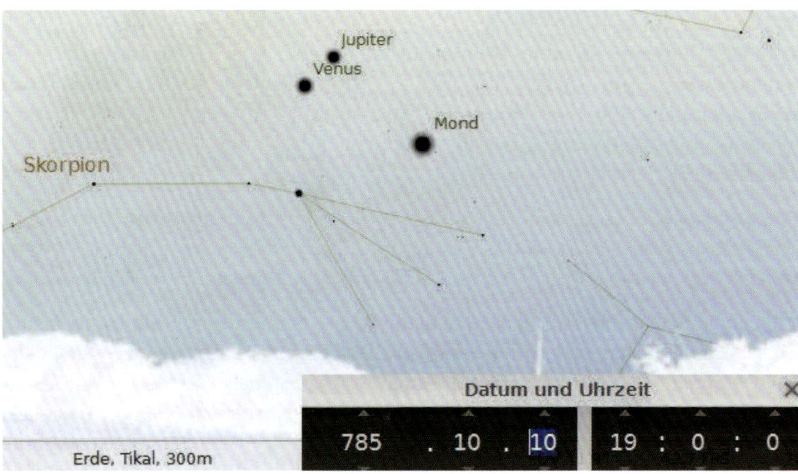

Venus steht nun schon näher, auch der Mond rückt an beide sehr nahe heran. Der entscheidende und spannende Moment kommt eine Nacht später: Erst am 11. Oktober haben sowohl der Mond als auch die Venus den Jupiter überholt.

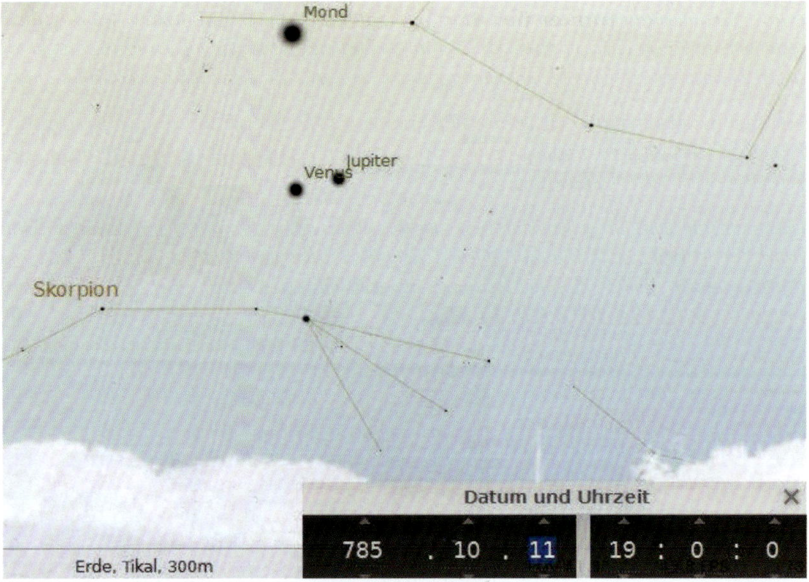

Das passt perfekt zu unserer Korrelation 584285 (13. August)! Und wer es noch nicht glaubt, der „Sky Event Finder“ meines Programms „MayaSky“ wirft exakt für das Krönungsdatum die Venus-Jupiter-Konjunktion aus.

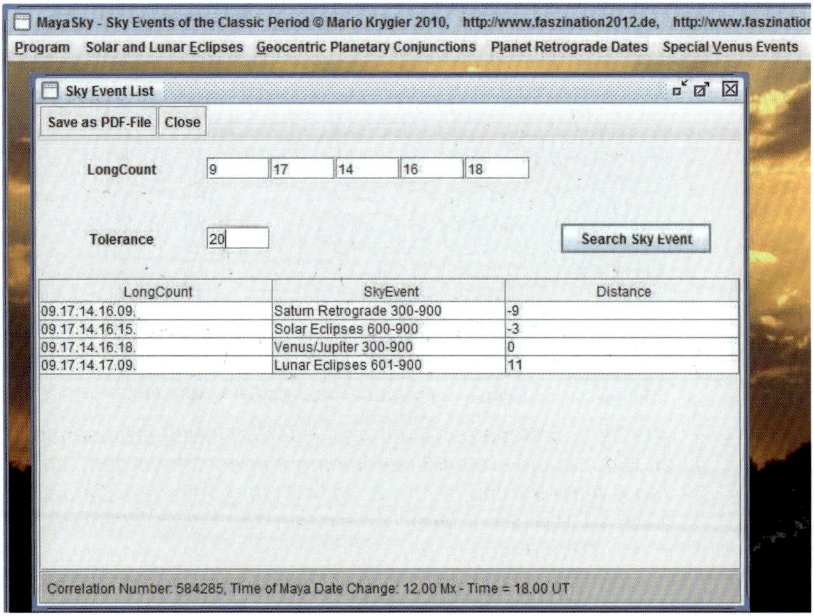

Nun sollten wir unseren Lesern als krönenden Abschluss einen Fall nennen, wo der Mond nicht nur an einem oder an zwei, sondern an drei Planeten vorbeiwandert! Das muss ja ein super spannendes Ereignis für die Maya gewesen sein, was sie sicher toll gefeiert haben!

Naja, ich weiß natürlich, was Du meinst. Das ist ja auch ein berühmtes Ereignis, das sicher viele Mayafreunde schon kennen: Die Einweihung der Kreuzgruppe von Palenque.

Das Ereignis war auf jeden Fall sehr wichtig, denn dieses Datum wurde mehrere Male schriftlich festgehalten. Sogar auf einem Jaderohr, welches den König Jaguar-Schlange von Palenque zeigt, findet man die entsprechende Kalenderrunde eingraviert. Das komplette Datum ist ***9.12.18.5.16. 2 Kib 14 Mol****.*

Nach der Korrelation vom 11. August wäre das gregorianische Datum der 21. Juli 690, das julianische Datum der 18. Juli. Nach Korrelation 13. August wäre das gregorianische Datum der 23. Juli, das julianische Datum der 20. Juli 690. Unten folgt eine Textpassage vom Tempel der Sonne (rechts) wie ich sie im Vortrag zeige:

Die 3 Himmelsgötter sind offenbar die 3 Planeten! Gib uns erstmal einen Überblick über die Beteiligten.

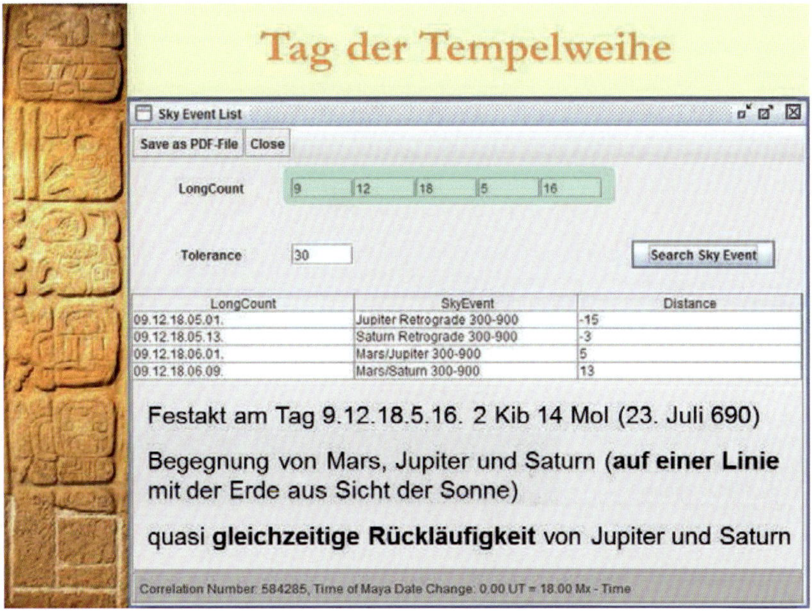

Mein „MayaSky" zeigt ein tolles Treiben unter Beteiligung von Jupiter, Saturn und Mars, verteilt über einen Zeitraum von etwa einem Monat. Dabei werden Saturn und Jupiter gemeinsam rückläufig. Wie im Jahre 7 v. Chr., wo sie eine Zeit lang gemeinsam die beeindruckende Leuchterscheinung des Sterns von Bethlehem bildeten.

Einen Monat lang oder noch länger? Warum haben die Maya denn den einen Tag für die Tempelweihe ausgewählt?

Das sollte Dir klar werden, wenn Du die Himmelsabbildungen für die Zeit vom 18. bis 20. Juli für 21 Uhr anschaust.

Der Mond sollte doch auch wieder wichtig sein, oder?

Es ist auf jeden Fall eine verdammt gute Idee, ihn im Auge zu behalten!

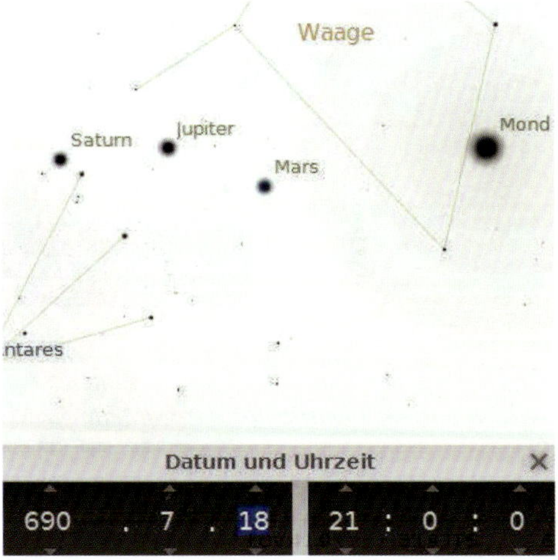

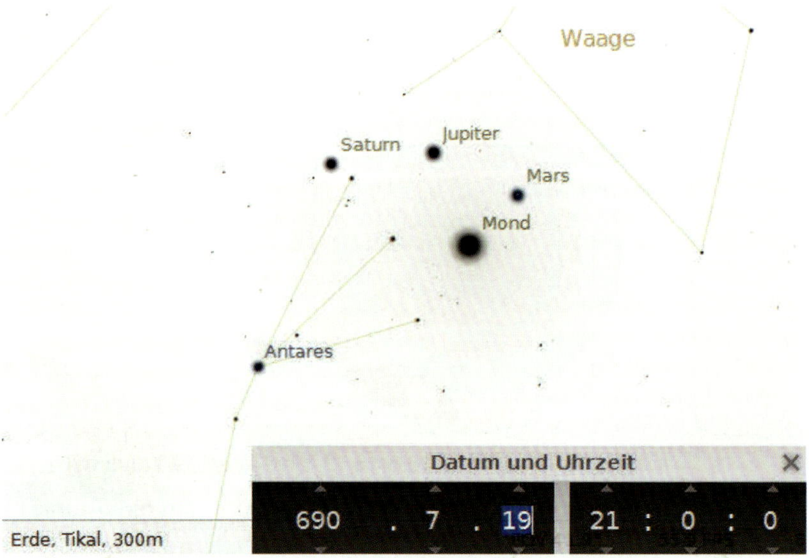

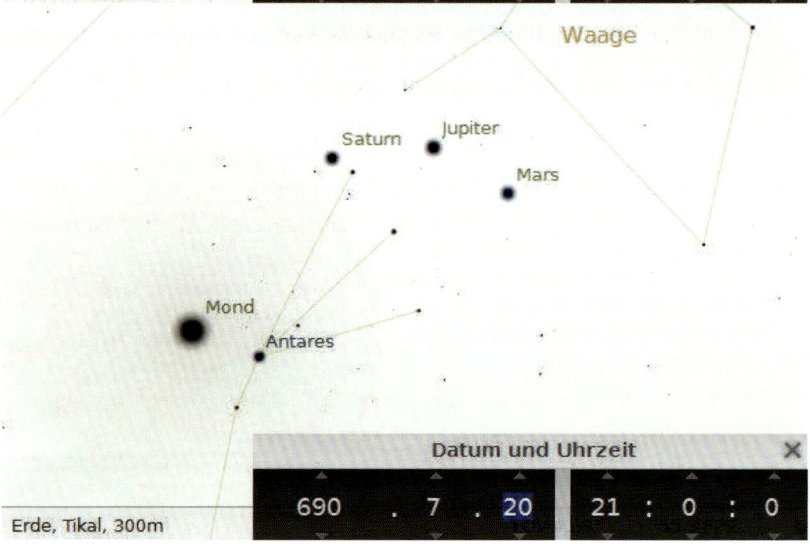

Ja! Es ist ganz deutlich zu erkennen: Der Mond ist entscheidend! Und nicht die größte Annäherung der Planeten. Wusstest Du, dass der Mond, der ja in der Mayasprache weiblich war, die Göttermutter darstellt, also die Mutter der hier beteiligten Himmelsgötter? Sie muss an ihren Kindern vorbeiziehen! Außerdem erfolgten die größten Annäherungen der Planeten zwischen 5 und 13 Tagen später, was man am Output Deines Programms

„MayaSky" erkennen kann. Zeige mal exemplarisch den 11. Tag nach dem 20. Juli, also den 31.7.!

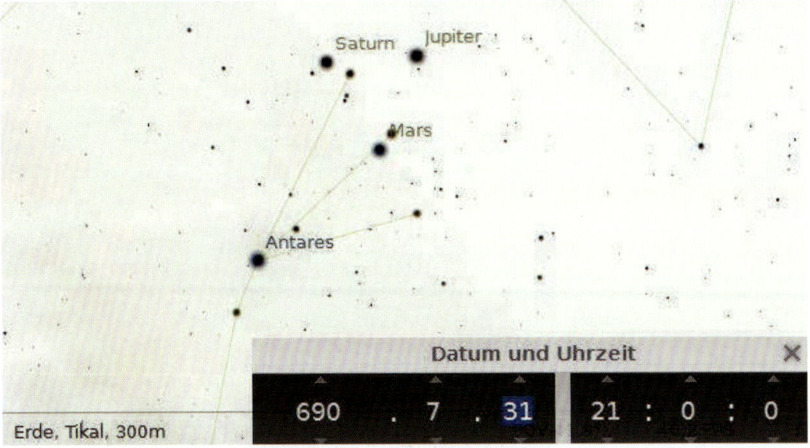

Die 3 Planeten bilden ein schönes gleichseitiges Dreieck. Aber der Mond war nicht dabei. Deshalb schien den Maya dieses Datum offenbar weniger interessant zu sein, denn sie haben es nicht aufgeschrieben.

Jetzt müsste man vielleicht noch schauen, wie es einen Monat vorher und nachher aussah. Nicht dass da die Planeten noch näher zusammenstanden, als der Mond gerade vorbeigezogen war!

Das lässt sich ja leicht prüfen. Schauen wir mal für den Juni nach.

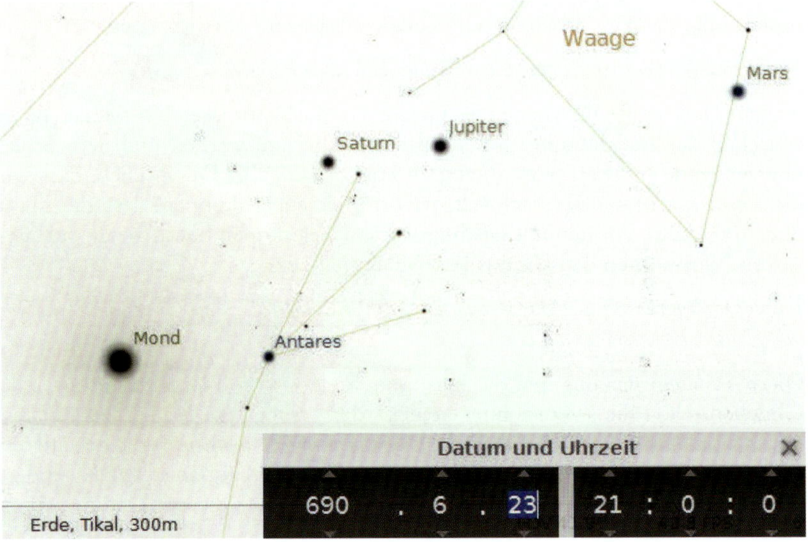

Am 23. Juni 690 war der Mond an Jupiter und Saturn vorbeigezogen. Wie man sieht, war der Mars noch recht weit von seinen Brüdern entfernt. Das war sicher keine attraktive Konstellation, wenn man sie mit dem 20. Juli vergleicht.

Und einen Monat später, im August?

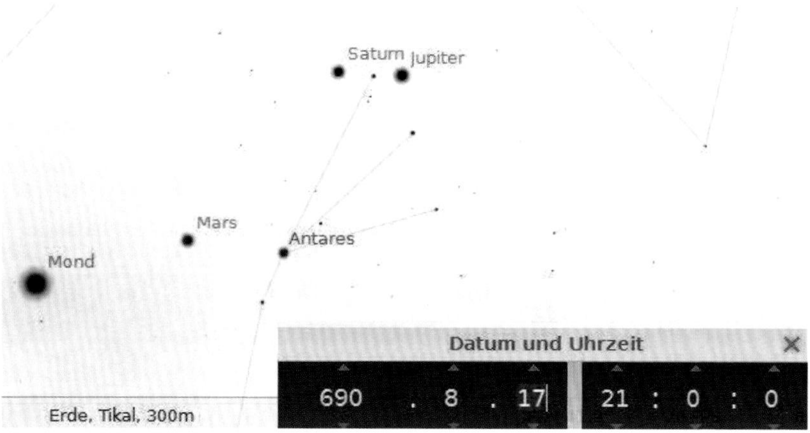

Da war der Mars nach Vorbeizug wieder zu weit von den beiden Planeten entfernt – ebenfalls keine attraktive Konstellation. Man kann also wieder einmal nur feststellen, dass die Maya genau den richtigen Punkt festgehalten hatten. Zusammenfassend können wir sagen: Die antiken Maya legten größten Wert auf die Mondbeobachtung und waren vor allem an dem Moment interessiert, wo der Mond gerade an einem der Planeten Merkur, Venus, Mars, Jupiter oder Saturn vorbeizog oder gerade an diesen vorbei gezogen war.

Nun würde ich höchstens einwenden, dass Du noch einen Planeten vergessen hast!

Na gut! Ich weiß. Wir haben ja unsere Uranushypothese. Ich wanke noch zwischen der Befürchtung, für unseriös gehalten zu werden und dem Stolz, überzeugende Indizien präsentieren zu können. Glaubst Du wirklich, dass wir die Leser, auch aus der Fachwelt, davon überzeugen können, dass die Maya über 1000 Jahre vor den mit leistungsstarken Teleskopen bewaffneten europäischen Astronomen den Uranus beobachtet haben?

Jawohl! Und nicht nur die Maya, sondern sogar vor 2000 Jahren die Olmeken! Packe nur mutig unsere Beweisstücke auf den Tisch!

Okay. Schauen wir uns mal die berühmte Stele C von Tres Zapotes an, eine Olmekenstele. Sie verzeichnet eines der frühestes bekannten Daten überhaupt: **7.16.6.16.18. 6 Etz´nab 1 Wo**. Das wäre nach unserer bestätigten Korrelation der 9. September 32 vor Christus im gregorianischen Kalender, oder der 5. September im julianischen. Fünf Tage vor diesem Datum gab es eine totale Sonnenfinsternis. Der Mond verdeckte nicht nur die Sonne, sondern war gerade auch am Mars vorbeigezogen. Trotzdem wählte man nicht dieses Datum, sondern eine Nacht, in der nichts anderes Aufregendes passiert war, als dass der **Mond** gegen 22 Uhr, bevor er im Westen verschwindet, exakt **neben dem Uranus** steht. Allerdings war der Uranus zu dieser Zeit relativ zum hellen Mond sehr lichtschwach. Man konnte ihn in dieser Nacht nicht sehen, aber in den Wochen vorher war der Uranus allein.

Skeptiker könnten einwenden, dass die Olmeken vielleicht ein anderes Ereignis gefeiert haben und diese Mond-Uranus-Geschichte fand zufällig am selben Tag statt. Hast Du noch ein besseres Beispiel für uns!

Klar. Hier ist ein top interessantes Beispiel: In Tikal gibt es eine ungewöhnliche Skulptur, die man Hombre de Tikal nennt, mit dem Datum ... Ach halt! Das verrate ich noch nicht. Wir machen es mal umgekehrt. Wir schauen uns mal den Himmel für eine ganze Woche an, und überlegen, welche Nacht in dieser Woche den Maya interessant genug erschien, um in Stein gemeißelt zu werden. Am Abendhimmel im November 406 sah man **Merkur, Venus, Jupiter und Mars** stehen. In dieser Reihenfolge gingen sie etwas später auch unter. Nun kommt der Mond am 29. Oktober ins Spiel. Da steht er schon neben Merkur. Das wäre sicher kein Kandidat für ein Inschriftendatum. Am 30. Oktober hat der Mond außer Merkur auch Venus und Jupiter überholt und steht noch vor dem Mars. Das könnte ein Kandidat für ein solches Datum sein. Am 1. November ist der Mond nur weitergerückt. Das wäre kein Kandidat. Am 2. November steht der Mond kurz vor dem Mars. Auch kein Kandidat. Am 3. November ist der Mond auch am Mars vorbeigezogen.

Das wäre der beste Kandidat. Die Urmutter hat alle ihre Kinder besucht.

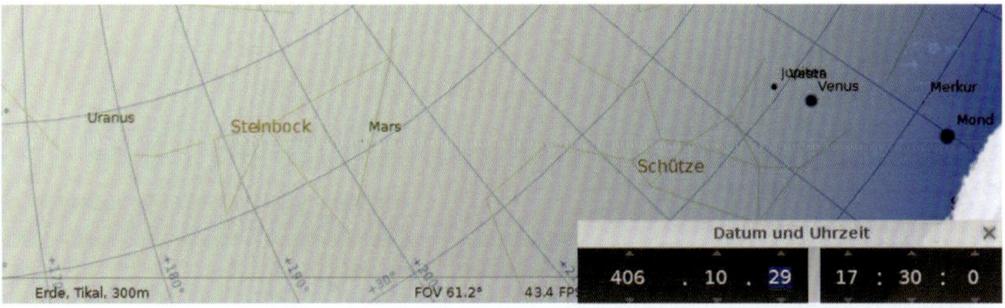

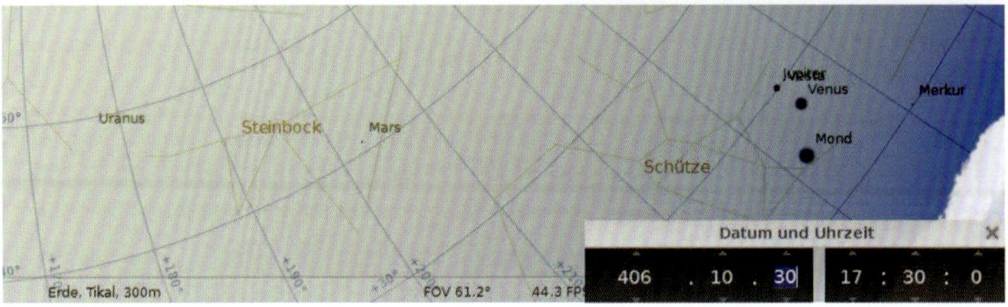

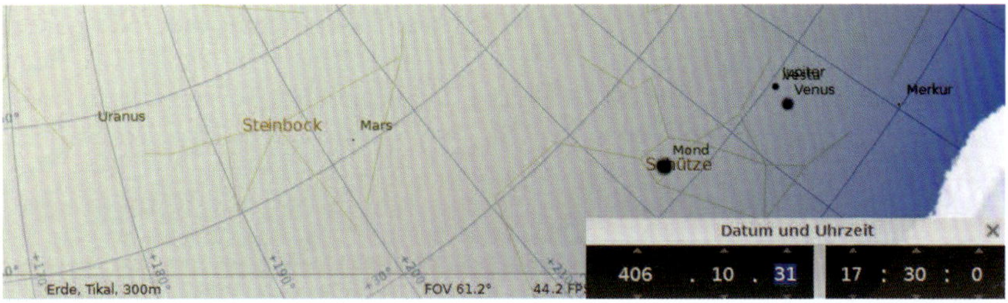

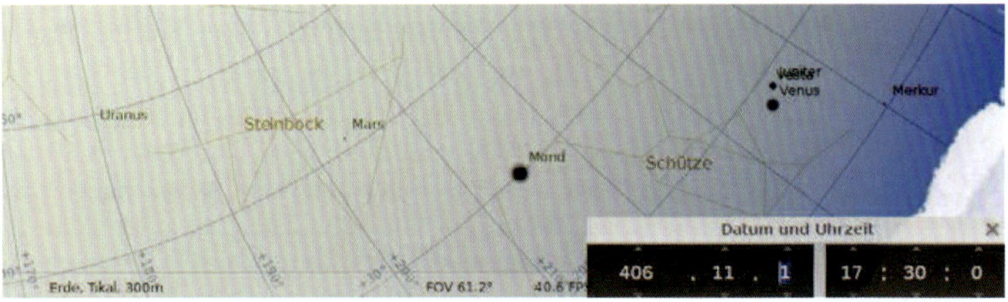

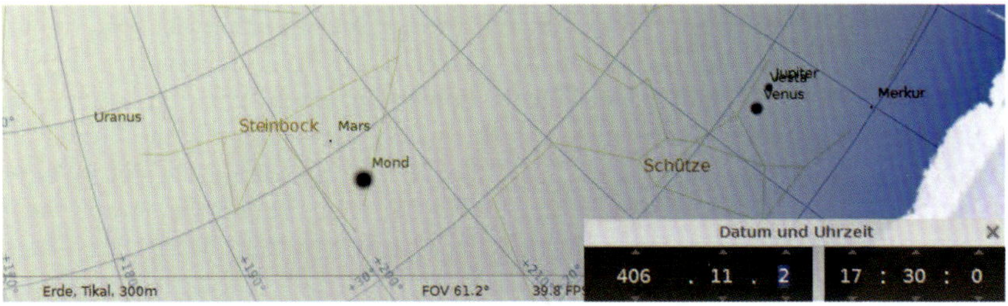

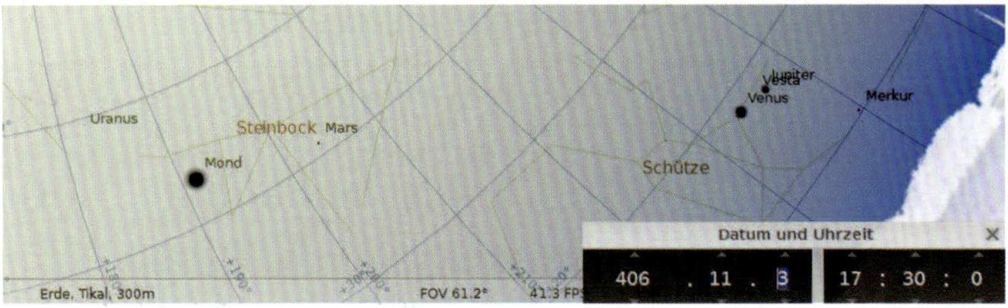

Nein, eben nicht. Sieh mal genau hin. Der Mond ist nicht an allen Himmelsgöttern vorbei. Erst am 4. November ist der **Mond** nicht nur **an Merkur, Venus, Jupiter und Mars**, sondern **auch am Uranus** vorbeigezogen.

Tatsächlich. Also folgt das spannendste Himmelsbild noch. Zeige mal den 4. November. Noch spannender ist nun aber das eingemeißelte Datum. Haben die Maya etwa wirklich den Tag verewigt, an dem der Mond auch am Uranus vorbeigeschritten war.

Die Antwort lautet: Jaaa! Haben sie. Sieh her:

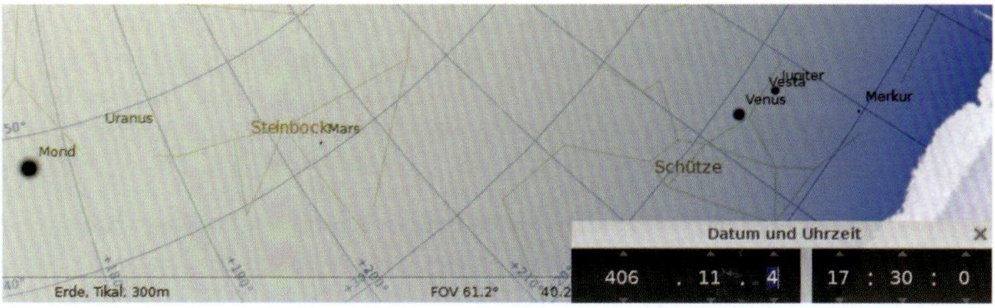

Genau diese Nacht haben sie aufgeschrieben! Denn das Datum lautet **8.18.10.8.12. 1 Eb 10 Ya´ax**. Das wäre der 4. November 406 (julianisch) nach Korrelation 13. August. Nach der Korrelation vom 11. August wäre es der 2. November.

Toll! Aber wäre es nicht auch denkbar, dass der Schreiber nur vom Balché besoffen war und dass er sich deshalb einen Tag später ans Werk gemacht hat?

Du bist mal wieder schwer zu überzeugen. Aber gut: Eine Schwalbe macht noch keinen Sommer! Ich präsentiere Dir also ein weiteres Beispiel. Hier haben wir das Datum einer Schlacht, verzeichnet auf der Hieroglyphentreppe von Naranjo: **9.10.3.2.12. 2 Eb 0 Poop**. Das wäre der 1. März 636 (julianisch) nach unserer Korrelation. Genau in dieser Nacht, in den Morgenstunden, standen **Uranus und Mond** nebeneinander. Nichts anderes Interessantes war am Himmel zu sehen.

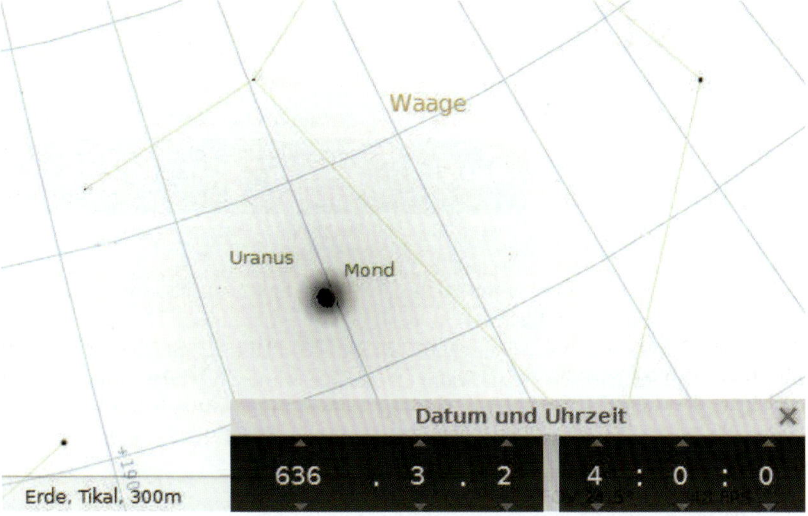

Hmm. Vielleicht haben sie nur das Neujahrsdatum aufgeschrieben, weil 0 Poop dabei ist!

Dann schau hier her! Es geht auch ohne Neujahrsdatum! In Chichén Itzá weihte man das Casa Colorada am Tag **10.2.0.1.9. 6 Muluk 12 Mak** ein.

Genau in dieser Nacht zog die **Venus am Uranus vorbei**, was man ab früh um 4 Uhr beobachten konnte. Allerdings war in der gleichen Nacht bzw. am Abend kurz nach Sonnenuntergang zu beobachten, dass der **Merkur** seine größte Sichtbarkeit erreicht hatte und außerdem just in dieser Nacht der **Mond** gerade am Merkur vorbeigezogen war.

Tja! Da ist also nicht klar, welches der beiden Ereignisse die Maya gewürdigt haben. Um mich wirklich zu überzeugen, musst Du Dir schon etwas mehr Mühe geben.

Wie wäre es mit diesem Datum? Am Tag **9.11.6.16.11. 7 Chuwen 4 Ch´een** gab es eine Schlacht in Palenque. Das wäre die Nacht vom 7. zum 8. August 659 (julianisch). Es war nichts weiter interessant als dass der **Mond** genau in dieser Nacht **am Uranus** vorbeizog. Ich habe hier das Bild von Mitternacht gewählt, denn einige Stunden früher kann man „Mond" und „Uranus" gar nicht lesen im Programm, weil es beide Namen übereinander schreibt, so eng standen sie!

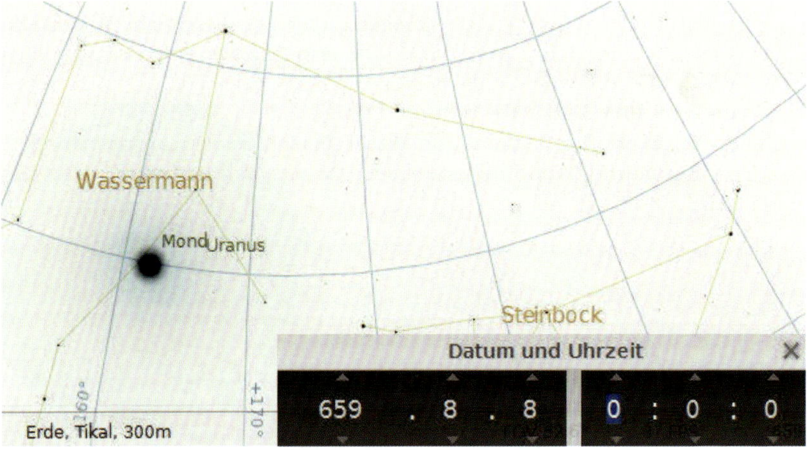

Na gut! Hast Du noch ein Beispiel?

Der Stoff geht mir noch lange nicht aus. Wir haben noch drei Daten, an denen sich **Sonne und Uranus** in Konjunktion befanden. Das waren eine Opferung in Naranjo am Tag **9.9.17.11.14. 13 Hiix 12 Sak**, was dem 1. Oktober 630 (julianisch) entspricht, eine Krönung in Calakmul am Tag **9.10.12.0.9. 1 Muluk 17 K´ank´in**, was dem 1. Dezember 644 (julianisch) entspricht, und eine Krönung in Tikal am Tag **9.12.9.17.16. 5 Kib 14 Sots´**, was dem 3. Mai 682 (julianisch) entspricht.

Alles gut und schön, aber nicht sichtbar, kann der Leser einwenden! Ob die Maya wirklich so gut in den Nächten vorher beobachten und für die entsprechende Konjunktion interpolieren konnten, steht noch in den Sternen! Das richtige I-Tüpfelchen fehlt mir irgendwie noch...

Kein Problem! Das Beste habe ich mir doch für zuletzt aufgehoben! Schauen wir und das Datum **9.12.19.14.12. 5 Eb 5 K´ayab** von Palenque an! Nach unserer Korrelation, die ich inzwischen für bewiesen ansehe, fällt dieser Mayatag auf den 7. Januar 692 (julianisch).

Palenque? Was war da passiert?

In meinen Aufzeichnungen steht „Tempelweihe".

Moment mal! Das ist doch die Kreuzgruppe! Hier guck mal! In allen drei Tempeln gibt es Inschriften mit diesem Datum. Da heißt es, dass man dem Weltenbaum, dem Blattkreuzbaum usw. jeweils ein Haus gab. Okay, das ist das Weihedatum. Von dem berühmten Ereignis anderthalb Jahre vorher heißt es, dass sie gefeiert haben, das war keine direkte Einweihung. Wobei wir ja am Kreuztempel deutliche Spuren von verschiedenen Bauphasen sehen, das ist also nicht mit einem Mal erbaut und eingeweiht worden.

Na, macht ja nichts. Also, offizielle Einweihung war am Tag **9.12.19.14.12. 5 Eb 5 K´ayab.** Jetzt schau Dir den Himmel an. Was gab es zu sehen? In dieser Woche nichts Besonderes. Erst eine Woche später wurde es interessant: Am 15.1. zog die Venus am Saturn vorbei, am 18.1. war der Mond am Mars vorbei, am 20.1. war der Mond auch an Saturn und Venus vorbeigezogen. Das sah man in den Morgenstunden. Abends ist Merkur sichtbar, am besten erst gegen den 18.1. Die einzige Attraktion nahe des angegebenen Datums war, dass der Mond mehrere Nächte lang durch den Zenit zog. Dieses Spektakel begann am 3.1., als sich der Mond gegen 18 Uhr dem Zenit recht weit näherte. Noch deutlicher sah man es in den folgenden Nächten, wobei der Mond jeweils etwa eine Stunde später in Zenitnähe stand. Das Maximum war am 6. und 7.1. erreicht. Eine Korrelation 11. August würde ja dem 5.1. entsprechen, hätte also wieder einmal versagt. Erst in der Nacht vom 10. zum 11.1. entfernt sich der Mond wieder deutlich vom Zenit.

Jetzt muss es noch ein Kriterium geben, warum sie gerade den 7. Januar wählten.

Richtig: **Genau am 7. Januar war der Mond gerade am Uranus vorbeigezogen.** Wir schauen uns das mal auch für die Nacht davor an, für den 6. Januar. Der Mond ist hier bereits eine Stunde vorher durch den Zenit gegangen.

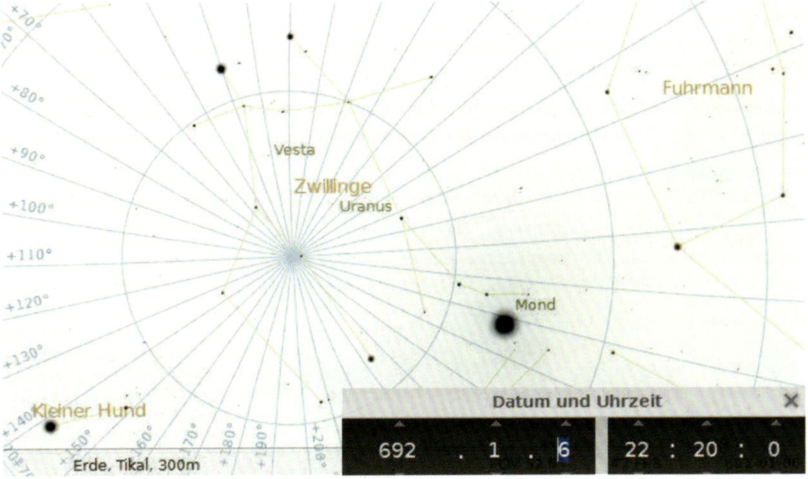

Am 7. Januar sah es so aus:

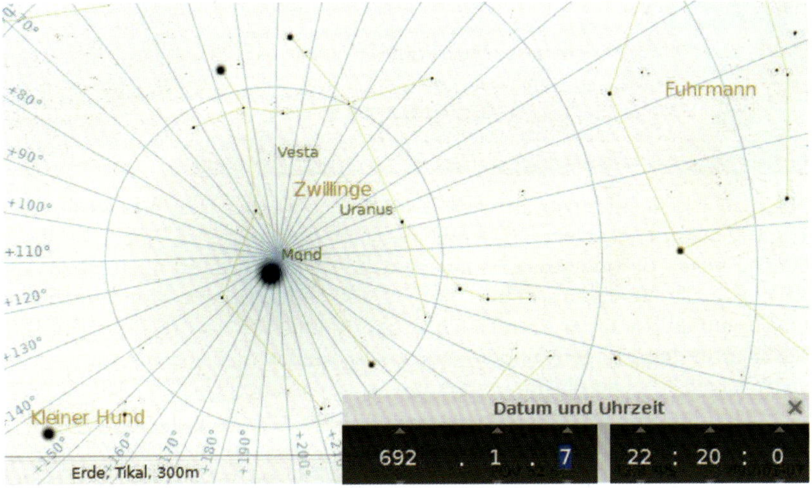

Nicht schlecht! Interessant erscheint mir, dass der Mond, also die Göttermutter, im Zenit steht. Im Juli 690 hatte sie ihre 3 Kinder besucht, und nun steht sie zur Einweihung der Tempel schützend an höchster Stelle, um alles zu überschauen.

Nun könnte man immer noch einwenden, dass hier nur der Zenitdurchgang des Mondes gemeint war, aber andererseits sind das schon eine Menge

Uranusdaten. Sollte das immer Zufall gewesen sein? Auf jeden Fall, egal ob die Maya den Uranus sahen oder nicht, kommen wir zu folgendem Fazit:

Für die Klassische Mayakultur gilt zweifelsfrei die Korrelation 13. August 3114 vor Christus. Das Maya-Datum 13.0.0.0.0. 4 Ajaw 8 Kumk´u gilt von mittags Ortszeit bis zum nächsten Mittag. Das entspricht dem 13.8.3114 vor Christus im retrospektiven gregorianischen Kalender, 18 Uhr Weltzeit bis zum 14.8. 17 Uhr 59 Weltzeit, oder in der Julianischen Zählung JDN 584285,2500 bis 584286,2499. Im juianischen Kalender wäre das der 8. September gleichen Jahres.

Du als Mathematiker drückst es so schon exakt aus. Ich würde nur sagen: Wer jetzt noch glaubt, die Maya hätten zur klassischen Zeit eine andere Korrelation benutzt, der muss sich die Hose mit der Kneifzange anziehen!

Das ist eben der Unterschied zwischen einem deutschen Mathematiker und einem mexikanischen Reiseleiter!

Nun können wir noch einen Anwendungstest machen!

Wie soll das denn aussehen?

Na, ich denke, dass die richtige Korrelation zweifelsfrei feststeht, und dass außerdem fast ausgeschlossen ist, dass die Maya irgendein Ereignis dem Zufall überließen. Darum traue ich mir zu, ein Kalenderrundendatum, von dem wir die Lange Zählung nicht wissen, eindeutig zuzuordnen.

Wow, spanne mich nicht so auf die Folter und lege los!

Wir haben in Dos Pilas dieses schöne Foto gemacht. Aber wir wissen die Lange Zählung nicht. Doch dieses Rätsel wollen wir jetzt lösen.

Die Kalenderrunde taucht ja alle 52 Jahre auf.

Schon. Aber die Stadt Dos Pilas existiert nicht lange, nur etwa von 648 bis 761. Die Kalenderrunde 9 Ak´bal 6 Yaxk´in kann in die Jahre 621, 673, 725 und 777 fallen. Das erste und das letzte Jahr kommen nicht in Frage. Bleiben 9.12.1.0.3. für den 26.6.673 (julianisch) und 9.14.13.13.3. für den 14.6.725 (julianisch).

Am 14.6.725 war nichts los. Aber am 26.6.673 war kurz vor Mitternacht die größte Annäherung zwischen **Mond und Mars** gewesen.

Bingo! Das komplette Datum muss also heißen ***9.12.1.0.3. 9 Ak´bal 6 Yaxk´in****. Nun schaue mal spaßeshalber nach für 27 Tage vorher! Wir haben ja diese Distanzzahl von 1.7. im Text. Das ergibt 9.12.0.16.16. 8 Kib 19 Sek, also den 30.5.673.*

Nochmal Bingo! Der Mond war gerade am Mars vorbeigezogen!

Jetzt brauch´ ich erst mal eine Pause. Wir sind sehr kreativ gewesen heute.

Hoffentlich konnten uns die Leser folgen mit unseren vielen Datumssprüngen von julianisch zu gregorianisch usw. Die Astronomie-Programme rechnen fast immer mit dem julianischen Datum, deshalb mussten wir auch das julianische angeben. Das von uns verwendete Programm kann man sich aus dem Internet kostenlos herunterladen. Es heißt „Stellarium 0.11.4." Zudem kam auch das Programm „MayaSky" zum Einsatz, mit dem ich nach eingegebenem LongCount-Datum diverse zugehörige Himmelsereignisse geliefert bekam.

Du darfst ruhig noch einmal erwähnen, dass „MayaSky" genau wie das Kalenderprogramm „Faszination2012" von Dir geschrieben wurde, weil wir nichts Vergleichbares im Internet gefunden haben. Wer Genaueres über Deine beiden Programme wissen möchte, muss unsere Webseite www.faszination2012.de besuchen.

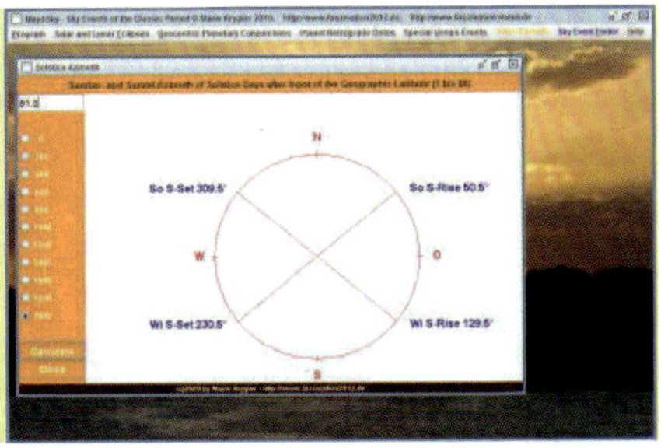

Der Tag **Kawak** bedeutet Gewitter und Regen, Zeiten des Wechsels, sowohl kreativ als auch zerstörend. Die unter diesem Zeichen geborene Person besitzt Fantasie und Kreativität, aber zerstört bisweilen, was sie erschafft. Der Kakao ist ihr Symbol. Der Kakao bedeutet Reichtum.

20

Das Korrelationsproblem - Teil 6: Reformen, Variationen und mexikanisches Erbe

Ajaw

Wow! Da hast Du tatsächlich eine Glyphe für die „20“! Und der Tag ist Ajaw!

Ja, für ein besonderes Kapitel – zwei besondere Glyphen. Das ist unser letztes Kapitel, quasi unser Finale, wo wir die Korrelationsproblematik abrunden und einige abschließende Beobachtungen durchführen wollen.

Gut. Da wäre zum einen die Frage, warum die heute lebenden Schamanen in Guatemala die Korrelation 11.8. benutzen. Denn der Tag 4 Ajaw, oder 4 Junajpu, wie die K´ichee´-Schamenen sagen, wurde ja am 21. Dezember 2012, nicht am 23. Dezember, feierlich begangen.

Hier kann ich Dir noch eine Überraschung offenbaren: Obwohl es so aussieht, dass die Tzolkin-Tage des Heiligen Kalenders der heute praktizierenden Mayaschamanen zur Korrelation 11. 8. 3114 vor Christus passen und damit von der durch uns bestätigten Umrechnung um zwei Tage abweichen, müssen wir eigentlich drei Tage in Betracht ziehen. Als wäre das noch nicht unglaubwürdig genug, beträgt der Unterschied, wenn wir nicht nur die Tzolkinabweichung im Auge behalten, tatsächlich 1297 Tage!

Jetzt bin ich ja ganz irritiert! Wie kommst Du denn darauf?

Ich muss zugeben, diese Information ist auch für mich ganz neu. Hochaktuell. Vor kurzem bin ich erst darauf gestoßen, als ich die Kalender der Hochlandvölker studierte. Ich werde dieses Mysterium gleich erklären. Zuerst muss ich noch einmal ganz klar betonen, dass die Korrelation 11.8. für die klassische Mayaperiode absolut unmöglich ist. Nicht unwahrscheinlich, sondern definitiv unmöglich.

Das haben wir ja in den letzten Kapiteln ausführlich dargelegt. Das steht inzwischen fest. Aber warum nur für die klassische Mayazeit?

Zwischen der klassischen und der nachklassischen Periode gibt es einen gewaltigen Bruch in vielerlei Hinsicht. Das klassische politische, ökonomische und religiöse System ist vollkommen zusammengebrochen. Fast alle klassischen Städte sind im 9. Jahrhundert vom Erdboden verschwunden und gleichzeitig das politische System des Vererbens des Thronrechtes vom Vater auf den erstgeborenen Sohn. Die Astrologie diente einst vor allem der Legitimierung des Thronrechtes und der Bekräftigung des Herrschaftsanspruches. Als diese Beweggründe durch die tiefgreifenden Veränderungen in der Mayagesellschaft wegfielen oder zumindest an Bedeutung verloren, hat sich natürlich auch die Astrologie und somit das Kalenderwesen verändert. Die angebliche Kontinuität des Mayakalenders bis in die nachklassische Periode hinein ist ganz einfach eine Illusion.

Welche konkreten Anhaltspunkte hast Du denn dafür?

Es kam zu vielen Veränderungen am Mayakalender, d. h. es gab offenbar verschiedene Kalenderreformen. Das wird schon einmal deutlich mit dem Verzicht auf die Lange Zählung und der Einführung der Kurzen Zählung. Die Motivation dafür liegt auf der Hand: Der große Nutzen der Langen Zählung für die Mayakönige bestand darin, ihre Abstammung von den Göttern demonstrieren zu können. Das sieht man auf wunderbare Weise in Palenque. Sie schrieben also Texte über den Maisgott, der schon am 10. März 3309 vor Christus (gregorianisch) gekrönt wurde, am Tag 12.10.1.13.2. 9 Ik´ 5 Mol.

Das ist also noch vor der letzten Erschaffung der Welt.

Richtig. Dieser Text stammt vom Herrscher Schildkröten-Seerosen-Papagei, der am Tag 9.14.10.4.2. 9 Ik´ gekrönt wurde. Am gleichen Tag 9 Ik´, also „9 Seele", wurde auch der Göttliche Zwilling Xbalanq´e geboren, der als Zahlengott übrigens für die Zahl 9 steht, am Tag 1.18.5.3.2. 9 Ik´. Und auf den gleichen Tag 9 Ik´ fällt auch die Krönung der Urmutter von Palenque, die auch als Mondgöttin gilt, am Tag 2.0.0.10.2. 9 Ik´. Diese Zahlenspielereien fallen mit dem Zusammenbruch der klassischen Mayagesellschaft weg. Man braucht sie nicht mehr.

Verstanden, weil man nicht über extrem lang zurückliegende Zeitalter zu reden hat, um Herrschaftsansprüche zu legitimieren. Der Wegfall des Gottkönigtums geht schließlich mit dem Wegfall des Glaubens an die göttliche Abstammung einher. Die Menschen waren nun gewissermaßen aufgeklärter.

Genau. Deshalb reicht die kurze Zählung. Sie schreiben jetzt „im 13. Jahr (Tun) im Katun 2 Ajaw". Der Katun 2 Ajaw entspricht nun entweder dem Zeitraum von 9.15.0.0.0. 4 Ajaw 13 Ya´ax bis 9.16.0.0.0. 2 Ajaw 13 Sek oder von 10.8.0.0.0. 4 Ajaw 13 Kumk´u bis 10.9.0.0.0. 2 Ajaw 13 Mak. Aller 13 Katune (260 Jahre) wiederholt sich das gleiche Datum.

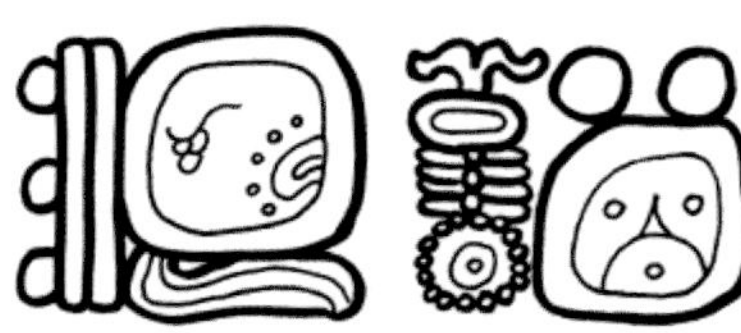

Wird der Name etwa nach dem Tag gegeben, an dem der Katun endet?

Das ist richtig.

Und welche Reformen gab es außerdem?

Da wäre noch die Verringerung des Haab-Koeffizienten. Zum Beispiel anstatt 10.2.0.0.0. 9 Ajaw 18 Pax schreiben sie später 9 Ajaw 17 Pax. Das ist wieder eine grundlegende Veränderung. Gelegentlich findet man eine Herabsetzung des Haab-Koeffizienten nicht nur um 1, sondern um 2. Und das zu einer Zeit, als die Lange Zählung nicht mehr benutzt wurde. Man muss dazu betonen, dass diese Verringerung des Haab-Koeffizienten nicht gleichzeitig in allen Mayazentren erfolgte; in manchen gar nicht. Das ist schon ein deutlicher Hinweis darauf, dass sich die Kultur der Maya auseinander entwickelt. Das gilt auch für die Hieroglyphenschrift, es gibt immer mehr regionale Unterschiede.

Also kann man sich auch nicht auf einzelne Inschriften berufen.

Da hast Du wohl Recht. Dennoch finde ich es schade dass wir keine weiteren Codices und nur spärliche Informationen zum Mayakalender im Hochland haben.

Gab es da nicht auch eine Reform bei den Jahresträgern?

Klar. Die Jahresträger sind die 4 Tzolkin-Tage, die auf den Jahresbeginn fallen. Zur klassischen Zeit begann das Jahr mit dem Haab-Tag 0 Poop. Nach klassischem Muster können nur der 2., 7., 12. und 17. Tag des Tzolkin-Kalenders, also die Tage Ik´, Manik´, Eb und Kaban, auf den Tag 0 Poop fallen. Jetzt gibt es die nächste Reform, denn als Neujahrstag gilt später der Haab-Tag 1 Poop. Somit ändern sich automatisch die Jahresträger, denn das sind jetzt der 3., 8., 13. und 18. Tag der Tzolkin-Runde, also Ak´bal, Lamat, Been und Etz´nab.

Steckt da ein Sinn dahinter.

Vielleicht hat es etwas damit zu tun, dass die gleichen Jahresträger auch bei den Tolteken und Azteken benutzt wurden, wobei die entsprechenden Tage dort Haus, Kaninchen, Schilfrohr und Feuerstein hießen. Das Jahr, das mit „1 Schilfrohr 1 Poop“ begann, war also das Jahr „1 Schilfrohr“.

Das war doch das Jahr, in dem der Konquistador Hernán Cortéz auftauchte.

Genau. Und den hat man ja mit dem Quetzalcoatl verwechselt, weil dieser Gott immer in einem Jahr 1 Schilfrohr erwartet wurde. Und 1519 war im Aztekenkalender das Jahr 1 Schilfrohr, im Mayakalender war es aber 3 Been, also 3 Schilfrohr. Was ich betonen will, ist die Verbindung zu den Tolteken und Azteken. Noch später gibt es in einigen Mayastädten übrigens wieder eine Kalenderreform, denn die Jahresträger wandern wieder um eine Position weiter, und entsprechen nun dem 4., 9., 14. und 19. Tzolkin-Tag, also K´an, Muluk, Hix und Kawak.

Da reihen sich doch einige Reformen aneinander.

Wir sind noch nicht am Ende! Vergiss nicht, dass es ab 11.8.10.12.0. 8 Ajaw 3 Poop (4. September 1392) eine weitere Kalenderreform gab, als man aus der 20-Jahr-Katun-Zählung eine 24-Jahr-Katun-Zählung machte. Diese Reform bot sich an, weil man so eine Jahreslänge von 365 Tagen statt 360 Tagen benutzen konnte. Das haben wir ja im Kapitel 13 untersucht.

Stimmt. Nun sollte es aber gut sein. Ich verliere schon den Überblick.

Apropos verlorener Überblick:. Wenn Du die Maya heute fragst, an welchem Tag der Kalender beginnt, dann bekommst Du in jedem Dorf eine andere Antwort.

Moment mal, der Tzolkin beginnt doch immer mit Imix, also Krokodil!

Heute nicht mehr! Er kann auch mit Affe beginnen oder mit Hirsch oder mit noch einem anderen Tag. Übrigens findest Du heute in jedem Mayadorf andere Bezeichnungen für die 20 Tage, ein weiteres Indiz für regionale Unterschiede.

Bloß gut, dass ich dieses Chaos nicht programmieren muss. Bei so vielen Fallunterscheidungen würde ich ja nie fertig werden.

Zählst Du noch mit wie viele Reformen es schon gegeben hat? Aber es kommt noch dicker! Wenn wir nun bei den Kaqchikel-Maya schauen, die ja mit den K´ichee´-Maya in das Hochland von Guatemala eingewandert sind, dann stellt sich heraus, dass sie eine Zählung mit einem Jahr von 400 Tagen benutzen!

Das gibt´s doch nicht!

Doch!

Da hast Du Dich doch vertan!

Gar nicht. Davon können wir uns schnell überzeugen. Wir schauen mal hier in die Annalen der Kaqchikeles. Die Kaqchikeles rechnen in den Annalen ihre wichtigsten Ereignisse ab dem Aufstand des Stammes des Tucuchés. Schau hier: „The king Cay Hunahpú set the day upon which the revolution should take place, and on the day 11 Ah [May 18, 1493] the revolution broke out." [AOTCa] Nun schau auf welche Tage die Jahrestage fallen: "On the day 8 Ah [June 22, 1494] ended the first year after the revolution. ... On the day 5 Ah [July 27, 1495] ended the second year after the revolution. ... On the day 2 Ah [August 30, 1496] ended the third year after the revolution." [AOTCb] Nun rechne mal aus, wie viele Tage immer dazwischen liegen. Die europäischen Daten sollten wir erst einmal unbeachtet lassen, denn sie stammen vom Übersetzer, und wir wissen ja nicht, ob sie stimmen.

Okay. Im Tzolkin-Kalender beträgt der Abstand für einen beliebigen Tag T von 11 T bis 8 T sieben Winales. Das sind sieben mal 20 Tage, also 140 Tage. Das gilt dann auch für den mir nicht bekannten Tag Ah. Natürlich kann der Abstand auch 140 plus 260 Tage sein, denn nach 260 Tagen wiederholt sich ja das gleiche Tzolkin-Datum. Also 400 Tage wäre möglich, aber nicht 360 und auch nicht 365. Du hast wieder mal Recht.

Siehst Du? Der Tag Ah würde übrigens Been im Yukatekischen entsprechen, also Schilfrohr.

Jetzt will ich aber mal sehen, welcher Korrelation das europäische Datum entspricht. Der 18. Mai 1493 wäre ja julianisch, daraus ergibt sich der 27. Mai 1493 gregorianisch. Wenn wir mit unserer Korrelation und meinem schönen Programm das zugehörige Mayadatum ermitteln, landen wir beim Tzolkin-Tag 7 Muluk. Der Tag 11 Been, hier als 11 Ah bezeichnet, wäre genau 4 Tage später. Das bedeutet, die Kaqchikel-Maya hätten mit einem Kalender gerechnet, der am 9. August 3114 vor Christus begann.

Siehst Du, da haben wir wieder einen anderen Wert. Das überrascht mich schon gar nicht mehr. An dieser Stelle fällt mir ein, dass sich dieser Wert weiter unten im Text der angegebenen Quelle nochmals ändert, also auch innerhalb der Quelle nicht konstant bleibt.

Das wird ja immer verrückter!

Der Übersetzer Adrián Recinos schreibt tatsächlich, dass es keine einheitliche Korrelation für den Kaqchikel-Kalender gibt, dass er irgendwo eine Korrektur von 2 Tagen akzeptieren muss: „In figuring years prior to and immediately after the Conquest, I have taken as a basis the correlation 1 Hunahpú – April 12, 1524. However, I have accepted the error of two days as we approach the year 1541 to agree with another clear equivalent, that of the day 2 Tihax and September 10, 1541, the date which marked the destruction of the city of Guatemala founded at the foot of the Volcano of Agua. On the assumption that 1 Hunahpú was April 12, 1524, 2 Tihax would be September 8, 1541, which is evidently incorrect. For this reason, from 2 Tihax (September 10, 1541) on, two days have been added to the corresponding dates in the Spanish calendar." [AOTCc]

Was ist denn am 12. April 1524 passiert?

Da war die berühmte Schlacht des Alvarado mit Tecum Umam. Der Tag Tihax wäre übrigens Etz´nab.

Ach ja, über den berühmten Adlerkrieger Tecum Umam hatten wir ja schon in „Don Eric und die Maya" geschrieben.

Genau. Übrigens habe ich mir diese Annales mal genauer unter die Lupe genommen. Zwar wissen wir, dass es viele Reformen gab, aber diese Stelle von Recinos war mir schon immer suspekt. Ich konnte mir nie vorstellen, dass dasselbe Volk plötzlich so um 2 Tage in seiner Rechnung verrutscht. Was sollte hier der Grund gewesen sein? Und mit Überraschung habe ich gesehen, dass dem Übersetzer Adrian Recinos hier 2 super interessante Fehler unterlaufen sind, nämlich derart, dass sich diese angebliche Kalenderreform der Kaqchikeles in Luft auflöst. Innerhalb des Zeitraumes, den die Annales beschreiben, gab es demnach keine Reform.

Jetzt wird es ja spannend! Erklär mal!

Das Datum von Recinos basiert auf folgender Annahme: Der Tag 1 Hunahpu (1 Ajaw) soll dem 12. April 1524 entsprechen, dem Tag als Alvarado in Iximché ankam. Dann schreibt Recinos, dass er allerdings ab 1541 mit einer um 2 Tage verschobenen Korrelation rechnen muss, denn der Tag 2 Tihax (2 Messer) fällt auf den 10. September 1541, den Tag des Ausbruchs des Vulkans Agua.

Nur mal für mich zum Mitdenken: Der 12.4.1524 ist julianisch gemeint, was dem 22.4.1524 gregorianisch entspricht. Das zugehörige Mayadatum ist also 11.15.4.3.16. 10 Kib (10 Wachs). Recinos meint aber, dass es der Ajaw-Tag wäre.

Genau das ist das Problem. Nach 10 Kib kommt erstmal 11 Kaban (11 Erde), dann 12 Etz´nab (Messer), dann 13 Kawak (13 Gewitter) und dann erst 1 Hunahpu (1 Ajaw). Hier liegen also vier Tage Fehler vor, wodurch wir auf einen LongCount-Beginn am 9.8.3114 v. Chr. kämen.

Betrachten wir Recinos eigene Korrektur, das Korrelieren des Tages 2 Tihax mit dem 10.9.1541 statt mit dem 8.9.1541: Der 10.9.1541 julianisch entspricht dem 20.9.1541 gregorianisch. Mein Programm spuckt dazu den Mayatag

11.16.1.15.16. 13 Kib (13 Kerze) aus. Darauf folgen 1 Kaban (1 Erde) und 2 Etz´nab (2 Messer). Etz´nab entspricht Tihax. Also liegen hier nur zwei Tage Fehler vor. Das würde der Korrelation vom 11.8.3114 v. Chr. entsprechen. Wie positionierst Du Dich eigentlich?

Noch gar nicht. Ich muss erstmal weitere Betrachtungen anstellen. Alvarado schrieb in Briefen an Hernán Cortéz, dass er am 11. April von Utatlán aus nach Iximché aufbrach. In einem anderen Brief schrieb er, dass er zwei Tage später dort eintraf. Recinos rechnet den 11.4. als den ersten Tag, während Alvarado zwei volle Tage meinte.

Alvarado traf also sicher erst am 13. April ein. Gregorianisch wären wir beim 23.4.1524, im Mayakalender haben wir 11.15.4.3.17. 11 Kaban (11 Erde). Es fehlen noch drei Tage zum Tag 1 Hunahpu (1 Ajaw).

Siehst Du. Das verwirrt mich eben.

Ja klar. Dann solltest Du auch nochmal das zweite Datum checken.

Das ist etwas kniffliger. Der Vulkan Agua, damals Hunahpu genannt, brach in der Nacht des 10. September 1541 aus. Viele Quellen verstehen fälschlicherweise unter „Nacht" die Abendstunden. Aber der Augenzeuge Juan Rodríguez schrieb damals in seiner „Relación del espantable terremoto que ha acontecido en las Indias en una ciudad llamada Guatemala": „Sábado, a diez de septiembre de mil quinientos y cuarenta y un años a dos horas de la noche; habiendo llovido jueves y viernes, … hubo muy gran tormenta de agua de lo alto del volcán que está encima de Guatemala y fue tan súbita, que no hubo lugar de remediar las muertes y daños … fue tanta la tormenta de la tierra, que trajo por delante agua y piedras y árboles, que los que lo vimos quedamos admirados." – „Am Samstag, dem zehnten September 1541, um zwei Uhr nachts, nachdem es Donnerstag und Freitag geregnet hatte … stürzten sehr große Wassermassen von der Höhe des Vulkans herab der über Guatemala thront, und das passierte so schnell, dass man die Todesfälle und Schäden nicht verhindern konnte … und die Erdmassen stürzten so sehr herab, und wälzten Wasser und Steine und Bäume vor sich her, dass wir, die es sahen, überwältigt waren …" [Alvar]

Wie wirkt sich diese Tageszeitbetrachtung aus?

Im spanischen Kalender war schon der 10. September, aber im Kalender der Kaqchikel zählte man noch den vorhergehenden Tag (2 Messer). Erst mit dem Sonnenaufgang oder Mittag am 10.9. hätten sie den nächsten Tag (3 Gewitter) gerechnet. Wir müssen also den Tag 2 Messer noch mit dem 9.9. korrelieren.

Der 9.9.1541 julianisch entspricht dem 19.9.1541 gregorianisch, also 11.16.1.15.15. 12 Men (12 Adler). Auch hier beträgt der Unterschied drei Tage. Das würde der Korrelation vom 10.8.3114 v. Chr. entsprechen. Die Kaqchikel-Maya benutzten doch einen Kalender, der einen Tag Unterschied zum Kalender der Azteken und K´ichee´ aufwies, oder?

Scheinbar! Aber eigentlich nicht! Es müssten zweieinhalb Tage sein! Wir müssen uns hier auf jeden Fall noch einmal die genauen Tageszeiten anschauen. Wir hatten ja beim klassischen Mayakalender gesehen, dass die Lange Zählung am 13. August 3114 vor Christus um 12 Uhr Ortszeit begann. Das „Enddatum" 13.0.0.0.0. 4 Ajaw 3 K´ank´in beginnt am 23. Dezember 2012 ebenfalls um 12 Uhr Ortszeit. Zum Kalender der Kaqchikel sind es genau 3 Tage Unterschied. Der Tag 4 Ajaw würde nach Kaqchikel-Korrelation am 20. Dezember um 12 Uhr beginnen. Wenn nun die K´ichee´ einen Kalender hätten, wo der Tag 4 Ajaw, oder 4 Junajpu, wie sie sagen, um 12 Uhr am 21. Dezember beginnen würde, dann hätten wir einen Tag Unterschied zum Kaqchikel-Kalender und 2 Tage Unteschied zum klassischen Mayakalender.

Und? Beginnen die K´ichee´-Schamenen den Tag nicht mittags um 12?

Nein! Eben nicht! Ich habe in den letzten Wochen das Thema ausführlich studiert. Dazu habe ich mehrere Schamanen der K´ichee´, sogenannte Aj Q´ij, befragt. Sie haben mir alle bestätigt, dass man heute den Wechsel von einem Mayadatum zum anderen praktisch wie im europäischen Kalender vornimmt, also von mitternacht zu mitternacht. Auch wenn es da manchmal Verschiebungen von einigen Stunden gibt, denn es geht nicht nach der Uhr. Sie lassen sich da von den Sternbildern beeinflussen...

Aha! Offenbar gab es da einen Einfluss der Spanier. Die Maya haben ihren Tag irgendwann um einen halben Tag verschoben!

Interessant ist, dass alle alten Quellen erwähnen, dass früher tatsächlich alle Völker den neuen Tagesnamen mittags begannen, nicht mitternachts. Im Codex Telleriano-Remensis heißt es auf Blatt 48v „... ellos también cuentan el día desde mediodía hasta otro día y tiene el año 365 días ..." – „... sie zählten den Tag von Mittag bis zum nächsten Tag Mittag und das Jahr hatte 365 Tage..." Außerdem schreibt Juan de Córdova in der „Arte de la lengua Zapoteca" auf Seite 212: „Conforme a los nombres sobredichos se llamauan los que nacían cada vno del nombre del día. Y contauase el día del medio día hasta otro medio día." – „Was die Namen anbelangt, die man ihnen verlieh, wurden sie benannt nach dem Tag an dem sie geboren wurde. Und sie zählten die Tage von Mittag bis zum nächsten Mittag."

Also, wenn die K´ichee´ ursprünglich von Mittag bis Mittag zählten, dann wäre der Tag 4 Junajpu entweder am 20. Dezember oder am 21. Dezember 2012 losgegangen.

Klar. Wenn wir nun bedenken, dass die Kaqchikeles und die K´ichee´ unmittelbaren Nachbarn waren und außerdem gemeinsam aus dem Toltekengebiet bis ins Hochland Guatemalas wanderten, was wir aus dem Poopol Wuuj wissen, dann wäre doch eher anzunehmen, dass sie den gleichen Kalender hatten und nicht einen, der einen Tag Unterschied besessen hätte.

Der Tag 4 Junajpu der K´ichee´ hätte am 20. Dezember 2012 begonnen. Die Korrelation der K´ichee´ wäre also 584282,25 gewesen. Ihr Nulldatum würde am 10. August 3114 vor Christus mittags Ortszeit beginnen. Das wären 3 Tage Unterschied zum klassischen Mayakalender, nicht 2 Tage! Das ist schon eine Überraschung!

Nennen wir das mal „Überraschung Nummer 1“. Es gibt noch mehr. Der gleiche Tzolk´in-Tag, zum Beispiel 4 Ajaw (4 Junajpu), kommt ja nun alle 260 Tage wieder. Die K´ichee´ hatten ja keine Lange Zählung. Deswegen ist die Diskussion über das „Nulldatum der K´ichee´“ ja sowieso eher nur eine theoretische Überlegung. Aber die nächste Überraschung, Nummer 2, ist, dass die Jahresträger bei den K´ichee´ ganz andere sind als im klassischen Maya-Kalender.

Es würde mir helfen, wenn Du die Jahresträger beider Kalender mal kurz als Überblick angeben könntest.

Mache ich gern: In der folgenden Tabelle habe ich einige Jahresträgerdaten der K´ichee´ zusammengetragen und mit den klassischen Jahresträgern verglichen:

Jahr	**K´ichee´-Jahresträger**	**Jahresträger der klassischen Maya**
1506	1 Keej (Manik´)	2 Manik´
1532	1 No´j (Kaban)	2 Kaban
3. Mai 1722	9 Keej (Manik´)	10 Manik´
11. März 1940	6 No´j (Kaban)	7 Kaban
7. März 1958	11 Keej (Manik´)	12 Manik´
7. März 1959	12 Ee (Eb)	13 Eb
6. März 1960	13 No´j (Kaban)	1 Kaban
21. Februar 2014	2 Keej (Manik´)	3 Manik´

Überraschung Nummer 3: die Jahresträger der K´ichee´ fallen nicht auf 0 Poop. Wie man leicht prüfen kann, fallen sie jeweils auf 5 K´ayab im klassischen Mayakalender. Jetzt müssen wir allerdings bedenken, dass die K´ichee´ ganz andere Namen für ihre Monate hatten. Auch der Jahresanfang war ein ganz anderer. Heute ist dieser Sonnenkalender vergessen. Darum nehmen die modernen K´ichee´-Maya heute ungeniert die Namen der klassischen Monate und schmeißen diese mit ihrer 260-Tage-Zählung zusammen. Auch die Lange Zählung wird gleich mit verwendet, was ja früher nie der Fall war.

Gibt es denn eine Quelle wo die alten Monate der K´ichee´ erwähnt werden?

Tatsächlich. Das ist Überraschung Nummer 4: Wir haben das Glück, dass genau so ein Dokument existiert. Es stammt von 1722 und wird manchmal „K´ichee´-Codex" genannt. Aber der echte Titel ist „Calendario de los indios de Guatemala, 1722, Kiché". Das ganze Dokument ist in K´ichee´-Maya geschrieben. Darin heißt es: „Vae chol poal q´ij…"

Sprich mal bitte deutsch mit uns! Wir sind keine Poopol Wuuj-Übersetzer wie Du.

Okay: „Dies ist die Zählung des Kreises der Tage, der gewöhnlichen Tage, wie wir sie nennen. Dieser (Kreis) regiert ein Jahr lang. Dieser ist der erste (der Tage) welcher an der Reihe ist zu regieren. No´j (Kaban), Iiq´ (Ik´), Keej (Manik´), Ee (Eb). Nur diese vier

(Tage) können sich jedes Jahr abwechseln. Danach tritt der fünfte (Tag) seine Herrschaft an; und das sind ihre Namen: 4 Iiq´, 5 Aq´ab´al, 6 K´at, 7 Kan, 8 Kame." Danach folgt eine Tabelle. In der ersten Zeile heißt es: „9 queh 4ut mixeka(n) 20 εih nabema(n)."

Das sieht für mich wie Chinesisch aus!

Naja. Es gibt da ein paar Laute die es im Spanischen nicht gibt, zum Teil nicht einmal im Yukatekisch-Maya. Da musste man extra Zeichen erfinden. Das soll dann heißen: „9 Keej (Manik´) hat die Last übernommen, am 20. Tag des Monats Nab´e Mam." Dahinter steht dann in der Tabelle „mayo 3", also „3. Mai".

Nun wird es spannend: Welchem klassischen Monat entspricht denn Nab´e Mam?

Das erfahren wir durch dasselbe Dokument. Es erwähnt alle Monate und auch die letzten 5 Unglückstage, die hier „Tz´api Q´ij" genannt werden, was wörtlich „Abschluss der Tage" bedeutet. Da wir die Position der 5 Tage kennen, können wir alle anderen Monate in Beziehung setzen. Ich werde auch gleich die Monate der Azteken hier angeben. Und weil sie so schön sind, auch gleich mal die Tage der Azteken ...

Ob ich das nun noch verkrafte? Kaum findet man sich im System der klassischen Zeitzählung zurecht, tauchst Du nicht nur mit diesbezüglichen Änderungen auf, sondern springst während Deiner Argumentation zwischen verschiedenen mesoamerikanischen Kalendern und ihren Begriffssystemen hin und her. Ich brauche jetzt mehr Anschauung. Stelle einmal die Monatsnamen der Kalender gegenüber und zeige uns am besten auch noch die Hieroglyphen dazu.

K´ichee´ - Hieroglyphen kann ich Dir nicht anbieten. Alle Codices der K´ichee´ sind damals von den Spaniern verbrannt wurden.

War mir klar. Achte mal darauf: Der Monat Nabe Mam entspricht Xul. Nutzt man die Koeffizienten von 1 bis 20, dann ist der 20. Tag des Monats Nab´e Mam 20 Xul. Vorher, als man die Monatskoeffizienten immer nur bis 19 gezählt hatte, würde auf 19 Xul 0 Yaxk´in folgen. Der 3. Mai 1722 entspricht also 9 Manik´ 0 Yaxk´in im K´ichee´-Kalender. Außerdem rechne ich und auch mein Programm immer nur mit dem Koeffizientenbereich 0 bis 19. Im klassischen Mayakalender wäre das gemäß meinem Kalenderprogramm der Tag 7 Chikchan 3 K´ayab.

Moment mal! Der 3. Mai ist ja bereits um 12 Stunden verschoben. Da müsstest Du eigentlich beim 2. Mai schauen, oder im Programm „vor 12 Uhr" anklicken!

Das hätte ich tatsächlich übersehen. Dazu muss ich zunächst in den Programmeinstellungen den Datumswechsel auf 12 Uhr mittags setzen. Wir wollen es ja genau machen. Demnach ergibt sich für den 3. Mai 1722 (gregorianisch) der Mayatag 6 K´an 2 K´ayab.

Jetzt brauchen wir nur noch die Differenz zwischen 9 Manik´ 0 Yaxk´in und 6 K´an 2 K´ayab zu bestimmen. Auch das leistet mein Programm:

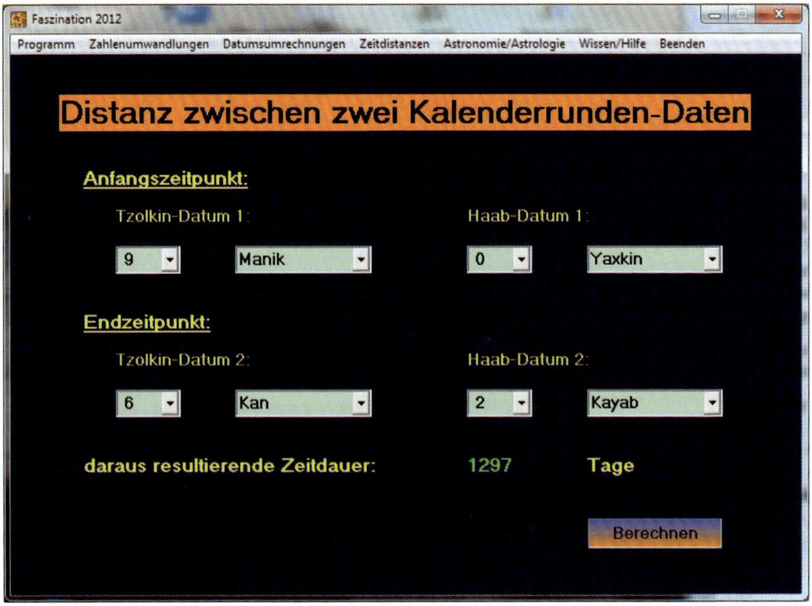

Das Ergebnis sind 1297 Tage!

1297 Tage? Kaum zu glauben, oder? Bevor wir das näher deuten, bin ich Dir erstmal die Gegenüberstellung der Monatsnamen und die Aztekenhieroglyphen schuldig:

Nº	Yukatekischer Monat	K´ichee´-Monat	Azteken-Monat
1	Poop	Che´	Atlacahualo
2	Wo	Tekexepoal	Tlacaxipehualiztli
3	Sip	Tz´ib´a Pop	Tozoztontli
4	Sots´	Saq	Huey Tozoztli
5	Seek	Ch´ab´	Toxcatl
6	Xul	Nab´e Mam	Etzalcualiztli
7	Yaxk´in	Ukab´ Mam	Tecuilhuitontli
8	Mol	Nab´e Likinka	Huey Tecuilhuitl
9	Ch´een	Ukab´ Likinka	Miccailhuitontli oder Tlaxochimaco
10	Yaax	Nab´e Pach	Huey Miccailhuitl oder Xocohuetzi
11	Sak	Ukab´ Pach	Ochpaniztli
12	Keej	Tz´isi Lacam	Teotleco
13	Mak	Tz´ikin Q´ij	Tepeilhuitl
14	K´ank´in	Kaqam	Quecholli
15	Muwan	B´otam	Panquetzaliztli
16	Pa´x	Nab´e Si´j	Atemoztli
17	K´ayab	Ukab´ Si´j	Tititl
18	Kumk´u	Rox Si´j	Izcalli
	Wayeb	Tz´api Q´ij	Nemontemi

Die Tageszeichen der Azteken

Die Monatszeichen der Azteken

Zurück zu den 1297 Tagen: Der K´ichee´-Kalender begann nicht 3 Tage früher, sondern 1297 Tage später! *Das entspäche der Korrelationskonstante 585582,25, wenn wir die 1297 Tage zu 584285,25 addieren.*

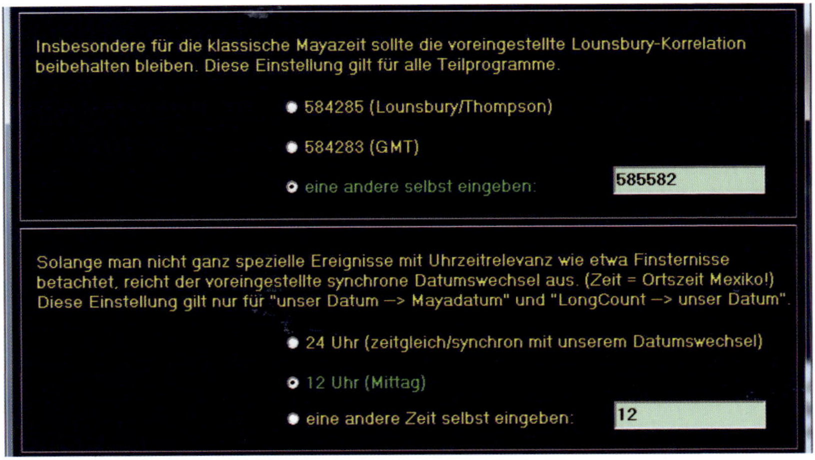

Nun schwant mir etwas, nämlich die Überraschung Nummer 5! Wann würde dann das Enddatum 13.0.0.0.0 bzw. 0.0.0.0.0 nach dem K´ichee´-Kalender kommen? Dazu gebe ich die neue Konstante in mein Programm ein und erhalte den **12. Juli 2016!**

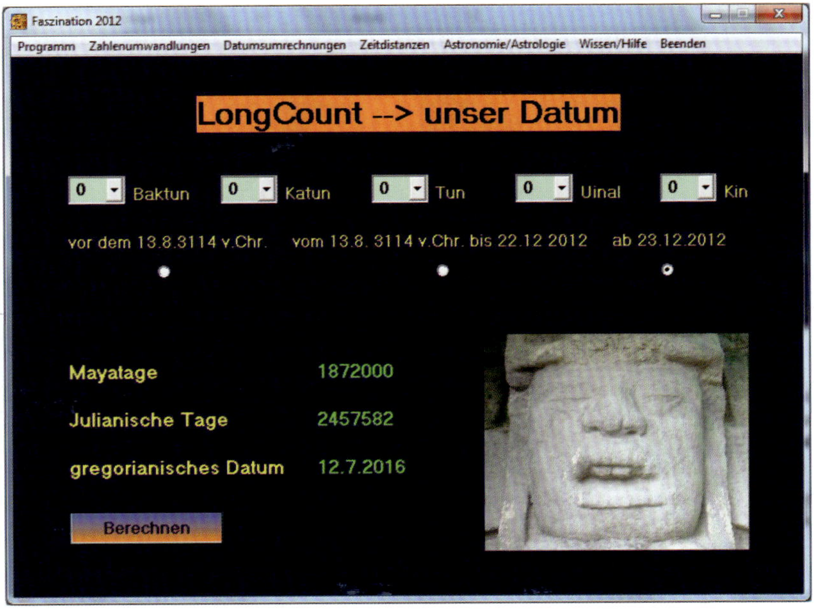

Zu dem gleichen Ergebnis bin ich auch gekommen. Nach dem Kalender der Maya Guatemalas war die Welt nicht am 20. oder 21. Dezember 2012 untergegangen, sondern wird erst am 12. Juli 2016 Mittag um 12 untergehen.

Die 2012-Feier, an der wir in Tikal teilnahmen, sowie die große Aufmerksamkeit, die der Mayakultur zu dieser Zeit zuteil wurde, waren echt gut. Sowas würde ich 2016 gern noch einmal erleben. Dieses neue 13-Baktun-Datum ist wirklich eine hochkarätige finale Erkenntnis! Überhaupt waren es doch sehr viele Überraschungen.

Es kommt noch mehr! Halt Dich fest! Hier kommt Überraschung Nummer 6: Der Kalender der Kaqchikel und K´ichee´ stimmt in der Korrelation auf den Tag genau mit dem Aztekenkalender überein!

Das musst Du mir zeigen! Dazu sollte ich mir sicherlich die weiter oben ermittelte Korrelationszahl merken. Für den klassischen Mayakalender mit dem Startdatum 13. August 3114 v. Chr. und dem Enddatum 23.12.2012 gilt ja die Korrelation 584285,25. Die fiktive Lange Zählung des um 1297 Tage verschobenen K´ichee´-Kalenders begann folglich am 2.3.3110 v. Chr. und endet am 12.7.2016. Die dazu gehörige Korrelationszahl lautet **585582**,25.

Diese benutze ich tatsächlich. Ich habe alle Ereignisse zusammengetragen, die ich finden konnte, wo sowohl das Aztekendatum als auch das europäische Datum bekannt sind.

1. Niederlage der Tlaltelolcas durch die Tenochcas:

Aztekendatum: 5 Quiáhuitl (Regen)
16 Tecuilhuitl,
im Jahr 7 Calli (Haus)

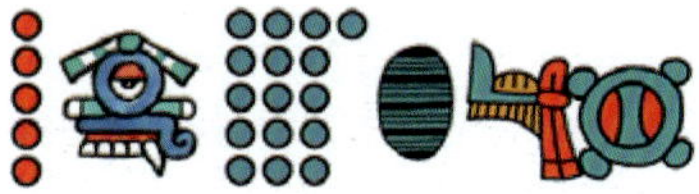

julianisches Datum: 30. Juli 1473
gregorianisches Datum: 8. August 1473
K´ichee´-Datum laut 585582 vormittags:
11.12.9.2.19. 5 Kawoq (Kawak) 17 Nab'e Likinka (Mol)
K´ichee´-Datum laut 585582 nachmittags:
11.12.9.3.0. 6 Ajaw (Junajpu) 18 Nab'e Likinka (Mol)
Diskussion: Falls die Schlacht am Vormittag zu Ende war, stimmt das Aztekendatum genau mit dem K´ichee´-Datum überein.

2. Ankunft von Juan de Grijalva in Coatzacoalcos:

Aztekendatum: 1 Tochtli (Kaninchen)
20 Etzalcualiztli
im Jahr 13 Tochtli

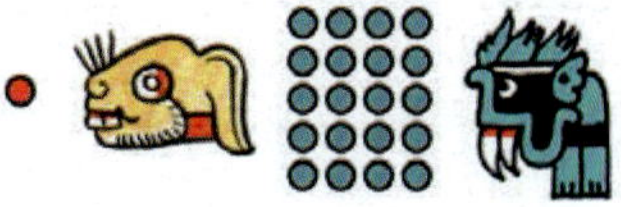

julianisches Datum: 12. oder 13. Juni 1518
gregorianisches Datum: 22. oder 23. Juni 1518
K´ichee´-Datum für den 12 . Juni vormittags laut 585583*:*
11.14.14.12.7. 13 Keej (Manik´) 20 Nab´e Mam (0 Yaxk´in)

K´ichee´-Datum für den 12. Juni nachmittags bis 13. Juni vormittags laut 585582:
11.14.14.12.8. 1 Q´aniil (Lamat) 1 Ukab' Mam (Yaxk´in)
K´ichee´-Datum für den 13 . Juni nachmittags laut 585582:
11.14.14.12.9. 2 Tooj (Muluk) 2 Ukab' Mam (Yaxk´in)
Diskussion: Das exakte europäische Datum ist nicht überliefert. Tatsächlich sind beide Tage möglich. Genauer gesagt, Grijalva ist irgendwann zwischen dem 12. Juni am Nachmittag und dem 13. Juni am Vormittag in Coatzacoalcos eingetroffen.

3. Ankunft von Cortés in Tenochtitlan:

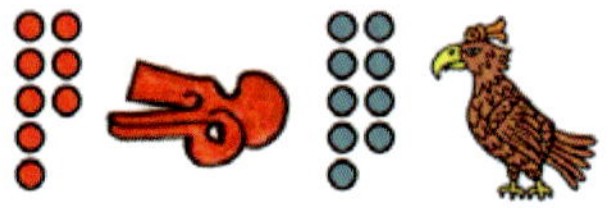

Aztekendatum: abends an 8 Ehecatl (Wind)
9 Quecholli
im Jahr 1 Acatl (Rohr).
julianisches Datum: 8. November 1519
gregorianisches Datum: 18. November 1519
K´ichee´-Datum laut 585582 nachmittgs:
11.14.16.2.2. 8 Iiq´ (Ik´) 10 Kaqam (K´ank´in)
Diskussion: Die Quellen sagen eindeutig „abends" – auf Spanisch: „en la vispera". Nach Sonnenuntergang also. Hier haben wir eine perfekte Entsprechung und Bestätigung für die Korrelation 585582.

4. „Noche Triste" – die „traurige Nacht":

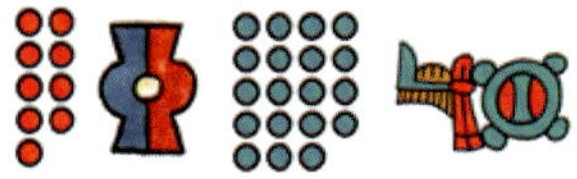

Aztekendatum: 9 Ollin (Erdbeben)
19 Tecuilhuitontli
im Jahr 2 Técpatl (Messer)
julianisches Datum: die Nacht vom 30. Juni zum 1. Juli 1520
gregorianisches Datum: die Nacht vom 10. Juli zum 11. Juli 1520
K´ichee´-Datum laut 585582 für den 30. Juni nachmittags:
11.14.16.13.17. 9 No´j (Kaban) 20 Ukab' Mam (0 Mol)
Diskussion: Auch hier haben wir eine Bestätigung für die Korrelation 585582.

5. Eroberung von Tenochtitlan:

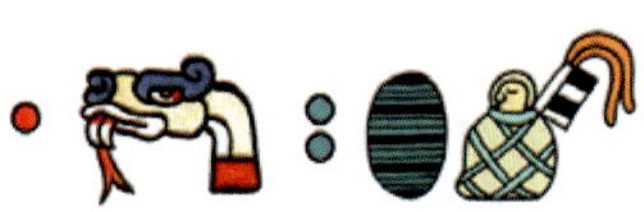

Aztekendatum: 1 Cóatl (Schlange)
2 Xocohuetzi
im Jahr 3 Calli (Haus).
julianisches Datum: nachmitags am 12. bis vormittags des 13. August 1521
gregorianisches Datum: nachmittags am 22. bis vormittags des 23. August 1521
K´ichee´-Datum laut 585582 *für den 12. August nachmittags:*
11.14.17.16.5. 1 Kan (Chikchan) 3 Nab'e Pach (Yaax)
Diskussion: Die Quellen besagen eindeutig, dass die Eroberung von Tenochtitlan spätestens am Vormittag des 13. August beendet war. Alle Quellen erwähnen den Aztekentag 1 Schlange. Dieses Ereignis wird sehr oft von Forschern erwähnt, wobei sie gewöhnlich unterschlagen, dass der Tag

1 Schlange VORMITTAGS gilt! Ab Mittag war ja der nächste Aztekentag, also 2 Miquiztli. Wenn man das vergisst, dann schleichen sich natürlich Fehler ein!

6. Die Sonnenfinsternis von 1504:

Aztekendatum: 12 Miquiztli (Schädel)
[8 Tlacaxipehualiztli]
im Jahr 12 Tecpatl (Messer).
julianisches Datum: 16. März 1504
gregorianisches Datum: 26. März 1504
K´ichee´-Datum laut 585582 vormittags:
11.14.0.4.6. 12 Kame (Kimi) 9 Tekexepoal (Wo)
K´ichee´-Datum laut 585582 nachmittags:
11.14.0.4.7. 13 Keej (Manik´) 10 Tekexepoal (Wo)
Diskussion: Diese Finsternis wird in den Anales de Cuautitlán beschrieben. Die Monatsposition wird nicht erwähnt. Der Text ist in Nahuatl geschrieben, mit lateinischer Schrift. Übersetzt heißt es: „ ... 12 Tecpatl (1504), in diesem Jahr verbreiteten sich die Spanier in Kuba. Im gleichen Jahr starb Tehuehueltzin in Cuauhnahuac und später wurde Itzcoatzin gekrönt, Vater von Don Hernando Cuauhnahuac. Im gleichen Jahr vergrößerten die Cuitlahuacas den Tempel des Mixcohuatl. Am Tag XII Miquiztli verfinsterte sich die Sonne. Im gleichen Jahr starb in Teopancalcan de Cuitlahuac der König den man zum Cuappotonqui ernannt hatte. Später, am Tag XIII Miquiztli krönte man Ixtotomahuatzin, der in Teopancalcan herrschte und Vater von Don Mateo Ixtlitzin war."

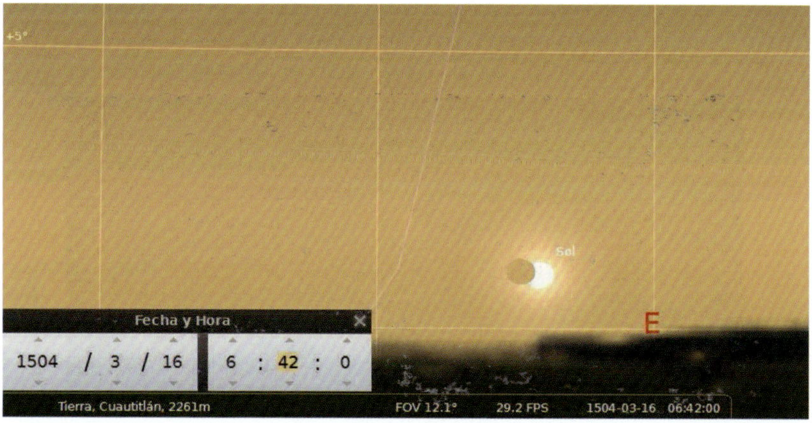

In diesem Jahr gab es nur eine Finsternis, genau am 16. März (julianisch). Die Finsternis war kurz nach Sonnenaufgang sichtbar, bis etwa 07:06 Uhr. Laut Korrelation 585582 endete der Tag 12 Schädel am 16. März mittags. Der nächste Aztekentag (13 Hirsch) begann am Mittag des 16. März. Wir haben eine perfekte Bestätigung für die Korrelation 585582.

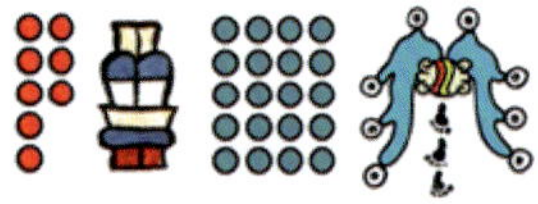

7. Die Sonnenfinsternis während der Zeremonie des neuen Feuers 1508:

Aztekendatum: 8 Acatl (Rohr)
[20 Atemoztli]
im Jahr 2 Acatl (Rohr).
(Dieses Jahr 2 Acatl ging vom
27. Januar 1507 julianisch bis 21. Januar 1508 julianisch.)

julianisches Datum: 2. Januar 1508

gregorianisches Datum: 12. Januar 1508

K´ichee´-Datum laut 585582 vormittags:
11.14.4.1.13. 8 Ah (Been) 1 Ukab' Si'j (K´ayab)

K´ichee´-Datum laut 585582 nachmittags:
11.14.4.1.14. 9 I´x (Hiix) 2 Ukab' Si'j (Kayab)

Diskussion: Von der Crónica Mexicana, Kapitel 99, geschrieben von Fernando Avarado Tezozomoc, wissen wir, dass die Astronomen ihren Kaiser Motecuzoma informierten, dass nur noch wenige Tage fehlten „... *para escuresçerse el sol, como agora se dize eclibse del Sol y Luna, y para ello se a de hazer lunbre nueua … ençima del çerro de Huixachtecatl.*" – „... *bis sich die Sonne verdunkele, wie man jetzt zu Finsternis von Sonne und Mond sagt, und dazu müsste man das Neue Feuer entfachen ... oben auf dem Hügel des Huixachtecatl.*" Die gleiche Finsternis wird in den Anales de Cuautitlan im Códice Chimalpopoca (P312A Folio 46r, P.59) erwähnt, wo es ebenfalls in Nahuatl heißt: „*2 acatl, ipan in xiuhmolpili, ipan cemilhuitonalli 8 acatl tonalli, ye ipan in in Huixachtlan tle quauhuitl huetz*" – „Jahr 2 Acatl. Am Tag 8 Acatl band man die Jahre zusammen; und dazu entzündete man das Neue Feuer in Huixachtlan". Keine Quelle gibt die Monatsposition an.

Ich habe hier einmal den Effekt der Atmosphäre ausgeschaltet. Wie man sieht, war die Finsternis früh morgens sichtbar, von etwa 7:42 Uhr bis 9:30; Maximum etwa um 8:30. Der Morgen des 2. Januar (julianisch) des Jahres 1508 entsprach nach Korrelation 585582 genau dem Tag 8 Acatl. Diese Finsternis wird übrigens auch in den Codices Rios

und Telleriano-Remensis (lámina 42r) gezeichnet. Im Codex habe ich rot "eclipse del sol" unterstrichen.

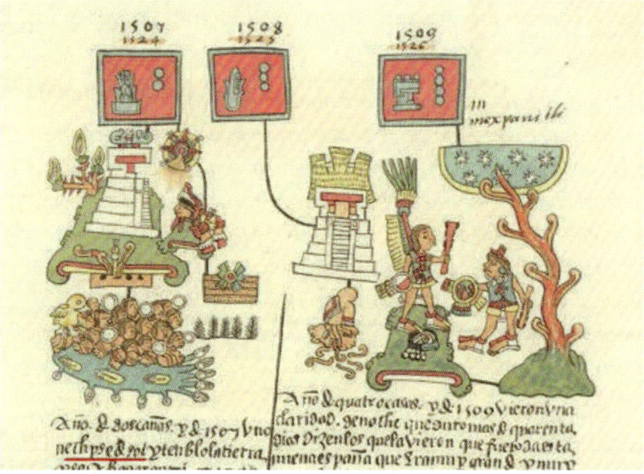

Zusammenfassend können wir festhalten, dass die Korrelation 585582 zweifelsfrei auch die richtige für den Aztekenkalender ist!

Klasse Recherche! Und zwei Finsternisdaten! Ich bin begeistert! Vor allem finde ich interessant, dass die heutigen Hochland-Maya eigentlich Erben einer mexikanischen Tradition sind, keiner Mayatradition!

Das sollte uns aber nicht zu sehr überraschen. Denn die Anführer der K´ichee´ waren gar keine Maya, sondern Angehörige eines Nahua-Volkes! Sie sprachen keine Mayasprache, sondern eine Sprache der Nahua-Familie. Ihre Hauptstadt Qumarkäj war schon vor der Eroberung selbst im Mayaland eher unter dem Nahua-Namen Utatlan bekannt. Die Eliteschicht war stets zweisprachig! Mit den Azteken unterhielten sie die engsten Kontakte. Als die ersten Spanier in der Karibik gesichtet wurden, schickte der Aztekenherrscher Motecuzoma, bei uns eher als Montezuma bekannt, seine Boten nach Utatlan, um die Nachbarn vor diesen Fremdlingen zu warnen. Vom Poopol Wuuj und den Annalen der Kaqchikeles wissen wir, wo die Vorfahren der K´ichee´ und Kaqchikeles langgewandert sind. Sie sind von Tula aus zur Laguna de Terminos in Campeche gewandert, dann über Tabasco und Chiapas, den Usumacinta entlang, dann über das Hochland bis nach Guatemala, haben die dort lebenden Völker erobert und ihre Sprache assimiliert. Das ist übrigens verständlich, denn sie waren ja in der absoluten Minderzahl. Nun gibt es in der Tolteken- und Mayakultur viele Gemeinsamkeiten: den Maisanbau, ähnliche Schöpfungsmythen, das Ballspiel, den Planeten Venus als Kriegsgott usw. Gemeinsam, sogar für alle mesoamerikanischen Kulturen, war auch der 260-Tage-Kalender.

Aber die Lange Zählung gab es nicht!

Genau! Und noch eine weitere Gemeinsamkeit habe ich entdeckt: Auch die Azteken hatten kein Schaltjahr! Aus den vielen Daten die ich oben aufgelistet habe, geht das ganz eindeutig hervor. Die Quellen sind dazu einfach widersprüchlich.

Nun würde ich gern noch mal auf unseren „Freund" Diego de Landa zurückkommen, den wir am Anfang der Korrelationsdiskussion schon am Wickel hatten. Inwieweit stimmt denn nun seine Angabe im Bericht von Yukatán?

Laut Diego de Landa fällt der Tag „12 Kan 1 Pop" auf den 16. Juli 1553 (julianisch). Im klassischen Kalender gibt es ja diese Kalenderrunde nicht. Das kann nur 11 Akb´al 1 Poop oder 12 K´an 2 Poop sein. Außerdem kann er den Mayainformanten vormittags oder nachmittags gefragt haben. Wenn er den Maya vormittags gefragt hat, dann wäre die richtige Korrelation der 11. oder 12. August 3114 vor Christus, je nachdem ob die Tzolkin- oder die Haabzahl verändert worden war. Wenn er aber nachmittags gefragt hätte, dann wäre die richtige Korrelation der 12. oder 13. August. Falls er nachmittags gefragt hätte, und falls man aus 11 Ak´bal 1 Poop das Datum 12 K´an 1 Poop gemacht hätte, wäre es der 13. August.

	11. August	**12. August**	**13. August**	**14. August**
25. 7. 1553 (jul.: 15.7.) nachmittags oder nächster Tag vormittags	11.16.13.16.4 . **12 K´an** 2 Poop	11.16.13.16.3 . 11 Ak´bal **1 Poop**	11.16.13.16.2 . 10 Ik´ 0 Poop	11.16.13.16.1 . 9 Imix 4 Wayeb
26. 7. 1553 **(jul. 16.7.)** nachmittags oder nächster Tag vormittags	11.16.13.16.5 . 13 Chikchan 3 Poop	11.16.13.16.4 . **12 K´an** 2 Poop	11.16.13.16.3 . 11 Ak´bal **1 Poop**	11.16.13.16.2 . 10 Ik´ 0 Poop
27. 7. 1553 (jul.: 17.7.) nachmittags oder nächster Tag vormittags	11.16.13.16.6 . 1 Kimi 4 Poop	11.16.13.16.5 . 13 Chikchan 3 Poop	11.16.13.16.4 . **12 K´an** 2 Poop	11.16.13.16.3 . 11 Ak´bal **1 Poop**
28. 7. 1553 (jul.: 18.7.) nachmittags oder nächster Tag vormittags	11.16.13.16.7 . 2 Manik´ 5 Poop	11.16.13.16.6 . 1 Kimi 4 Poop	11.16.13.16.5 . 13 Chikchan 3 Poop	11.16.13.16.4 . **12 K´an** 2 Poop

Ich fasse es hier noch mal zusammen:

Angenommen: 12 K´an 1 Poop ist vormittags am 16. Juli
→ nachmittags am 16.7. ist 13 Chikchan 2 Poop,

→ Korrelation	*⇒ 11.8. für 13 Chikchan (3 Poop)*
	⇒ 12.8. für (12 K´an) 2 Poop
	oder
Angenommen:	*12 K´an 1 Poop ist nachmittags am 16. Juli*
→ vormittags am	*16.7. ist 11 Ak´bal 0 Poop*
→ Korrelation	*⇒ 12.8. für 12 K´an (2 Poop)*
	⇒ 13.8. für (11 Ak´bal) 1 Poop

Zuerst würde mich interessieren, ob er den Mayainformanten vormittags oder nachmittags gefragt hat.

Natürlich. Das ist ja ganz entscheidend. Schauen wir uns mal die entsprechende Textstelle an. Wo er den Monat Poop beschreibt, beginnt er den Tag 12 Kan zu schreiben. Dann folgt: „Mit dem ersten Tag des Pop beginnt der erste Monat der Indios; er war ihr Neujahr und bei ihnen ein großartiges Fest, weil es gemeinschaftlich und von allen begangen werden mußte. ... Nachdem sie alle zusammengekommen waren und viele Speisen und Getränke als Opfer mitgebracht hatten, außerdem reichlich Wein, den sie bereitet hatten, reinigte der Priester, der sich mit seinem priesterlichen Ornat bekleidet hatte, den Tempel, wobei er sich in die Hofmitte setzte, und bei sich hatte er ein Kohlenbecken und die Brettchen mit dem Weihrauch. Die Chaces setzten sich in die vier Ecken und zogen einen neuen Strick von einem zum anderen ... Nachdem der Teufel ausgetrieben war, begannen alle, andächtig zu beten, und die Chaces entfachten ein neues Feuer und zündeten das Kohlenbecken an ... Nach diesem Räucherwerk aßen sie alle gemeinsam die Gaben und Speiseopfer, und der Wein ging von Hand zu Hand, bis sie stockbetrunken waren ...“ [Land90b]

Wenn die Maya andächtig und stockbesoffen ihre Mayagötter verehren, Feuerchen machen und Wein trinken, dann bin ich mir ziemlich sicher, dass das abends und nicht vormittags erfolgte!

Meine ich auch. Vor allem wissen wir von den heute lebenden Mayaschamanen, dass sie sich abends und nachts zu Ehren der Götter besaufen, und nicht vormittags. Es kommt somit schon von vornherein entweder die Korrelation 12. oder 13. August in Frage. Die Korrelation 11.8. ist dagegen wieder einmal ausgeschlossen.

Und nun meinst Du, dass der Tzolkin-Tag um eins vorverlegt wurde, anstatt dass der Haab-Koeffizient um eins vermindert wurde?

Das ist zumindest eine Möglichkeit. Beweisen können wir es nicht, und ausschließen auch nicht. Ich gebe mich hier erst einmal damit zufrieden, dass auch De Landas Information bestätigt, dass es nicht der 11. August sein kann. An dieser Stelle müssen wir uns noch mit einem Spaßvogel beschäftigen, der uns hier etwas unterjubeln will. Schau Dir das mal an: „Landa's records place July 16th, 1553 across from 12 Kan 2 Pop. (This was later realized to have been off by one day, as Landa neglected to count the leap year day of Feb 29th 1552.)“ John Major Jenkins: Clarifications: The Correlation Debate.

Das würde bedeuten, dass der 15. Juli auf 12 K´an 1 Poop fallen würde. Somit könnte der 11.8. doch möglich sein!

Scheinbar ja. Allerdings will uns der gute Johnny, ein Verfechter der Korrelation 11. August, hier die Hucke vollhauen! Wenn der Diego de Landa schreibt „Heute ist der 16. Juli (1553)“, dann wird er wohl kaum seit über einem Jahr ein falsches Datum rechnen! Das ist ja wohl ausgeschlossen, dass er seit fast anderthalb Jahren ein falsches Datum in seinem eigenen Kalender rechnet, und keiner hat es mitgekriegt!

So dumm war selbst er nicht!

Zwar war er borniert und chauvinistisch, aber dumm und oberflächlich war er nicht. Tatsächlich zeigt er eine bemerkenswerte Beobachtungsgabe und Detailgenauigkeit, die man in seinem Bericht schnell feststellen kann. Es ist ausgeschlossen, dass er nicht wusste wie sein eigener Kalender funktioniert! Hier sollte man vielleicht noch ergänzen, dass de Landa zwar mit dem 1. Januar beginnt, aber nicht mit dem 1. Januar 1553. Der erste Mayatag, den er angibt für den 1. Januar, 12 Ben, entspricht dem 1. Januar 1554, weil er seine Aufzeichnungen ursprünglich ab dem Mayaneujahr 1 Poop rechnete und aufschrieb. Das sieht man schnell daran, dass nach dem letztem Tag im Dezember, den er mit 11 Eb angibt, der Tag 12 Ben folgen müsste, und genau diesen Tag gibt er für den 1. Januar an. Dagegen schreibt er für den Juli nur die Tage bis zum 10. Juli auf, der auf 7 Akbal fällt. Danach würden die 5 Wayeb-Tage folgen, und zwar 8 Kan, 9 Chicchan, 10 Cimi, 11 Manik und 12 Lamat. Der nächste Tag wäre dann 13 Muluc 1 Pop, was offensichtlich der nächste Jahresbeginn nach 12 Kan 1 Pop ist.

Time out! Lassen wir es jetzt gut sein. Ich glaube nicht, dass es notwendig ist, noch weitere Argumente oder Vertiefungen ins Feld zu führen. Wen wir bis jetzt nicht überzeugen konnten, den gewinnen wir gar nicht mehr. Vielmehr sollten wir es halten wie die Maya am Neujahrstag: Lass uns feiern und opfern. Geopfert werden die falschen Korrelationen! Fiesta Maya ...

Der Tag **Ajaw** ist der letzte Tag des Maya-Kalenders. Er bedeutet Herrscher. Die unter diesem Zeichen geborene Person ist nobel und reich. Der Adler ist das Tageszeichen. Er bedeutet Mut. Diese Person ist stolz. Meistens lebt sie glücklich. Zuweilen zeigt sie keinen Respekt. Sie muss versuchen, nicht ungerecht zu sein.

Ausblick oder die Reise zum Ursprung des Kalenders

Nun sind wir wie das Raumschiff Enterprise durch Raum und Zeit - Entschuldigung - durch Mayaraum und Mayazeit geglitten und legen unser Fazit vor: Alles begann am 13. August 3114 vor Christus. Mir fehlt da aber noch etwas.

Wir haben alles zusammengetragen. Wir sind ja auch in den letzten sechs Jahren auf sechs Expeditionen durch den Mayaraum gereist. Was soll da noch fehlen?

Ganz einfach, der Urknall. Die Beschreibung jener Zeit, in der alles begann. Komisch, als wir begannen, im Jahre 2008 unser Buch zu schreiben, erfuhr ich während meines Aufenthaltes im CERN, dass der Urknall vor ziemlich genau 13 Milliarden Jahren stattfand. Vorher gab es diese konkrete Angabe nicht. Damit war die Zahl 13 geadelt.

Ich lasse mich mal auf Dein Spielchen mit der 13 ein und bin gespannt wie Du damit zum Maya-Urknall kommen willst.

Die wichtigsten Informationen über den Urknall gewinnen wir aus dem gedanklichen Zurückspulen der Expansion des Universums. Versuchen wir also zunächst festzustellen, ob wir die Verbreitung des Mayakalenders zeitlich und örtlich zurückverfolgen können.

Das wird schwierig, weil wir hier unzählige Manifestationen und nicht nur Mayainschriften zu betrachten haben.

Das ist mir klar. Daher ist es sogar sinnvoll die Rückwärtsreise bei den ersten Datumsinschriften zu beginnen. Welche sind das eigentlich?

Schauen wir mal in meine Liste der Inschriften, dann bekommen wir Chiapa de Corzo Stele 2 (8.12.36 BC), Tres Zapotes Stele C (3.9.32 BC), El Baúl Stele 1 (4.3.37) und Takalik Abaj Stele 5 (23.8.83). Tzolkin-Tagesglyphen gibt es noch ältere.

Das sind doch alles Olmekenstädte oder zumindest Städte mit starkem Olmekeneinfluss. Kann man im Hinblick auf Zeitzählung Gemeinsamkeiten zwischen diesen Städten feststellen?

Auf jeden Fall haben sie, wie allgemein üblich, den Verlauf der Sonne genauestens verfolgt und kannten die entsprechenden Umkehrpunkte am Horizont, die den Sonnenauf- oder -untergang an den Sonnenwendetagen markieren.

Du sagst es. Oft wurde der Standort der zeremoniellen Zentren derart gewählt, dass der Sonnengott an einem solchen Sonnenwendetag möglichst am höchsten verfügbaren Berg auf- oder unterging. Am beliebtesten war natürlich der Tag der Sommersonnenwende. Prüfen wir das mal für unsere Inschriftenstädte!

Das funktionierte in Tres Zapotes am Vulkan San Martin, in El Baúl am Vulkan Agua und in Takalik Abaj am Vulkan Santa Maria jeweils für die Sommersonnenwende ganz gut. In diesem Sinne müsste ja der höchste Berg Mexikos, der Citlaltépetl (Orizaba) auch eine Rolle spielen, oder?

Sicher. Zum Beispiel hatte das wenig bekannte zeremonielle Zentrum der Olmeken Las Bocas den Sonnenaufgang am Tag der Sommersonnenwende genau dort. Der Sonnenuntergang zur Wintersonnenwende konnte dort von Zempoala gesehen werden. Und, obwohl direkt keine Sichtbarkeit gegeben war, liegt die Megacity Theotihuacan auf der Linie des Sonnenaufgangs zur Wintersonnenwende über dem höchsten Berg.

Und von Tres Zapotes aus?

Nichts besonderes, zu weit entfernt. Warte mal! Fast dieselbe Blickrichtung zum Orizaba wie Tres Zapotes hatte der Ort Cerro de las Mesas. Der kleine Unterschied hat aber eine große Konsequenz. Die dortigen Priester sahen die Sonne am höchsten Berg Mexikos genau am 13. August untergehen.

Das ist doch der Starttag der Zeitzählung! Wenn Cerro de las Mesas nicht erst 600 v. Chr. gegründet worden wäre, könnte es der Ursprungsort des Kalenders sein. Bleibt die Frage nach einer möglicherweise ebenfalls astronomischen Bedeutung, aber an einem anderen Ort.

Gut, suchen wir den Tag des Sonnenjahres, der in unserem Kalender 13. August heißt, an einem anderen Ort, der 600 v. Chr. bereits existierte. Da springt uns die Zapotekenhauptstadt Monte Albán ins Auge. Die Zapoteken hatten einen Kalender, der am 14. August begann und am 30. April endete. Hinzu kam ein zweiter Abschnitt des Sonnenjahres vom 1. Mai bis 12. August. [Malm97]

Das passt ja wie die Faust auf's Auge! Vom 14. August bis 30. April vergehen, wenn man Anfangs- und Endtag mitzählt, 260 Tage. Warum hast Du denn den 13. August weggelassen?

Dieser Tag war ein besonderer Tag des Sonnenjahres außerhalb der „normalen" Tagezählung, der aller vier Jahre sogar doppelt gefeiert wurde.

Auf jeden Fall ist das exakt der Zeitraum zwischen zwei aufeinanderfolgenden Zenitdurchgängen der Sonne, aber eben nur bei knapp 15° nördliche Breite!

Ich erinnere mich noch gut an unsere Fahrt mit dem hoffnungslos überfüllten Kleinbus von La Entrada nach Copán. Damals, im Februar 2011, hast Du dich hinsichtlich der verbleibenden Fahrstrecke mittels GPS-Gerät orientiert. Wir näherten uns von Norden dem 15. Breitengrad.

Stimmt. Allerdings waren wir erst auf unserer finalen Reise vor einigen Wochen in jenem Ort, der neben der passenden geografischen Breite auch das für unser Problem passende Alter aufweist.

Izapa! Der Ort, den wir ohne Frühstück aufsuchten!

Izapa, der Ort, an dem wir genügend Mangos und Avocados in der Wildnis fanden!

Und wo wir das eingemeißelte Ik-Zeichen auf einem Stein am Wegrand fotografierten.

Die Stadt, wo man schon immer andächtig auf die imposanten Vulkane Tacaná und Tajumulco schaut.

Zumindest, wenn die Bedingungen gut sind.

Hier steht die Sonne am 13. August im Zenit. Danach wieder am 30. April. Dazwischen liegen 260 Tage.

Es bleibt die Frage offen, wie man den Tag 13. August vom 15. Breitengrad nach Norden exportieren kann. Die Zenittage ändern sich doch.

Man braucht nur die Anzahl der Tage zwischen der Sommersonnenwende, wo die Sonne direkt über dem Vulkan Tajumulco aufgeht, und dem Izapa-Zenitdurchgang mitzunehmen. Und rate mal wie viele Tage das sind!

52 oder 53, je nachdem auf welchen Tag die Sommersonnenwende fällt.

Eine gute Faustformel ist also: „13. August = Tag der Sommersonnenwende + 52 Tage"

Da müsste man sich im Mayazahlensystem nur 2 × 20 + 12 merken.

Was hältst Du von 4 × 13? Außerdem gilt 260 = 20 × 13. Und die Zeitspanne vom 1. Mai bis 12. August beträgt 104 Tage, also 8 × 13 Tage. Kurz und gut, eine Tabelle mit den Vielfachen von 13 wäre hier Gold wert gewesen.

In einem spanischen Manuskript erläutere ich unter anderem eine 13-Tage-Zählung in Chichén Itzá. Sie ist gewissermaßen eine zeitlich viel später einzuordnende Bestätigung der Bedeutung des Zyklus von 13 Tagen. Verschiedene Gebäude in Chichén Itzá sind derart orientiert, dass sie Sonnenauf- und -untergänge an bestimmten Tagen markieren. Wenn man zählt, wie viele Tage von einem zu einem anderen solchen Datum vergehen, erhält man Zahlen wie 13, 26, 52, 65 oder 91. In dieser Weise haben die Mayaastronomen das Solarjahr eingeteilt, nämlich in Vielfache von 13. [Rohark unpublished]

Beeindruckend. Das kannte ich nicht. Ein Jubellied auf die Zahl 13! Große Zahl-13-Verehrung gab's auch beim Schöpfer dieser Inschrift in Yaxchilan:

Hast Du noch mehr solche Neuigkeiten für mich?

Wusstest Du, dass die Sonne am 13. August nicht im Westen, sondern 15,5° nördlich von der Westrichtung, also bei 285,5°, untergeht?

Natürlich. Dieser Azimut von 285,5° ist als Orientierung der ältesten Zeremonialstrukturen in ganz Mesoamerika nachweisbar.

Richtig. Die Blickrichtung von der Pyramide des Großen Jaguars in Tikal zur Pyramide der doppelköpfigen Schlange hat auch einen Azimut von 285°. Von der Pyramide 5 zum Tempel des Großen Jaguars ergibt sich mit einem Winkel von 15° die gleiche Orientierung wie bei der Straße der Toten in Teotihuacan, rechtwinklig zur 285°-Richtung. 285° ergeben sich auch, wenn man in El Mirador von der Danta-Pyramide zur zwei Kilometer entfernten Jaguarpyramide schaut. Die gleiche Orientierung von 285° hat die Hauptseite der Sonnenpyramide in Teotihuacan, ebenso wie das Observatorium in Chichén Itzá, der Tempel B in Tula, der Tempel der Gefiederten Schlange in Xochicalco, der Tempel der 5 Etagen in Edzná, der Palast des Regengottes in Kabah, das Observatorium in Mayapan, die Pyramide des K'inich K'ak' Moo in Izamal, die Pyramide A5 in Altun Há in

Belize, die Pyramide Y in Monte Alban, die Akropolis in La Venta, die Hauptpyramide in Huamelulpan, der Palast von Chicomostoc und der Ballspielplatz in Kohunlich.

Okay, das ist schon sehr überzeugend. Der Anwendungsraum des Mayakalenders ist zugleich ein vielgestaltiges Gedächtnis für den 13. August.

Das Tzolkin-Jahr hat definitiv an diesem Tag begonnen.

Moment, nicht so voreilig. In der Tzolkin-Vorlesung haben wir den Lesern noch verkauft, dass das Tzolkin-Jahr am 6. Februar begann und nun bestätigen wir den Anfang am 13. August.

Hmm, das wurde wohl verschoben, um es passend zu machen für die Agrarperiode des Mais. Da müssen wir nochmal recherchieren.

Zu gern hätte ich auch belegt, dass die Gegebenheiten in Izapa auch für den Beginn der Langen Zählung zuständig sind. Das passt so perfekt mit dem 13. August! Das kann kein Zufall sein! Irgendwie muss sich der Mayaurknall doch greifen lassen!

So ist das mit dem Urknall, man kann ihn nicht komplett erklären. Wir müssen weiter forschen.

Nun gut, es ist ja auch 13 Milliarden Jahre her.

Im Mayasinne 13 Baktun!

Was hältst Du von diesem Datum mit 13 Katun, 13 Tun und 13 K´in?

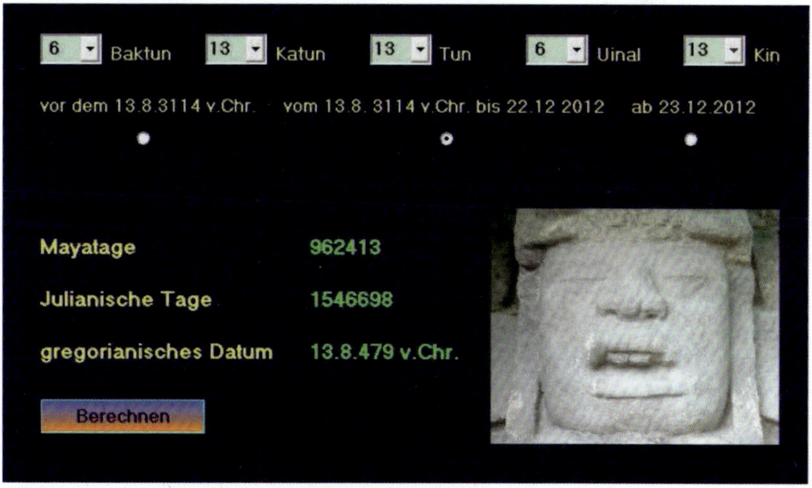

Oh, ein sehr interessanter 13. August! Ich sehe unsere Suche schon deshalb nie aufhören, weil es immer wieder reizende Aufgaben und spannende Lösungsideen gibt.

Auf die nächsten 13 Mayalandexpeditionen!

Daten und Städte der Maya-Geschichte

gregorian. Datum	Maya-Datum	Ereignis
Vor Christi Geburt:		
10. 3. 3309	12.10.1.13.2. 9 Ik´ 5 Mol	Krönung des Maisgottes, T 19
13. 8. 3114	**13.0.0.0.0. 4 Ajaw 8 Kumk´u**	vierter und letzter Tag der Erschaffung der Welt, Beginn der historischen Ära des Mayakalenders, Anbruch des vierten Weltalters – QRG, S L – PAL, T des Kreuzes – PNG, Runder Altar – TNA, p 3 – COB, S 1, S 5, S 28
21.10. 2360	1.18.5.3.2. 9 Ik´ 15 Keej	Geburt des Junajpu (G1) – PAL, T des Kreuzes
25.10. 2360	1.18.5.3.6. 13 Kimi 19 Keej	Geburt des Xbalanq´e (G3) – PAL, T der Sonne 14 Tage später kommt das Datum 1 Ajaw
8.11. 2360	1.18.5.4.0. 1 Ajaw 13 Mak	Geburt des K´awil (G2) – PAL, T des Blattkreuzes
8.12. 36	7.16.3.2.13. 6 Been 16 Xul	Stele 2, CPC
3. 9. 32	7.16.6.16.18. 6 Ets´nab 1 Wo	Stele C, Tres Zapotes

Nach Christi Geburt:

4. 3. 37	7.19.15.7.12. 12 Eb 0 Keej	BUL, S 1
23. 8. 83	8.2.2.10.5. 7 Chikch 18 Wo	ABJ, S 5
15. 7. 120	**8.4.0.0.0.** **1 Ajaw 8 Poop**	ältestes Maya-Datum (Beil in Dumbarton Oaks)
21. 5. 143	8.5.3.3.5. 13 Chik 3 K´ayab	Krönung des Fürsten von La Mojarra – MOJ, S 1
14. 3. 162	8.6.2.4.17. 8 Kaban 0 K´ank´in	Vogelstatuette von San Andres Tuxtla
9.10. 199	8.8.0.7.0. 3 Ajaw 13 Xul	älteste Mayastele (Hauberg-Stele)
8. 7. 292	8.12.14.8.15. 13 Men 3 Sip	Krönung von Volute-Ajaw-Jaguar – TIK, S 29
17. 9. 320	8.14.3.1.12. 1 Eb 0 Yaxk´in	Krönung von Null-Mond-Vogel – Leidener Platte, CPN
15. 1. 331	8.14.13.10.4. 3 K´an 2 Mak	Krönung von Te´ Kab Chaak, 1. K´uhul Ajaaw – CRC
16. 1. 378	8.17.1.4.12. 11 Eb 15 Mak	Rauch-Frosch, ein Adliger von TIK, erobert UAX und wird Herrscher im Großreich von TIK – UAX, S 5, S 22; TIK, S 31
13. 9. 379	8.17.2.16.17. 5 Kaban 10 Yaxk´in	Krönung von Yax-Ain im Lande von Rauch-Frosch – TIK, S 4, S 31
27.11. 411	8.18.15.11.0. 3 Ajaw 13 Sak	Krönung von Sian-Chan-K´awil, 11. K´uhul Ajaw seit Yax-Moch-Xok – TIK, S 31
9. 2. 427	8.19.11.0.13. 5 Ben 11 Muwan	Ankunft von Yax-K´uk´-Mo´ in CPN – CPN, A Q

11. 3. 431	8.19.15.3.4. 1 K´an 2 K´ayab	Balam-K´uk´ gekrönt, Dynastiegründer von PAL – PAL, T des Kreuzes
11.12. 435	**9.0.0.0.0.** **8 Ajaw 13 Keej**	Pih-Feier – CPN, S 63 Pih-Feier – IXK, S 1 Pih-Feier – ZAP, S 5 Pih-Feier – PAL, T des Kreuzes Pih-Feier – TIK, S 31
19.10. 445	9.0.10.0.0. 7 Ajaw 3 Ya´ax	TIK, S 31
11. 4. 556	9.6.2.1.11. 6 Chuwen 19 Poop	CRC führt einen Beilkrieg gegen TIK – CRC, A 21
1. 5. 562	9.6.8.4.2. 7 Ik´ 0 Sip	CRC führt einen Sternenkrieg gegen TIK, Doppel-Vogel von TIK, wird durch Yahaw-Te aus CRC gefangengenommen und geopfert – CRC, A 21
23. 4. 599	9.8.5.13.8. 6 Lamat 1 Sip	CLK führt Krieg gegen PAL – PAL, H
14. 9. 600	9.8.7.2.17. 8 Kaban 5 Yaax	Geburt von Yuknoom Ch´een – CLK
26. 3. 603	9.8.9.13.0. 8 Ajaw 13 Poop	Geburt von Pakal 2 - Haus C des Palastes – PAL, T der Inschriften
16. 5. 603	9.8.9.15.11. 7 Chuwen 4 Sots´	BPK führt Krieg gegen PAL – BPK, L 4 Str 6
17.11. 603	9.8.10.6.16. 10 Kib 9 Mak	Krönung des 1. K´uhul Ajaw – PNG
9. 3. 612	9.8.18.14.11. 3 Chuwen 4 Wayeb	Tod von Pakal 1 – PAL, Sarkophag
11. 8. 612	9.8.19.4.6. 2 Kimi 14 Mol	Tod von Ak-K´an – PAL, Sarkophag
22.10. 612	9.8.19.7.18. 9 Ets´nab 6 Keej	Sak-K´uk´, Pakals Mutter, gekrönt – PAL, T der Inschriften

29. 7. 615	9.9.2.4.8. 5 Lamat 1 Mol	Krönung von Pakal 2 – PAL, T der Inschriften
18.10. 625	9.9.12.11.2. 8 Ik´ 5 Keej	Geburt von Balaj-Chan-K´awil in TIK, späterer König von DPL – DPL, H center, step 6
23. 5. 635	9.10.2.6.6. 2 Kimi 19 Sots´	Geburt von Chan-Balum, Sohn von Pakal 2 – PAL, T der Sonne
12. 9. 640	9.10.7.13.5. 4 Chikch 13 Ya´ax	Sak-K´uk´ gestorben – PAL, Sarkophag
17. 6. 641	9.10.8.9.3. 9 Ak´bal 6 Xul	Chan-Balum zum Thronfolger bestimmt – PAL, T der Sonne
9. 2. 644	9.10.11.3.10. 1 Ok 3 Kumk´u	Krönung von Balam-Ajaw – TRT, M 6
5.11. 644	9.10.11.17.0. 11 Ajaw 8 Mak	K´an Joy Chitam 2, Sohn von Pakal 2, geboren – PAL
7. 2. 648	9.10.15.4.9. 4 Muluk 2 Kumk´u	Schlacht. Balaj Chan K´awil tötet einen König oder Prinzen Tikals namens Lam Naah K´awil – DPL, HS 2, step 6
9.10. 649	9.10.16.16.19. 3 Kawak 2 Keej	Geburt von Yich´ak-K´ak´ – CLK, S9
23.12. 650	9.10.18.2.19. 1 Kawak 17 Muwan	Schlacht. Yuknoom Ch´een von CLK nutzt den Bürgerkrieg von TIK um DPL anzugreifen und zwingt Balaj Chan K´awil ins Exil nach AGT – DPL, HS 2, step 5
28. 8. 654	9.11.1.16.3. 6 Ak´bal 1 Ya´ax	Beil-Krieg mit Gefangennahme – PAL, H, Gebäude C des Palastes
4.11. 654	9.11.2.1.11. 9 Chuwen 9 Mak	Pakal weiht das Weisse Haus ein – PAL, L der 96 Hieroglyphen
15. 1. 657	9.11.4.5.14. 6 Hiix 2 K´ayab	Yuknoom Ch´een von CLK führt Krieg gegen TIK und zwingt Nuun U Jol Chaak ins Exil – DPL, HS 2, E, step 4

10. 8. 659	9.11.6.16.11. 7 Chuwen 4 Ch´een	Nun U Jol Chaak, der K´uhul Ajaw von Santa Elena (Tabasco), Ayin Chan Ahk, K´ujul Ajaw von Pomoná sowie ein Adliger aus Piedras Negras werden von Pakal gefangen genommen – PAL, Haus C
16. 8. 659	9.11.6.16.17. 13 Kaban 10 Ch´een	Nun U Jol Chaak, der K´uhul Ajaw von Santa Elena (Tabasco), Ayin Chan Ahk, K´ujul Ajaw von Pomoná sowie ein Adliger aus Piedras Negras treffen als Gefangene in PAL ein – PAL, T der Inschriften
25.12. 661	9.11.9.5.19. 4 Kawak 2 Pa´x	Weihe von Haus C im Palast – PAL
13. 7. 662	9.11.9.15.19. 9 Kawak 17 Yaxk´in	Yich´ak K´ak´ von CLK besucht Balaj Chan K´awil in DPL, HS 2, step 2 PAL, HCEE
16. 7. 663	9.11.10.16.7. 13 Manik´ 0 Mol	Gefangennahme und Opferung des Königs von PNA und 6 seiner Verbündeten aus SEB – PAL, Haus C
2. 3. 664	9.11.11.9.17. 9 Kaban 5 Poop	Gefangennahme von Tajal Mo durch Balaj Chaan K´awiil – DPS, HS 2, E, step 1
16.11. 672	9.12.0.6.18. 5 Ets´n 6 K´ank´in	Tod von Frau Ts´akab Ajaw – PAL, T der Inschriften
3. 5. 679	9.12.6.16.17. 11 Kaban 10 Sots´	Schild-Schädel, der 25. K´uhul Ajaw von TIK, wird von Balaj-Chan-K´awil in DPL geopfert – DPL, HS 2, W, step 3
23.10. 681	9.12.9.8.1. 5 Imix 4 Mak	Krönung von Itzam-Balam, 13. K´uhul Ajaw, Blutopfer von Frau Xok – YAX, L 25, H 3
6. 5. 682	9.12.9.17.16. 5 Kib 14 Sots´	Krönung von Jasaw-Chan-K´awil, dem 26. K´uhul Ajaw, er führt TIK zu neuer Macht – TIK, L 3

30. 8. 682	9.12.10.5.12. 4 Eb 10 Ya´ax	Balaj-Chan-K´awil schickt seine Tochter Wak-Chanal nach NAR, um dort eine neue Dynastie zu begründen – NAR, S 3, 24, 29 – COB, S 1
2. 9. 682	9.12.10.5.15. 7 Men 13 Ya´ax	Frau Wak-Chanal weiht eine Pyramide ein – NAR, S 29
25. 2. 683	9.12.10.14.11. 1 Chuwen 4 Pop	Yich´ak K´ak´ von CLK besucht La Corona
31. 8. 683	9.12.11.5.18. 6 Ets´nab 11 Ya´ax	Tod von Pakal 2, Beisetzung in der Crypta des T der Inschriften, PAL
10. 1. 684	9.12.11.12.10. 8 Ok 3 K´ayab	Krönung von Chan-Balum 2 – PAL, T der Inschriften
20. 1. 684	9.12.11.13.0. 5 Ajaw 13 K´ayab	Inthronisationszeremonien beendet – PAL
6. 4. 686	9.12.13.17.7. 6 Manik´ 5 Sip	Yich´ak-K´ak´ von CLK im Beisein von Balaj-Chan-K´awil von DPL gekrönt – DPL, S 13, L 7; PRU, S 31
21.11. 686	9.12.14.10.16. 1 Kib 14 K´ank´in	Frau Katun-Ajaw aus Man heiratet Yo´ Aknal – PNG, S 3
7. 2. 687	9.12.14.14.14. 1 Hiix 12 Kumk´u	Yich´ak-K´ak´ führt ein rituelles Ballspiel durch – CLK
23. 7. 690	9.12.18.5.16. 2 Kib 14 Mol	Weihe der Kreuzgruppe – PAL, T der Sonne
10. 1. 692	9.12.19.14.12. 5 Eb 5 K´ayab	Weihe der Kreuzgruppe – PAL
31. 5. 693	9.13.1.3.19. 5 Kawak 2 Xul	Krönung von Buts´-Tilwi – NAR, S 22, S 2
9. 7. 695	9.13.3.6.8. 7 Lamat 1 Mol	Krönung von 18-Ubah-K´awil, 13. K´uhul Ajaw – CPN, S J West
8. 8. 695	9.13.3.7.18. 11 Ets´nab 11 Ch´een	Eroberung der Waffen des Yich´ak-K´ak´ von CLK durch Jasaw-Chan von TIK – TIK, L 3

20. 2. 702	9.13.10.1.5. 6 Chikchan 3 Poop	Tod von Chan-Balum 2 – PAL
3. 6. 702	9.13.10.6.8. 5 Lamat 6 Xul	Krönung von K´an-Joy-Chitam 2 – PAL, L der 96 Hieroglyphen
6.11. 705	9.13.13.15.0. 9 Ajaw 3 K´ank´in	Apotheosis von Chan Balum – PAL, T XIV
27. 8. 709	9.13.17.12.10. 8 Ok 13 Ya´ax	Geburt von Yaxun-Balam 4, Sohn von Itzam-Balam von YAX und einer Frau aus CLK – YAX, L 30
23. 3. 710	9.13.18.4.18. 8 Ets´nab 16 Wo	Gefangennahme eines Ajaw von YXH, seine aus TIK stammende Ehefrau wird verjagt – NAR, S 23
28. 6. 710	9.13.18.9.15. 1 Men 13 Yaxk´in	Opferung eines Gefangenen aus YXH – NAR, S 23
12. 4. 711	9.13.19.6.3. 3 Ak´bal 16 Sip	Rauchhörnchen besiegt Sacnab und stellt ein Kriegsbanner als Zeichen des Sieges auf – NAR, S 23
30. 8. 711	9.13.19.13.3. 13 Ak´bal 16 Ya´ax	K´an Joy Chitam 2 von PAL in TNA gefangengenommen – TNA, M 122
16. 9. 723	9.14.11.17.3. 6 Ak´bal 16 Sak	Tod von Jasaw-Chan – TIK, M 38
26. 6. 726	9.14.14.13.17. 6 Kaban 15 Yaxk´in	Weihe des T 23 durch Itzam-Balam im Beisein seiner Ehefrau K´abal-Xok – YAX, L 26
23. 6. 730	9.14.18.14.15. 8 Men 13 Yaxkin	Weihe der Palasttafel – PAL
12.12. 734	9.15.3.6.8. 3 Lamat 6 Pa´x	Krönung von Yik´in-Chan-K´awil – TIK, S 21, 5
27. 4. 738	9.15.6.14.0. 13 Ajaw 18 Sots´	Feuerritual und Gefangennahme von 18 Ubah K´awil von CPN – QRG, S I

3. 5. 738	9.15.6.14.6. 6 Kimi 4 Sek	18-Ubah-K´awil von CPN durch Buts´-Tilwi in QRG geopfert – QRG, S J, S E
11. 6. 738	9.15.6.16.5. 6 Chikch 3 Yaxk´in	Krönung von Rauch-Affe, 14. K´uhul Ajaw – CPN
27. 6. 741	9.15.9.17.17. 13 Kaban 20 Yaxk´	Krönung von K´awiil Chan K´inich, Herrscher 4 – DPL
1. 8. 743	9.15.12.2.2. 11 Ik´ 15 Ch´een	Yik´in-Chan-K´awil führt Sternenkrieg gegen YXH und PRU – TIK, L 3
8. 2. 744	9.15.12.11.13. 7 Been 1 Poop	Gefangennahme von Yax-May-Chan-Chak-Sak-Chuwen, K´uhul Ajaw von NAR – TIK, S 5
21.10. 744	9.15.13.6.9. 3 Muluk 17 Mak	Yaxun-Balam führt ein rituelles Ballspiel durch – YAX, H (T 33)
17. 7. 746	9.15.15.2.3. 13 Ak´bal 1 Ch´een	Kriegstanz von Yik´in-Chan-K´awil – TIK, L 3
18. 2. 749	9.15.17.13.10. 11 Ok 13 Poop	Krönung von Rauch-Muschel, 15. K´uhul Ajaw, heiratet Yax-Nik, eine Adlige aus PAL – CPN
3. 4. 749	9.15.17.15.14. 3 Hiix 17 Sip	Tod von Frau Xok – YAX
2. 8. 749	9.15.18.3.15. 7 Men 18 Ch´een	Fest, Tanz und Trinken von Kakao in PNG – PNG, L 3
18. 2. 752	9.16.0.14.5. 1 Chikch 13 Poop	Geburt von Chel-Te durch Frau Chak Jolom – YAX, L 13
3. 5. 752	9.16.1.0.0. 11 Ajaw 8 Sek	Krönung von Yaxun-Balam 4, 14. K´uhul Ajaw, Zeptertanz – YAX, S 11, L 1
12. 6. 752	9.16.1.2.0. 12 Ajaw 8 Yaxk´in	Vogel-Stab-Tanz von Yaxun-Balam im Beisein von Frau Wak-Chan, Ajaw von MTL – YAX, L 5, 42

9. 5. 755	9.16.4.1.1. 7 Imix 14 Sek	Yaxun-Balam legt Rüstung an im Beisein von Frau 6-Chan-Ajaw – YAX, L 41 Yaxun-Balam und K´an-Tok machen Gefangene – YAX, L 8 Yaxun-Balam nimmt Juwelen-Schädel gefangen – YAX, L 8
7. 4. 757	9.16.6.0.0. 4 Ajaw 3 Sots´	5-Tun-Feier der Krönung von Yaxun-Balam, Vogel-Stab-Tanz von Yaxun-Balam und Chel-Te – YAX, L 2, T 33
22.10. 757	9.16.6.9.18. 7 Ets´n 1 K´ank´in	Krönung von Taj Chan Ahk – CNC, H
2. 7. 763	9.16.12.5.17. 6 Kaban 10 Mol	Krönung von Yax-Pasaj, 16. K´uhul Ajaw – CPN
8. 3. 764	9.16.13.0.7. 9 Manik´ 15 Wo	Krönung von K´uk´-Balam 2 – PAL, L der 96 Hieroglyphen
29.12. 768	9.16.17.16.4. 11 K´an 12 K´ayab	Krönung von Yax Nun Ayin 2 – TIK, S 22
24. 1. 771	**9.17.0.0.0.** **13 Ajaw 8 Kumk´u**	Geplante Katun-Feier – CPN, A 41 Katun-Feier – POL, S 3 Katun-Feier unter Yax Nun Ayin 2 – TIK, S 22 Katun-Feier – QRG, Stele E, Ost, enthält statt der Mondalter-Glyphe die Hieroglyphe „Verschluckte Sonne“ *Sonnenfinsternis*
18. 1. 773	9.17.2.0.5. 10 Chik 13 Kumk´u	Krönung – COB, S 20
15. 6. 776	9.17.5.8.9. 6 Muluk 17 Yaxk´in	Krönung von Muwan-Chan – BPK, S 2
17.11. 783	9.17.13.0.0. 13 Ajaw 13 Muwan	Weihe des Lintels der 96 Hieroglyphen durch K´uk´-Balam – PAL
18. 1. 786	9.17.15.3.13. 13 Ben 16 Kumk´u	Chaan Muwan macht Gefangene – BPK, S 3

12. 1. 787	9.17.16.3.12. 8 Eb 10 Kumk´u	Chaan Muwan macht Gefangene – BPK, L 1
19. 7. 790	9.17.19.13.16. 5 Kib 14 Ch´een	SEP, S 3 *(Sonnenfinsternis)*
14.12. 790	9.18.0.3.4. 10 K´an 2 K´ayab	BPK, T 1
16. 8. 792	9.18.1.15.15. 10 Men 3 Sak	Wandgemälde von Bonampak, Chaan Muwan leitet Schlacht zwecks Gefangennahme von Opfern
17.11. 799	9.18.9.4.4. 7 K´an 17 Muwan	Krönung von 6-Kimi-Pakal, letztes Datum in PAL – PAL
13. 4. 808	9.18.17.13.14. 9 Hiix 2 Sek	Weihe von L 10 unter Tab-Schädel 3, letztes Datum in YAX, L 10
bis 6.5.820	9.19.10.0.0. 8 Ajaw 8 Xul	Tod von Yax-Pasaj – CPN, S 11 10-Tun-Feier – MQL, S 4
10. 8. 822	9.19.11.14.5. 3 Chikchan 3 Wo	beabsichtigte Krönung von U-Kit-Tok´, letztes Datum in CPN
1. 1. 841	10.0.10.17.5. 13 Chik 13 Kumk´u	Hun-Tsak-Tok´, letztes Datum in MQL, S 5
17. 8. 869	**10.2.0.0.0.** **3 Ajaw 3 Keej**	Katun-Feier unter Jasaw Chan K´awil 2– letztes Datum in TIK, S 11 Katun-Feier – JMB, S 1
30. 7. 878	10.2.9.1.9. 9 Muluk 7 Sak	CHC, L im T der Initialserie
20. 1. 909	**10.4.0.0.0.** **12 Ajaw 3 Wooh**	letztes Long Count-Datum – TNA, M 101 Katun-Feier – Kinichná, Jadestück
12. 8. 1521	11.15.1.8.12. 1 Eb 10 Poop	Cortez erobert das aztekische Tenochtitlán
23. 3. 1697	12.3.19.11.14. 1 Hiix 17 K´ank´in	Tayasal, das letzte unabhängige Königreich der Maya, wird durch die Spanier vernichtet

23.12.2012	**13.0.0.0.0.** **4 Ajaw** **3 K´ank´in**	geplante Pik-Feier – TRT, M 6 Ende der historischen Ära der Maya-Chronologie
23.10.4772	1.0.0.0.0.8. 5 Lamat 1 Mol	Erinnerung an das 80. CR-Jubiläum der Thronbesteigung von Pakal 2 durch Chan-Balam – PAL, T der Inschriften

Abkürzungen der Mayastädte:

ABJ	Abaj Takalik (Retalhuleu)
AGT	Aguateca (Petén)
AKE	Aké (Yuc)
ALH	Altun Ha (Belize)
ALS	Altar de Sacrificios (Petén)
BAL	Balamkú (Cam)
BCN	Becán (Cam)
BPK	Bonampak (Chiapas)
BUL	El Baúl (Esquintla)
CAY	El Cayo (Chiapas)
CHB	Chacchobén (QR)
CHC	Chicanná (Cam)
CHN	Chichen Itzá (Yuc)
CKL	Chinkultic (Chiapas)
CLK	Calakmul (Cam)
CML	Comalcalco (Tabasco)
CNC	Cancuen (Petén)
COB	Cobá (QR)
CPC	Chiapa de Corso (Chiapas)
CPN	Copán (Honduras)
CRC	Caracol (Cayo)
CRN	La Corona (Petén)
DBC	Dzibilchaltún (Yuc)
DPL	Dos Pilas (Petén)
EKB	Ek Balam (Yuc)
ETZ	Etzná (Cam)
ICC	Ichmac (Cam)
OXK	Oxkintok (Yuc)
PAL	Palenque (Chiapas)
PMT	Pomoná (Tabasco)
PNG	Piedras Negras (Petén)
PRU	El Perú (Petén)
PUS	Pusilhá (Toledo)
QRG	Quiriguá (Izabal)
RAZ	Rio Azul (Petén)
RBC	Rio Bec (Cam/ QR)
REY	El Rey (QR)
SAT	San Andrés Tuxtla (Veracruz)
SAY	Sayil (Yuc)
SBL	Seibal (Petén)
SCU	Sacul (Petén)
SEP	Santa Elena Poco Uinic (Chiapas)
SRC	Santa Rita Corozal (Belize)
SRX	Santa Rosa Xtampak (Cam)
SUF	La Sufricaya (Petén)
TAM	Tamarindito (Petén)
TAN	Tancah (QR)
TCK	Tohcok (Cam)
TIK	Tikal (Petén)
TNA	Toniná (Chiapas)
TNP	Tenam Puente (Chiapas)
TNT	Tintal (Petén)
TPX	Topoxté (Petén)
TRS	Tres Islas (Petén)

ICL	Ichmul de Morley (Yuc)
ICP	Ichpaatún (QR)
IDC	Isla de Silvituc (Cam)
IXK	Ixkún (Petén)
IXL	Ixlú (Petén)
IXZ	Ixtutz (Petén)
IZP	Izapa (Chiapas)
JAI	Jainá (Cam)
KAB	Kabah (Yuc)
KJU	Kaminaljuyú (Guatemala)
LAB	Labná (Yuc)
LMN	Lamanai (Orange Walk)
MEC	El Meco (QR)
MOJ	La Mojarra (Veracruz)
MOX	Moxviquil (Chiapas)
MPN	Mayapán (Yuc)
MQL	Machaquilá (Petén)
MRD	El Mirador (Petén)
MTL	Motul de San José (Petén)
NAR	Naranjo (Petén)
NCT	Naachtún (Petén)
NKB	Nakbé (Petén)
NKM	Nakum (Petén)
NMP	Nim Li Punit (Toledo)
OAG	Ojos de Agua (Chiapas)
TRT	El Tortuguero (Tab)
TRZ	Tres Zapotes (Veracruz)
TSL	Tayasal (Petén)
TUL	Tulum (QR)
TZB	Tzibanché (QR)
TZD	Tzendales (Chiapas)
UAX	Uaxactún (Petén)
UAY	Uayma (Mexico)
UCN	Ucanal (Petén)
UXL	Uxul (Petén)
UXM	Uxmal (Yuc)
XCM	Xcambó (Yuc)
XCT	Xcaret (QR)
XLH	Xelhá (QR)
XLM	Xcalumkin (Cam)
XPH	Xpuhil (Cam)
XTL	Xutilhá (Petén)
XUL	Xultún (Petén)
XUN	Xunantunich (Cayo)
YAX	Yaxchilán (Chiapas)
YXH	Yaxhá (Petén)
YXN	Yaxuná (Yuc)
ZAP	El Zapote (Petén)
ZTZ	El Zotz (Petén)

Abkürzungen der beschrifteten Objekte:

A	Altar
G	Grabmal
H	Hieroglyphentreppe
L	Lintel
T	Tempel
F	Fragment
HB	Hieroglyphenbank
K	Keramik
S	Stele
M	Monument
Str	Struktur
Z	Zoomorph
Th	Thron
U	Urne
P	Paneel
BM	Ballspielplatzmarkierstein

Mayaland im Überblick:

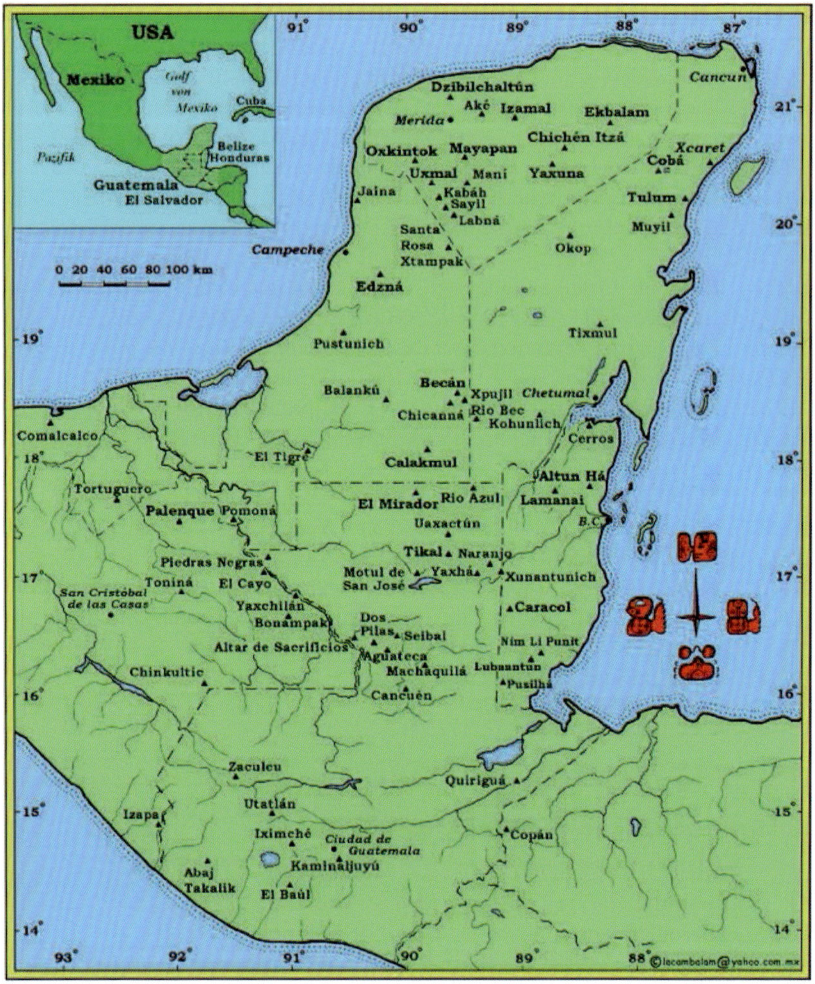

„Faszination 2012“ versus „Codex Tatsumi“

Unsere Werkzeuge für alle angefallenen Berechnungen können nicht unterschiedlicher sein. Hier prallen Welten aufeinander – die moderne Welt mit Computertechnologie und die antike Welt mit der Errungenschaft der Codexschreibung. Die jeweils mathematisch modellierten Aspekte des Maya-Kalenderwesens sind dieselben. Das Computerprogramm leistet mehr und wirft die gewünschten Ergebnisse blitzschnell aus. Ohne moderne technische Ausstattung und Energie dreht sich allerdings kein Rad.

Die Benutzung des Codex hat dagegen etwas Ursprüngliches, mit dem Geist der Maya Verbundenes. Zudem ist diese Rechentafel im wahrsten Sinne des Wortes zeitlos. Während die Funktionen des Programms zu den Umrechnungen zwischen unserem Kalender und dem Mayakalender sowie einige astronomische Berechnungen für zu große Ausflüge in Zukunft und Vergangenheit algorithmusbedingt fehlerhaft werden, ist der Codex für die Ewigkeit geeignet.

Hier erhalten Sie einen Überblick über die wesentlichen Menüpunkte der Software „Faszination 2012“ und deren Funktionen:

Zahlenumwandlungen

- Dezimalzahl → Mayazahl
- Mayazahl → Dezimalzahl

Datumsumrechnungen

- unser Datum → Mayadatum
- LongCount → unser Datum
- LongCount → Kalenderrunde
- Kalenderrunde → unser Datum

Zeitdistanzen

- LongCount1 → LongCount2
- Kalenderrunde1 → Kalenderrunde2
- Zeitdistanz add/sub zum/vom LongCount
- Bewegter Tzolkin
- Tzolkinpositionen und -distanzen

Astronomie/Astrologie

- Götter der Nacht
- Mondalter
- Planetensichtbarkeit
- Planetenkonjunktionen

Nicht, dass ich mein eigenes Programm nicht mag, aber die folgenden Tatsumi-Tafeln, hier noch einmal unverhüllt darstellt, sind doch das optische und mathematisch-inhaltliche Highlight dieses Buches.

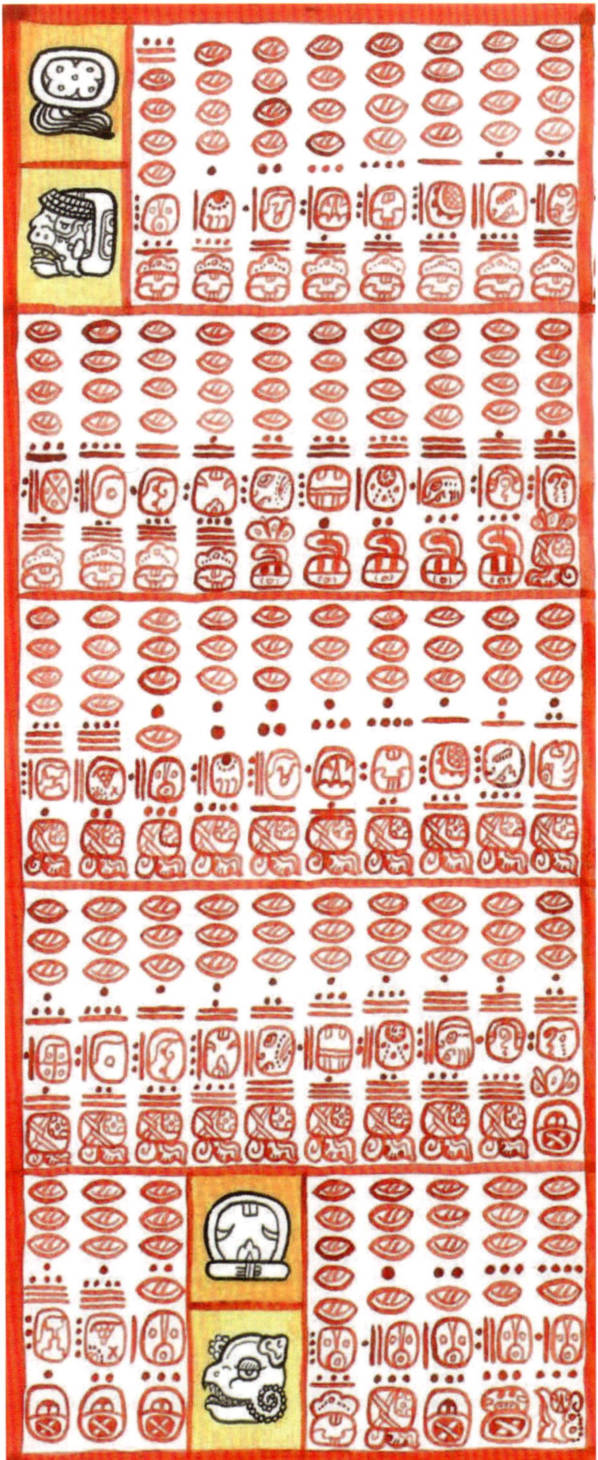

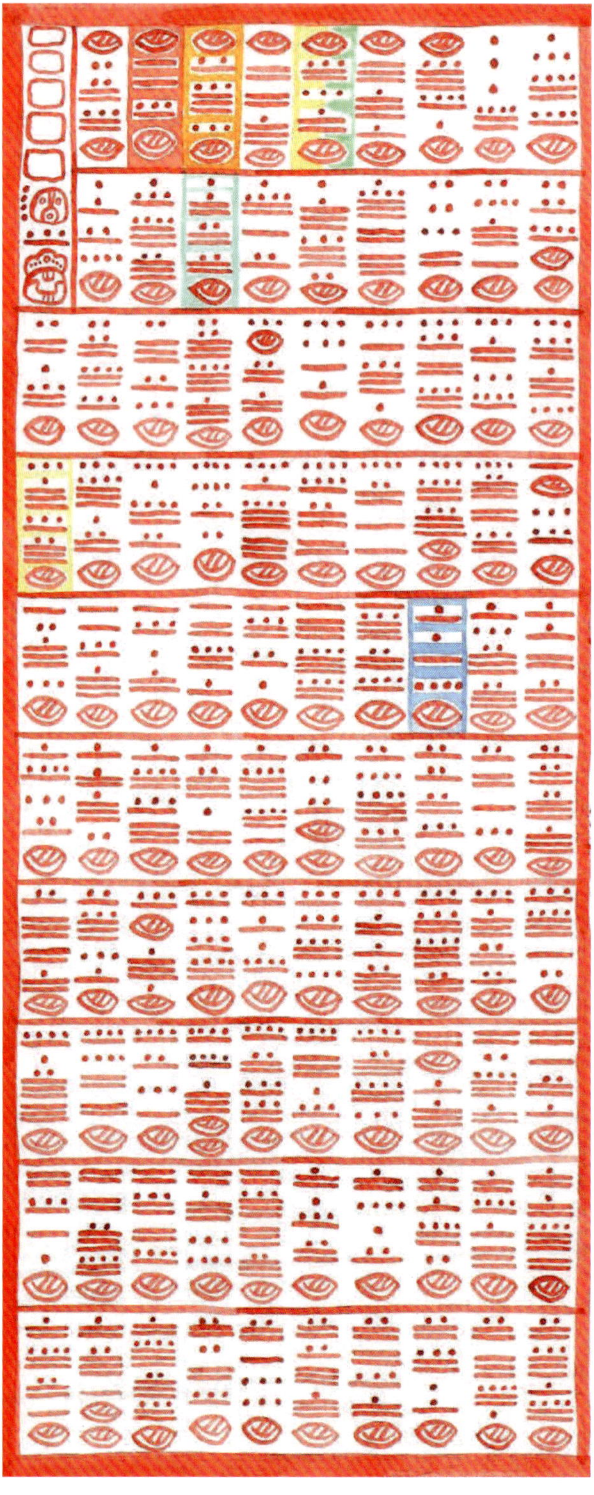

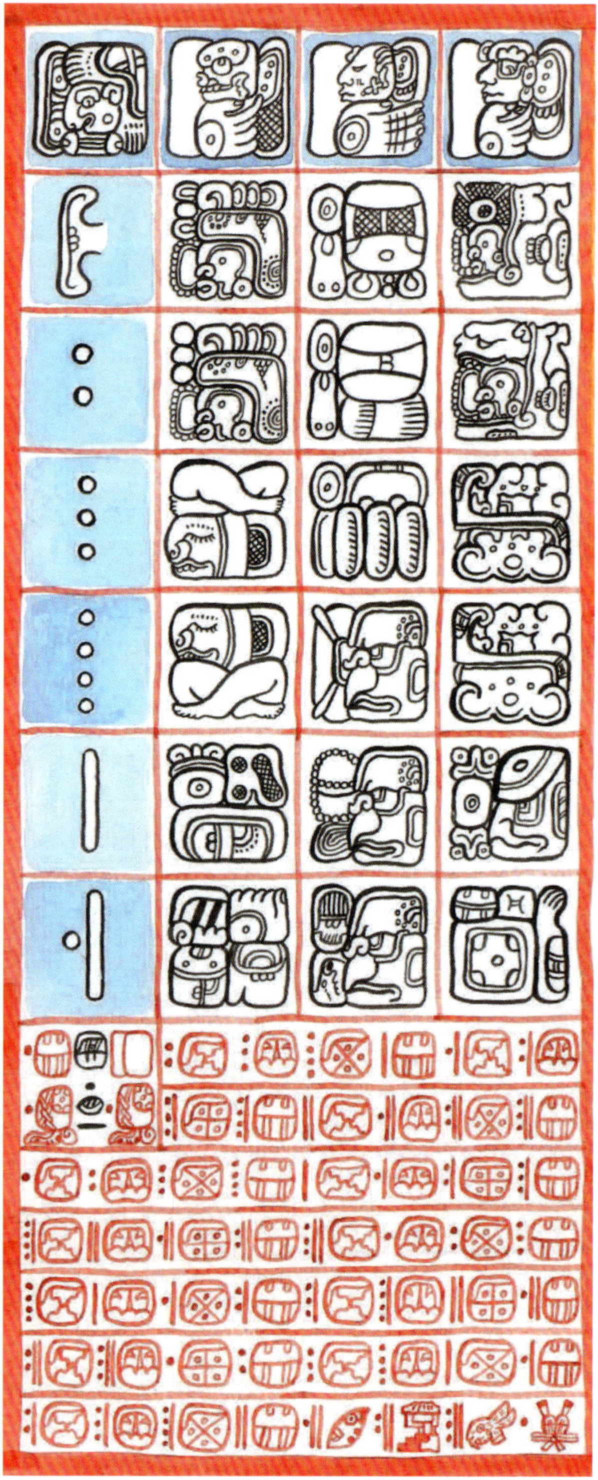

Quellenverzeichnis

Kapitel 9

[Roha96] Jens Rohark, *Die Supplementärserie der Maya*, Indiana, Band 14, 1996, S. 53ff.

Kapitel 15

[Land90a] Diego de Landa, *Bericht aus Yucatán*, Reclam-Verlag, Leipzig 1990, Seite 134

[radi] http://radiocarbon.library.arizona.edu/radiocarbon/GetFileServlet?file=file:///data1/pdf/Radiocarbon/Volume4/Number1/azu_radiocarbon_v4_144_159_v.pdf&type=application/pdf

[LCBCa] Libro de Chilam Balam de Chumayel, traducción del maya al español por Antonio Mediz Bolio, editorial Dante, Seite 109

[LCBCb] CB de Chumayel, Seite 104

[LCBCc] CB de Chumayel, Seite 104

[LCBCd] CB de Chumayel, Seite 105

[ELCB94a] El Libro de los Libros de Chilam Balam, Fondo de Cultura Económica, 1994, Seite 42

[ELCB94b] El Libro de los Libros de Chilam Balam, S. 41

[ELCB94c] El Libro de los Libros de Chilam Balam, S. 152

[Step03a] John Lloyd Stephens, Viaje al Yucatán, I, Dastin, S.L., 2003, S. 330

[ELCB94d] El Libro de los Libros de Chilam Balam, S. 152

[Step03b] John Lloyd Stephens, Viaje al Yucatán, I, S. 331

Kapitel 18

[RohKry06a] Jens Rohark und Mario Krygier, *Don Eric und die Maya – 23. Dezember 2012 – Werden die Götter wiederkommen?*, docupoint Verlag, Magdeburg 2006, S. 114

[RohKry06b] Jens Rohark und Mario Krygier, S. 112f

[SchGru] Linda Schele und Nikolai Grube, *Tlaloc-Venus-Warfare – The Peten Wars from 8.17.0.0.0. to 9.15.13.0.0.*, part II, unpublished manuscript, Seite 34

Kapitel 20

[AOTCa] The Annals of the Cakchiqueles, translated from the Cakchiquel Maya by Adrián Recinos and Delia Goetz, University of Oklahoma Press, The Civilisation of the American Indian Series, ISBN 0-8061-1152-6 OK 104, Seite 107

[AOTCb] Annals, Seite 101

[AOTCc] Annals, Seite 32/33

[Alvar] http://www.saladeprensa.org/art575.htm

[Land90b] Diego de Landa, Seiten 137 bis 141

Ausblick

[Malm94] Vincent H. Malmström, Cycles of the Sun, Mysteries of the Moon, University of Texas Press Austin, 1997, Seite 94

Kapitelübergreifende Originalquelle der Maya

Dresdner Codex (Abbildung: Rekonstruierter Auszug von Jens Rohark)